別冊 掲載問題集

TERUISHIKI MONDAISHU
照井式問題集

大学受験

BOOKS

有機化学
問題文の
読み方

河合塾
照井 俊

Gakken

別冊 掲載問題集

TERUISHIKI MONDAISHU
照井式問題集

大学受験
V BOOKS

有機化学
問題文の
読み方

河合塾
照井 俊

Gakken

	THEMEタイトル	別冊問題集での ページ	本冊での 解答・解説ページ
問題 1	アルカン	4	10
問題 2	アルケン①	5	15
問題 3	アルケン②	6	21
問題 4	アルキン	7	28
問題 5	アルコール($C_4H_{10}O$)	8	36
問題 6	アルコール($C_5H_{12}O$)	9	42
問題 7	エーテル・カルボニル化合物	10	52
問題 8	カルボン酸およびヒドロキシ酸	11	60
問題 9	エステル(モノエステル)	12	70
問題 10	エステル(ジエステル)	13	77
問題 11	油脂	14	86
問題 12	芳香族炭化水素	15	94
問題 13	フェノールとその誘導体	16	100
問題 14	芳香族カルボン酸	18	108
問題 15	芳香族エステル①	19	114

	THEMEタイトル	別冊問題集でのページ	本冊での解答・解説ページ
問題16	芳香族エステル②	20	125
問題17	アニリンとその誘導体①	22	136
問題18	アニリンとその誘導体②	24	142
問題19	芳香族アミド	25	147
問題20	芳香族化合物の分離	26	154
問題21	医薬品の合成	28	164
問題22	糖類	30	178
問題23	多糖類①	31	182
問題24	多糖類②	32	190
問題25	アミノ酸	33	192
問題26	タンパク質	34	200
問題27	核酸	35	204
問題28	付加重合による合成高分子化合物	37	214
問題29	縮合重合による合成高分子化合物	38	219
問題30	合成ゴム	39	226

問題 1

次の文章を読み，以下の問いに答えよ。必要があれば，原子量として下の値を用いよ。なお，光学異性体については考慮する必要はない。

$H=1.0$, $C=12.0$, $O=16.0$, $S=32.1$

> 　天然ガスや石油の主要な成分であるアルカンは一般に化学的に安定な物質である。しかし，アルカンと塩素の混合気体に紫外線を照射すると速やかに反応して，アルカンの水素原子が塩素原子に置換された化合物が得られる。例えば，メタンと塩素の反応によって，メタンの一塩素置換生成物であるクロロメタンが生成する。
> 　プロパンを同様に反応させたところ，2種類の一塩素置換生成物であるAおよびBが得られた。AとBを分離し，それぞれをさらに塩素と反応させると，Aからは3種類の二塩素置換生成物が得られ，Bからは2種類の二塩素置換生成物が得られた。
> 　プロパンの8個の水素原子のうち，置換されてAを与える水素原子をH_a，置換されてBを与える水素原子をH_bとする。H_aとH_bの水素原子1個あたりの置換されやすさが同じであると仮定したとき，プロパンと塩素の反応で生成するAとBの物質量の比は$x:y$と予想される。しかし，実際にプロパンと塩素の反応を行って生成したAとBの物質量の比を調べたところ，9:11であった。

(1) メタンと塩素の反応によって，クロロメタンが生成する反応を化学反応式で示せ。

(2) AとBの構造式を書け。

(3) H_aとH_bの水素原子1個あたりの置換されやすさが同じであると仮定したとき，プロパンと塩素の反応で生成するAとBの物質量の比$x:y$はいくつと予想されるか。簡単な整数比で表せ。

(4) 水素原子1個あたりで比較すると，H_bはH_aに対して何倍置換されやすいといえるか。有効数字2桁で答えよ。

東京大

次の文章を読み，以下の問いに答えよ。

構造式は下の例にならって書け。

〈例〉　CH₃−CH−CH−〈C₆H₄〉−C(=O)−NH₂

　アルケンの最も特徴的な反応は，二重結合への付加反応である。
　その例として，硫酸やリン酸などの酸を触媒としてエチレンに水を付加することにより，エタノールが工業的に大量に合成されている。
　同様の水の付加反応をプロペンに行うとアルコールAが主生成物として得られ，1-ブテンからはアルコールBが主生成物として得られる。
　Aを酸化するとケトンCが，また，Bを酸化するとケトンDが得られる。
　これらの結果から判断すると，アルケンへの水の付加反応には規則性のあることがわかる。
　この規則性に従うと，2-メチル-2-プロパノールはアルケンEへの水の付加反応で合成できると予想される。
　また，アルケンEへの塩化水素の付加反応では，主生成物として化合物Fが生成すると予想される。

(1) 化合物AからEの構造式と化合物名を書け。
(2) 化合物Fの構造式を書け。

東北大

問題 3

分子式 C_nH_{2n} で示される化合物 A がある。実験 1〜3 を読み，以下の問いに答えよ。ただし，原子量は $Br=80.0$ とする。

〔実験 1〕 化合物 A 1.00 g は 2.85 g の臭素と完全に反応した。

〔実験 2〕 化合物 A に塩化水素を付加させると，不斉炭素原子をもつ主生成物 B と少量の生成物 C が得られた。この化合物 B から塩化水素を脱離させると，化合物 A，D，E が得られた。

〔実験 3〕 化合物 A をオゾン分解すると，アルデヒド F とアルデヒド G が得られたが，分子量は化合物 G の方が大きかった。

オゾン分解は，一般に次のような反応である。

$$\begin{array}{c} R_1 \\ R_2 \end{array}\!\!C=C\!\!\begin{array}{c} R_3 \\ R_4 \end{array} \xrightarrow{\text{オゾン分解}} \begin{array}{c} R_1 \\ R_2 \end{array}\!\!C=O \ + \ O=C\!\!\begin{array}{c} R_3 \\ R_4 \end{array}$$

ただし，$R_1 \sim R_4$ は，炭化水素基または水素原子とする。

(1) 化合物 A の分子式を求めよ。

(2) 化合物 A，B，F の構造式を例にならって書け。

〈例〉 CH_3-CH_2-OH

△(3) 化合物 B の不斉炭素原子による立体異性体の数は全部で何種類か。

(4) 化合物 D と E をオゾン分解したときの生成物について正しい記述を 1 つ選べ。

① 化合物 D のオゾン分解生成物，化合物 E のオゾン分解生成物とも 1 種類である。

② 化合物 D のオゾン分解生成物，化合物 E のオゾン分解生成物とも 2 種類である。

③ 化合物 D のオゾン分解生成物は 1 種類，化合物 E のオゾン分解生成物は 2 種類である。

④ 化合物 D，化合物 E ともオゾン分解反応は起きない。

東邦大(薬)

A: $CH \equiv C-CH_2-CH_3$

B: $CH_3-\underset{\underset{O}{\|}}{C}-CH_2-CH_3$

C: $CH_3-CH_2-CH_2-CHO$

D: $CH_3-\underset{\underset{OH}{|}}{CH}-CH_2-CH_3$

問題 5 次の文章を読み，以下の問いに答えよ。

> $C_4H_{10}O$ の分子式で表される化合物 A，B，C および D は，いずれもナトリウムの単体と反応して水素を発生した。硫酸酸性のニクロム酸カリウム水溶液で酸化したところ，化合物 A，B および D は酸化されたが，化合物 C は酸化されなかった。化合物 B および D が酸化されて生成した物質はともにフェーリング液を還元し，赤色沈殿を生じた。一方，化合物 A が酸化されて生成した物質 E はフェーリング液を還元しなかった。
>
> また，化合物 A が酸化されて生成した化合物 E はアルカリ性溶液中でヨウ素と反応して特有のにおいをもつ黄色沈殿を生じた。化合物 B および D の融点と沸点を比較すると，化合物 B のほうが D よりも融点，沸点ともに低かった。構造を調べると，化合物 B の炭化水素基には枝分かれがあり，化合物 D には枝分かれのないことがわかった。

(1) 化合物 A〜E の構造式を記せ。
(2) フェーリング液を還元して得られた赤色沈殿の化学式を記せ。　　九州大

➡ 解説は本冊 P.36，略解は別冊 P.40

問題 6

次の文章を読み，以下の問いに答えよ。

分子式が $C_5H_{12}O$ である化合物には14種類の構造異性体が考えられる。これらのうち8種類は，ナトリウムの単体と反応して水素を発生する。他の6種類は，ナトリウムの単体とは反応しない。前者の8種類の構造異性体A～Hを二クロム酸カリウムを用いて酸化すると，A～Dは還元性をもつ化合物へと酸化され，E～Gは還元性をもたない化合物へと酸化される。しかし，Hは二クロム酸カリウムで酸化されない。EおよびGは@アルカリ性溶液中でヨウ素と反応して黄色沈殿を生じる。B，E，Gには光学異性体が存在する。濃硫酸を用いる脱水反応によりGから生じるアルケンには2種類の構造異性体が考えられるが，幾何異性体は存在しない。Dは同様の脱水反応によりアルケンを生成しない。Aは枝分かれのない直鎖状の化合物である。

(1) 下線部@の反応名を書け。
(2) 化合物A～Hの構造式を書け。

徳島大

→ 解説は本冊 P.42，略解は別冊 P.40

次の文章を読み，以下の問いに答えよ。

分子式 C_4H_8O をもつ化合物 A の異性体のうち，酸素原子を含む官能基の異なる異性体 B, C, D がある。A のすべての異性体中，B のみが不斉炭素原子をもつ。㋐B と D は，水酸化ナトリウム水溶液中，ヨウ素を加えて温めると特有のにおいをもった黄色結晶を与え，㋑また B と C は臭素水を脱色する。沸点は常圧で B：96℃，D：80℃，C：33℃である。㋒B と D を還元すると同じ化合物を与える。㋓C を還元した化合物はエタノールを濃硫酸とともに加熱することによって合成される。ただし，A の異性体は環状異性体および二重結合性炭素に結合するヒドロキシ基をもつ異性体を除く。構造式は CH_3, CH_2, CH 等の短縮型を用いて書け。

(1) 異性体 B，C，D の構造式を記せ。
(2) 異性体 D を例にして下線部㋐の反応式を記せ。
(3) 異性体 C を例にして下線部㋑の生成物の構造式を記せ。
(4) 下線部㋒の「同じ化合物」の構造式と名称を記せ。
(5) 下線部㋓の「C を還元した化合物」の名称を記せ。

札幌医科大

問題 8

次の文章を読み，以下の各問いに答えよ。必要があれば，原子量として次の値を用いよ。H＝1.0, C＝12.0, O＝16.0

　ある種の果実中に含まれる化合物 A は，組成式 $C_4H_6O_5$ をもち，水によく溶けて，その 0.1 mol/L 水溶液の pH はおよそ 2 である。0.268 g の A を 20 mL の水に溶かし，その溶液を 0.200 mol/L の水酸化ナトリウム水溶液で滴定したところ，中和に要した水酸化ナトリウム水溶液の量は 20.0 mL であった。
　塩化水素を含むエタノール中で A を加熱したところ，中性の化合物 B が得られ，元素分析と分子量測定とから，B の分子式は $C_8H_{14}O_5$ と決定された。また，B を無水酢酸と反応させたところ，B は分子式 $C_{10}H_{16}O_6$ の化合物 C に変化した。これらのことから，A の分子式は（ア）であり，A 分子には（イ）個の（ウ）基と（エ）個の（オ）基とが存在することがわかる。A の分子式とこれらの官能基の種類と数とから，A の構造式としては（カ），（キ），（ク）の 3 つが考えられる。A には光学異性体の存在が知られている。このことから，（カ），（キ），（ク）のうちの 1 つが A の構造式として適切であることがわかる。次に，A を 150℃ に加熱したところ脱水反応が起こり，カルボン酸 D が得られた。D は容易には脱水されなかった。

(1) 空欄（ア）に A の分子式を書け。
(2) 空欄（イ），（エ）に数字，（ウ），（オ）に官能基名を書け。
(3) 空欄（カ），（キ），（ク）にあてはまる構造式を書け。
(4) B，C の構造式，D の名称を書け。
(5) これらの実験事実から最も適当と思われる A の構造式を，(3)で解答した（カ），（キ），（ク）の中から選び構造式を書け。

東北大

問題 9

炭素，水素，酸素だけからなる，分子量 102 の水に溶けにくい液体物質 A がある。この物質を用いて以下の実験を行った。以下の問いに答えよ。必要があれば，原子量として次の値を用いよ。H=1.0，C=12.0，O=16.0

〔実験 1〕 物質 A を 5.1 mg とり完全に燃焼させたところ，二酸化炭素 11.0 mg と水 4.5 mg を得た。

〔実験 2〕 物質 A に水酸化ナトリウム水溶液を十分に反応させた後，ジエチルエーテルを加え分液ろうとを用いてジエチルエーテル層と水層を分離した。ジエチルエーテル層のジエチルエーテルを蒸発させたところ液体物質 B が得られた。また，水層に希硫酸を加え蒸留したところ，刺激臭を有する物質 C を含む水溶液が得られた。

〔実験 3〕 物質 B にヨウ素と水酸化ナトリウム水溶液を加え温めると，特有の臭気をもつ黄色結晶 D が生じた。

〔実験 4〕 物質 B に平面偏光を通したとき，偏光面が回転した。

〔実験 5〕 物質 B に適量の濃硫酸を加え加熱したところ，3 種類のアルケンが生成した。

〔実験 6〕 硫酸酸性の過マンガン酸カリウム水溶液に物質 C を含む水層を加えたら，赤紫色が脱色した。

〔実験 7〕 蒸留して得た物質 C を含む水溶液に炭酸水素ナトリウムの粉末を加えたら，気体が激しく発生した。

(1) 物質 A の分子式を記せ。
(2) 〔実験 3〕で生じた黄色結晶 D の化学式を記せ。
(3) 物質 B の構造式を記せ。
(4) 〔実験 5〕で生じる可能性のあるアルケンの名称をすべて記せ。
(5) 物質 C の構造式を記せ。
(6) 物質 A の構造式を記せ。

長崎大

問題 10

次の文章を読み，以下の問いに答えよ。なお，示性式ならびに構造式は例にならって記せ。必要があれば，原子量として下の値を用いよ。

$H = 1.0$, $C = 12.0$, $O = 16.0$

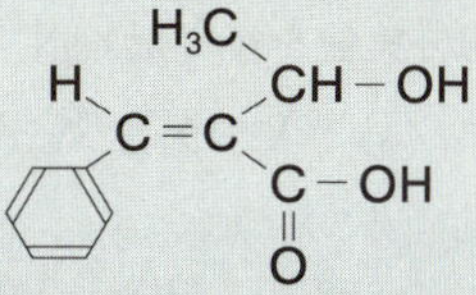

C，H，Oからなる化合物 A 15.00 mg を元素分析したところ，二酸化炭素が 27.5 mg，水が 7.5 mg 得られた。また，化合物 A 360.0 mg をベンゼンに溶かして 10.0 mL とし，凝固点降下度を測定したところ，その溶液のモル濃度は 0.250 mol/L であることがわかった。次に，化合物 A に希塩酸を加えて加熱すると，化合物 B と化合物 C が 1：2 で生じた。この化合物 C を酸化すると，弱酸性とともに還元性を示す化合物 D が生じた。化合物 B にはシス-トランス異性体が存在する。化合物 B を 160℃ に加熱すると，有機化合物 E と無機化合物 F が生じた。

〈示性式の例〉 CH_3CH_2OH

〈構造式の例〉

(1) 化合物 A の分子式を示せ。
(2) 化合物 B のシス-トランス異性体の構造式ならびにそれぞれの化合物名を記せ。
(3) 化合物 C と化合物 D の示性式を示せ。
(4) 化合物 E の構造式を示せ。
(5) 化合物 A の構造式を示せ。
(6) 化合物 A の構造異性体のうち，希塩酸を加えて加熱することにより，化合物 B を生じる構造異性体 G の構造式を示せ。

同志社大

問題 11

油脂 A の構造式を以下に示す。

$$\begin{array}{l} CH_2-OCOR' \\ CH-OCOR'' \\ CH_2-OCOR' \end{array} \begin{array}{l} \leftarrow \text{①位のエステル結合} \\ \leftarrow \text{②位のエステル結合} \\ \leftarrow \text{③位のエステル結合} \end{array}$$

この油脂 A は，2 種類の脂肪酸から構成されており，含まれる不飽和結合は二重結合のみである。この油脂 A について実験 1，実験 2，実験 3 の 3 種類の実験を行った。以下の問いに答えよ。必要ならば，原子量は H＝1.0，C＝12.0，O＝16.0，K＝39.0 を用いよ。

> **(実験 1)** 油脂 A 884 mg を過不足なく加水分解するのに，168 mg の水酸化カリウムを要した。また，その反応生成物として，グリセリンと脂肪酸のカリウム塩が生じた。さらに，反応溶液を酸性にすると，グリセリンと 2 種類の脂肪酸が得られた。
>
> **(実験 2)** ニッケル触媒の存在下で 884 mg の油脂 A を水素と反応させると，67.2 cm^3（標準状態に換算）の水素を吸収して油脂 B となった。さらに，油脂 B を水酸化ナトリウムで加水分解すると，グリセリンと 1 種類の脂肪酸のナトリウム塩のみが得られた。
>
> **(実験 3)** 油脂中の①，③位のエステル結合を特異的に加水分解するリパーゼがある。油脂 A をこのリパーゼ水溶液中で充分に分解したところ，1 分子の油脂 A から 2 分子の脂肪酸が生成した。反応はそれ以上進行しなかった。この脂肪酸をニッケル触媒の存在下で水素と反応させたが，水素は付加されなかった。

(1) 【実験 1】の反応にある水酸化カリウムのような塩基によるエステルの加水分解を別名，何と呼ぶか。

(2) 油脂 A の分子量を求めよ。

(3) 油脂 A の構造式中の R″ に含まれる炭素原子間の二重結合の数は何個か。構造式中の R′ の炭素原子数は何個か。

(4) 油脂 A の構造式を示せ。

宮崎大

問題 12

以下の文章を読み，空欄 (A)，(B) に適当な数字（整数）を入れよ。ただし，各炭化水素の構造式は次の通りである。また，位置異性体については，すべて異なる化合物であると考えよ。

アセチレン：H−C≡C−H
プロピン　：H−C≡C−CH$_3$
1-ブチン　：H−C≡C−CH$_2$−CH$_3$

アセチレンは高温にて加熱した場合，あるいは触媒を作用させた場合に，3分子が下式のように重合してベンゼンが得られることが知られている。

同様の反応（三量化反応）は2種類，あるいは3種類のアルキンを混合した場合にも進行する。例えば，アセチレンとプロピンを混合した場合には，上述のベンゼン以外に，アセチレン2分子とプロピン1分子が重合して得られる化合物，アセチレン1分子とプロピン2分子が重合して得られる化合物，プロピン3分子が重合して得られる化合物など，その三量化反応においては最大で (A) 種類の化合物が生成する可能性がある。

上述の三量化反応を参考にして考えると，プロピンと1-ブチンを混合した場合には，その三量化反応においては最大で (B) 種類の化合物が生成する可能性がある。

東京理科大

問題 13

次の文章を読み，以下の問いに答えよ。

pH 指示薬であるフェノールフタレイン（図1）は，試験管に化合物 A と B を入れ，よく混ぜ合わせ，数滴の濃硫酸を加えてから，小さい炎でおだやかに加熱することにより得られる。

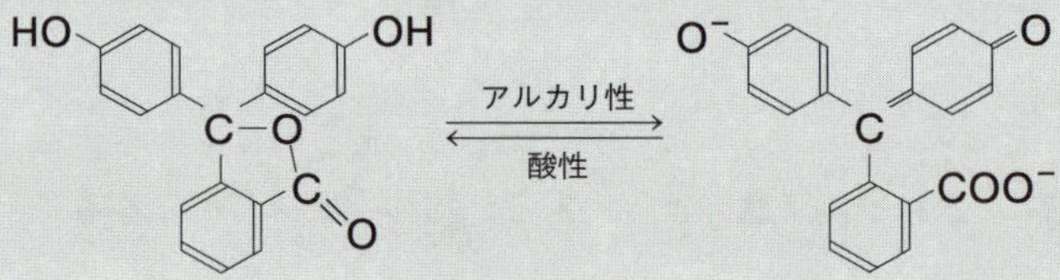

フェノールフタレイン（無色） ⇌(アルカリ性/酸性) 構造 F（赤色）

図1

A は工業的にはベンゼンと ア を原料として，芳香族炭化水素 イ を経由してアセトンとともに製造される。A のナトリウム塩を二酸化炭素の加圧下で加熱し，ついで酸で中和すると，C（$C_7H_6O_3$）が得られる。C は分子内に 2 個の異なる官能基をもつ化合物で，それぞれの官能基に選択的に反応を行うことも可能である。例えば，C のメタノール溶液に濃硫酸を数滴加え，よく振り混ぜ，おだやかに加熱した後冷却し，①反応液を炭酸水素ナトリウム水溶液にかき混ぜながら注ぐと，独特の強い芳香をもつ油状物質 D が分離する。また，C に過剰の無水酢酸と数滴の濃硫酸を加え，60℃でかき混ぜた後，氷で冷却すると，E の結晶が析出する。

一方，B は，工業的には V_2O_5 を触媒として，o-キシレンを高温下で酸化することにより得られる。B をアルカリ溶液に加熱して溶かし，塩酸で中和すると固体 ウ が得られる。②固体 ウ を過剰の飽和炭酸水素ナトリウム水溶液に加えると発泡する。

(1) 化合物 A，B，C，D，E の構造式を，構造式の記入例にならって記せ。

〈構造式の記入例〉 Br—⟨benzene ring⟩—NO₂

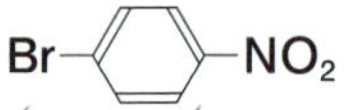

(2) 化合物 ア ， イ ， ウ の名称を記せ。

(3) 下線部①のDを得る操作において，炭酸水素ナトリウム水溶液の代わりに，水酸化ナトリウム水溶液を用いるのはよくない。その理由を，50字程度で述べよ。

(4) 下線部②の操作でどのような反応が起きたのかを，反応式の記入例にならって反応式で示せ。

〈反応式の記入例〉

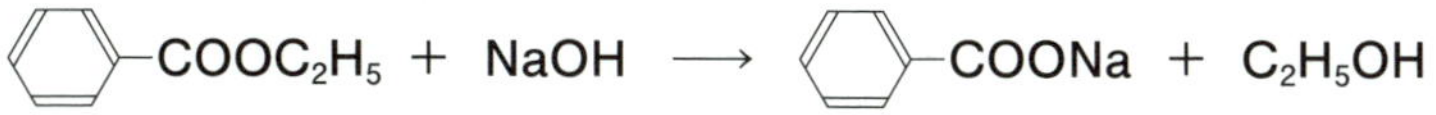
COOC2H5 + NaOH ⟶ COONa + C2H5OH

京都大

➡ **解説は本冊 P.100，略解は別冊 P.42**

次の文章を読み,以下の問いに答えよ。

> 互いに異なる化合物 A, B, C は全てベンゼン環をもち,いずれも分子式 C_8H_{10} で示される。化合物 A のベンゼン環の水素原子1個をヒドロキシ基で置き換えて得られる化合物は1種類のみである。化合物 B のベンゼン環の水素原子1個をヒドロキシ基で置き換えた化合物には3種類の異性体が存在する。化合物 A と B は過マンガン酸カリウムで酸化すると,同じ分子式の化合物 D と E をそれぞれ与えた。化合物 D とメタノールの混合物に少量の濃硫酸を加えて加熱すると,炭素数10の中性化合物が得られた。一方,化合物 C は,過マンガン酸カリウムで酸化すると化合物 F を与えた。化合物 F のベンゼン環の水素原子1個をヒドロキシ基で置き換えた化合物には<u>3種類の異性体が存在する</u>。

(1) 化合物 A, B の構造式を記せ。

(2) 化合物 F の構造式を記せ。

(3) 下線部の異性体の1つは,ナトリウムフェノキシドを二酸化炭素の加圧下で加熱し,その後,希硫酸を作用させると得られる。この異性体の化合物名を書け。

北海道大

問題 15

次の文章を読み，以下の問いに答えよ。必要があれば，原子量として次の値を用いよ。H＝1.0，C＝12.0，O＝16.0

　化合物 A は炭素，水素，酸素からなる中性の芳香族化合物で分子量は 206 である。化合物 A 3.09 mg を完全燃焼させたところ，二酸化炭素 8.58 mg と水 2.43 mg を得た。化合物 A を水酸化ナトリウム水溶液とともに加熱し加水分解した。ついで反応物を冷却後，ジエチルエーテルを加えて激しく振り混ぜてから静置すると，エーテル層と水層とに分かれた。水層を希塩酸で酸性にしたところ，1 価のカルボン酸である化合物 B が得られた。水 100 mL に 89.8 mg の化合物 B を溶かし，それを 0.10 mol/L の水酸化ナトリウム水溶液で中和したところ 6.6 mL を要した。化合物 B は低温では過マンガン酸カリウム水溶液を脱色しないが，この混合液にアルカリを加えて加熱し，酸性にすると化合物 C が沈殿した。化合物 C を 160 〜 170℃で加熱すると容易に脱水して化合物 D となった。

　エーテル層からは光学活性な化合物 E が得られた。これを酸性条件下で脱水したところ 2 種類のアルケン F，G を与えた。化合物 F，G をそれぞれオゾン分解すると，F からは 2 種類のアルデヒドが，G からはアルデヒドとケトンが得られた。なおここでのオゾン分解では，例に示すように二重結合が開裂し 2 つのカルボニル化合物を与える条件を用いている。

〈例〉 $\mathrm{CH_3-CH_2}$ $\mathrm{C=C}$ $\mathrm{CH_3}$ ／ H ＼ $\mathrm{CH_3}$ ──オゾン分解──▶ $\mathrm{CH_3-CH_2}$ $\mathrm{C=O}$ ＋ $\mathrm{O=C}$ $\mathrm{CH_3}$ ／ H ＼ $\mathrm{CH_3}$

(1) 化合物 A の分子式を求めよ。

(2) 化合物 B の分子量を求め，整数で答えよ。

(3) 化合物 A 〜 G の構造式を書け。

横浜市立大

問題 16

次の文章1〜文章6を読み，以下の問いに答えよ。

〔文章1〕 分子式 $C_{19}H_{18}O_4$ の化合物Aを水酸化ナトリウム水溶液を用いて完全にけん化した後，反応液にエーテルを加えてよく振り混ぜ，水層とエーテル層を分離した。分離したエーテル溶液からエーテルを蒸発させたところ，ベンゼン環をもつ化合物Bが得られた。水層に二酸化炭素を十分に通じた後，エーテルを加え上と同様の操作を行ったところ，エーテル層からベンゼン環をもつ化合物Cが得られた。さらに，残りの水層を塩酸で酸性にしたところ，化合物Dが結晶として析出した。

〔文章2〕 Dは炭素原子の数が4個の不飽和2価カルボン酸であり，　(イ)　とは互いに幾何異性体の関係にある。(イ)　は約160℃に急熱すると，分子内で　(ロ)　反応が起こり，酸無水物を生成することから　(ハ)　体である。

〔文章3〕 Cの水溶液に　(a)　の水溶液を加えると紫色を呈する。

〔文章4〕 Cのナトリウム塩を　(b)　の加圧下で加熱すると，反応が起こる。生成物を水に溶かし，希硫酸を加えて酸性にすると化合物Eが析出する。

　Eに　(ニ)　を作用させて得られるアセチルサリチル酸（化合物F）は，解熱鎮痛剤として広く使われている。

〔文章5〕 Bを　(c)　の希硫酸溶液で酸化すると化合物Gが生成する。Gにヨウ素と水酸化ナトリウム水溶液を加えて加熱すると，特有の臭気をもつ　(d)　の黄色沈殿が生成する。この沈殿を除いた反応液に塩酸を加えて酸性にしたところ，化合物Hが結晶として析出した。Hを過マンガン酸カリウムで酸化して得られる化合物Iと　(ホ)　とを反応させると，合成繊維の一種であるポリエチレンテレフタラートが得られる。

〔文章6〕 Bには不斉炭素原子があり，一対の　(ヘ)　異性体が存在する。

(1) 空欄　(イ)　〜　(ヘ)　にあてはまる適切な化合物名または語句を記せ。

(2) 空欄　(a)　〜　(d)　に相当する化合物の化学式を記せ。

(3) 化合物CおよびDの名称を記せ。

(4) 化合物 B, F および H の構造式を記入例にならって記せ。不斉炭素原子が含まれる場合には、その右肩に＊印を付けよ。

〈記入例〉 HO−⟨benzene⟩−CH$_2$−C(=O)−O−CH$_2$−CH$_3$

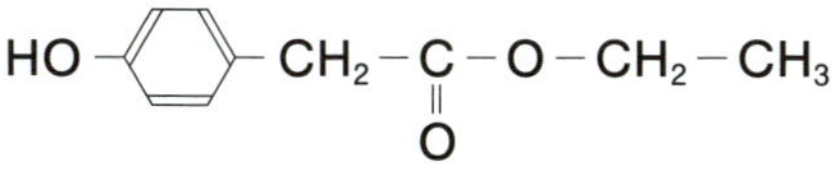

北海道大

問題 17

次の文章を読んで，以下の問いに答えよ。

濃硝酸と濃硫酸の混合液（混酸）を含む丸底フラスコに，ベンゼンを加えた。(a)丸底フラスコをたえず振りながら，60℃で反応させ，化合物Aを合成した。(b)反応液の一部を蒸留水を含むビーカーに落とし，化合物Aの合成を確認した。

充分に反応させた後，反応液（ここでは，有機化合物としては，ニトロベンゼンのみを含むものとする）を分液ろうとに移し，エーテルを加えて，化合物Aをエーテル層に抽出した。次に，このエーテル層に炭酸ナトリウム水溶液を加えて酸を中和したのち，(c)無水硫酸ナトリウムを加えてしばらく放置した。ろ過して得られたエーテル層を蒸発させたところ，油状の化合物Aが得られた。

(d)精製した化合物Aを新しい試験管に移し，粒状のSnと濃塩酸を加えておだやかに加熱することにより化合物Bを合成した。(e)この反応液に水酸化ナトリウム水溶液を加え始めると，化合物Cが遊離し，沈殿が析出し始め，さらに水酸化ナトリウム水溶液を加えると沈殿は溶解した。

次に，この溶液にエーテルを加えて化合物Cを抽出した。化合物Cは，エーテル層を蒸発させて単離した。

(f)単離・精製した化合物Cを無水酢酸と充分に反応させたのち，水中にそそぐと，化合物Dが析出した。

(1) 下線部(a)の実験で丸底フラスコを静置すると，混酸，ベンゼン，化合物Aは，どのように分布するか。次の(ア)〜(エ)の中より適当なものを選べ。
(ア) 混酸の上層に，ベンゼンと化合物Aが分離する。
(イ) 化合物Aは混酸に混じるが，混酸の下層にベンゼンが分離する。
(ウ) 混酸の上層にベンゼンが，混酸の下層に化合物Aが分離する。
(エ) 混酸の下層に，ベンゼンと化合物Aが分離する。

(2) 下線部(b)で，化合物Aが合成されていると判断するには，どのような結果が得られればよいか。次の(ア)〜(エ)の中より適当なものを選べ。
(ア) 淡黄色の液体が，ビーカーの底に沈む。
(イ) 淡黄色の針状の結晶が，ビーカーの底に沈む。

（ウ）　淡黄色の液体が，ビーカーに浮く。

　　　（エ）　淡黄色の針状の結晶が，ビーカーに浮く。

(3) 　下線部(c)で，無水硫酸ナトリウムを加えた目的を述べよ。

(4) 　下線部(d)を化学反応式で示せ。なお，Snは，反応後Sn^{4+}になる。

(5) 　下線部(e)の沈殿の析出と沈殿の溶解をイオン反応式で示せ。なお，錯イオン$[Sn(OH)_6]^{2-}$の水溶液に塩酸（H^+）を加えると，水酸化スズ(Ⅳ) $Sn(OH)_4$のコロイド状白色沈殿が得られる。この沈殿は塩酸（H^+）に溶けてスズ(Ⅳ)イオンSn^{4+}の水溶液となる。

(6) 　下線部(f)を化学反応式で示せ。

名城大

問題 18

次の文章を読み，以下の問いに答えよ。なお，化合物の構造式は以下のメチルレッドの構造式にならって記せ。

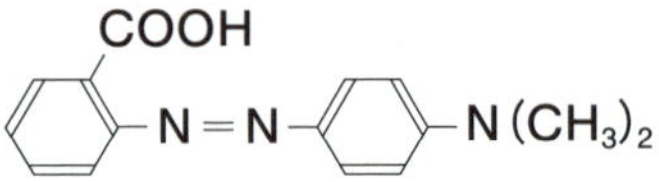

近代有機化学工業の歴史はアニリンの歴史でもあり，パーキンがアニリンに二クロム酸カリウムを反応させて偶然に得た合成染料に始まるとされる。アニリンはベンゼンをニトロ化し，得られたニトロベンゼンを還元することで合成される。また①アニリンを低温において希塩酸中で亜硝酸ナトリウム水溶液を加えてジアゾ化することにより，塩化ベンゼンジアゾニウムが得られる。この塩化ベンゼンジアゾニウムと [(ア)] とのカップリング反応によって合成される *p*-ヒドロキシアゾベンゼン（*p*-フェニルアゾフェノールともいう）は，アゾ染料として知られている。

同様に，pH 指示薬として用いられるメチルレッドは，[(イ)] をジアゾ化し，その後 [(ウ)] とカップリング反応することにより合成される。このようなアゾ基を有するアゾ化合物は，合成染料の大半を占めている。

(1) 下線部①の反応を化学反応式で記せ。なお，ベンゼン環は構造式を用いて示せ。

(2) [(ア)] にあてはまる化合物の名称を記せ。

(3) メチルレッドの構造式から推定して，[(イ)] と [(ウ)] にあてはまる化合物の構造式を記せ。

山形大

➡ 解説は本冊 P.142，略解は別冊 P.43

問題 19

次の文章を読み，以下の問いに答えよ。必要があれば，原子量として下の値を用いよ。

$H=1.0$, $C=12.0$, $N=14.0$, $O=16.0$

> 炭素，水素，窒素，酸素からなる中性物質 A（分子量 211）があり，その元素分析値は，炭素 79.6％，水素 6.2％，窒素 6.6％であった。この化合物に濃硝酸と濃硫酸との混合物を作用させたところ，化合物 B が得られた。B を加水分解すると，ともにパラ二置換ベンゼン化合物である C と D が得られた。元素分析から，D は窒素を含まないことがわかった。一方，化合物 B を過マンガン酸カリウム水溶液中で加熱したのち，得られた酸性物質にスズと塩酸を作用させると，化合物 E が得られた。E は重合して高分子化合物 F になった。

(1) 化合物 A の分子式を書け。
(2) 化合物 A〜E の構造式を示せ。

横浜市立大

次の文章を読み，以下の問いに答えよ。

芳香族化合物 A～E の混合物を溶かしたジエチルエーテル溶液がある。これに対し，次図に示すような分離あるいは反応操作を行った。ただし，化合物 F は次図に示した操作により，化合物 B が変化したものである。

〔文章1〕 化合物 A を $FeCl_3$ 水溶液に加えると，青紫色を呈した。また，化合物 A 713 mg をベンゼン 25 g に溶解させて沸点上昇度を測定したところ，0.77 K の沸点上昇が観察された。ただし，ベンゼンのモル沸点上昇は，2.54 K·kg/mol である。

〔文章2〕 化合物 B はナフタレンを V_2O_5 を触媒として空気酸化することにより合成できる。

〔文章3〕 分子を構成する原子の質量数の和を，分子質量数と呼ぶものとする。化合物 C には，分子質量数 M のものと $M+2$ のものがほぼ 3：1 の比で存在する。また，化合物 C に高温・高圧下で NaOH を作用させると，化合物 A が生じることが知られている。

〔文章4〕 化合物 E に無水酢酸を作用させて得られる化合物 G は，かつて解熱鎮痛剤として用いられた。

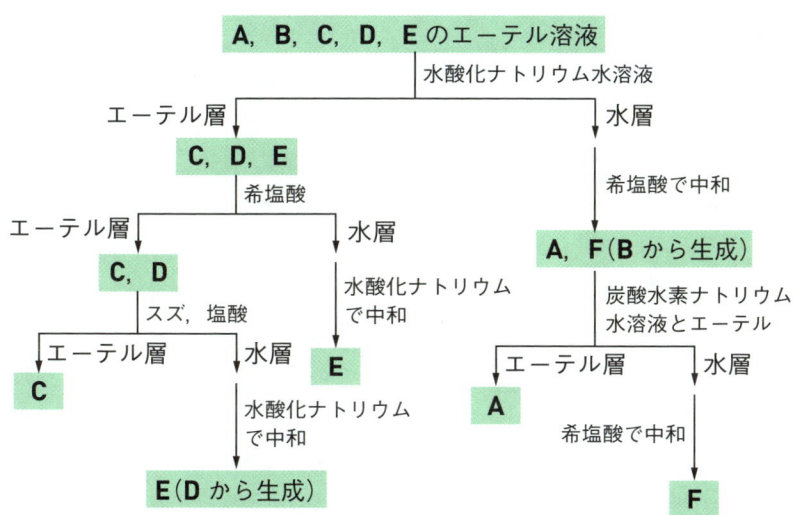

化合物 A, B, C, D, E, F の構造式を示せ。

東京大

→ 解説は本冊 P.154, 略解は別冊 P.43

医薬品の合成に関する次の文章を読み,以下の問いに答えよ。

【アセトフェネチジン（解熱鎮痛剤）の合成】

フェノールから合成される p-エトキシニトロベンゼンに操作Aを行うと,化合物1が得られる。さらに,化合物1に操作Bを行うと,アセトフェネチジンが得られる。

CH_3CH_2O-◯-NO_2 →操作A→ 1 →操作B→ CH_3CH_2O-◯-$NHCOCH_3$
p-エトキシニトロベンゼン　　　　　　　　　　　　アセトフェネチジン

(1) 操作Aおよび操作Bを次頁の操作群から選び,番号で答えよ。

(2) 化合物1の構造式をアセトフェネチジンの構造式にならって書け。

【ベンゾカイン（局所麻酔剤）の合成】

トルエンに操作Cを行うと,主要な生成物として2種類の異性体2と3が生成する。さらに温度を上げて長時間反応を続けると,化合物4が得られる。化合物4は爆薬として用いられる。化合物4の分子量は227であり,元素分析を行ったところ,炭素37.01%,水素2.22%,窒素18.50%であった。

分離精製した化合物2を原料に用いて,ベンゾカインの合成を行った。化合物2に操作Dを行うと化合物5が得られ,5に操作Aを行うと化合物6が得られる。化合物6に操作Eを行うとベンゾカインが得られる。

◯-CH_3 →操作C→ 2+3 →操作C 長時間→ 4
　　　　　分離精製↓
2 →操作D→ 5 →操作A→ 6 →操作E→ H_2N-◯-$COOCH_2CH_3$
　　　　　　　　　　　　　　　　　　　　ベンゾカイン

(3) 操作C,操作Dおよび操作Eを下記の操作群から選び,番号で答えよ。

(4) 化合物2および化合物4の化合物名を書け。また,化合物5および化合物6の構造式をベンゾカインの構造式にならって書け。

【プロントジル（抗菌剤）の合成】

　ベンゼンに操作Cを行うと化合物7が得られる。化合物7に，さらに操作Cを行うと，主要な生成物として分子量168の化合物8が得られる。化合物8に操作Aを行うと化合物9が得られる。アニリンから合成されるスルファニルアミドに操作Fを行うと，化合物10が生成する。ただちに，化合物10を化合物9の水溶液と混合し反応させる。その後，中和するとプロントジルのみが得られる。

$$\text{ベンゼン} \xrightarrow{\text{操作C}} 7 \xrightarrow{\text{操作C}} 8 \xrightarrow{\text{操作A}} 9$$

$$H_2N\text{-}C_6H_4\text{-}SO_2NH_2 \xrightarrow{\text{操作F}} 10$$

スルファニルアミド

プロントジル： $H_2NO_2S\text{-}C_6H_4\text{-}N=N\text{-}C_6H_3(NH_2)\text{-}NH_2$

(5) 化合物7，化合物8および化合物9の構造式をプロントジルの構造式にならって書け。また，化合物10の構造式を次の例にならって書け。

〈例〉 $CH_3COO^-Na^+$

(6) 操作Fを次の操作群から選び，番号で答えよ。

―操作群―

① 水酸化ナトリウム水溶液を加えて温める。
② エタノール溶液にして，少量の濃硫酸を加えて温める。
③ 無水酢酸を加えて加熱する。
④ 過マンガン酸カリウム水溶液を加えて加熱し，その後，酸性にする。
⑤ 5℃以下に冷やしながら塩酸酸性にして，亜硝酸ナトリウム水溶液を加える。
⑥ ナトリウムフェノキシドの水溶液を加える。
⑦ 希塩酸を加えて温める。
⑧ 塩化鉄(Ⅲ)水溶液を加える。
⑨ スズと塩酸を加えて加熱し，その後，塩基性にする。
⑩ 濃硝酸と濃硫酸の混合物を加えて加熱する。
⑪ 臭素と鉄粉を加える。
⑫ 濃硫酸を加えて加熱する。

富山医科薬科大

問題 22

7種類の糖質（ア）〜（キ）の水溶液を用いて実験を行い，以下の結果を得た。ただし，（ア）〜（カ）は次の選択肢中のいずれかであり，糖質（キ）は右下に示す通りである。必要があれば，原子量として $H=1.0$，$C=12$，$O=16$ を用い，以下の問いに答えよ。

選択肢
デンプン，マルトース，スクロース，セロビオース，グルコース，フルクトース

糖質（キ）
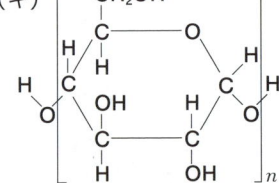

(実験A) （ア）〜（カ）の各糖質の水溶液にフェーリング液を加えて煮沸すると，（ア），（イ），（エ），（カ）は赤色沈殿を生じたが，（ウ），（オ）は変化しなかった。

(実験B) （ウ），（エ），（カ）を希塩酸中で煮沸すると，いずれも（ア）と同じ化学的性質を示す糖質へと変化した。

(実験C) （オ）の水溶液にインベルターゼを加え室温で数時間放置すると，（ア）と（イ）の混合物を生じた。

(実験D) （ウ），（エ），（オ）の水溶液にそれぞれアミラーゼを加え室温で数時間放置すると，（ウ）からは（エ）と同じ糖質が生じたが，（エ），（オ）は何ら変化しなかった。

(実験E) グルコース1 mol にフェーリング液を充分に加えて煮沸すると，1 mol の Cu_2O が生成するものとする。いま，グルコースが α-1,4-グリコシド結合によって n 個結合した糖質（キ）がある。この糖質（キ）50 g を水に溶解し，フェーリング液を充分に加えて煮沸すると，0.1 mol の Cu_2O が生成した。

(1) 糖質（ア）〜（カ）として最も適当と思われるものを選択肢の中から選べ。

(2) 糖質（キ）はグルコースが何個結合したものか。数値を記せ。ただし，計算値が小数の場合は，小数第一位を四捨五入せよ。

東京理科大（薬）

問題 23

次の文章を読み，以下の問いに答えよ。

植物で生合成されるデンプン $(C_6H_{10}O_5)_n$ は α-グルコースが繰り返し縮合した構造をしており，図1に示すようなアミロースとアミロペクチンという2種類の成分からなる。

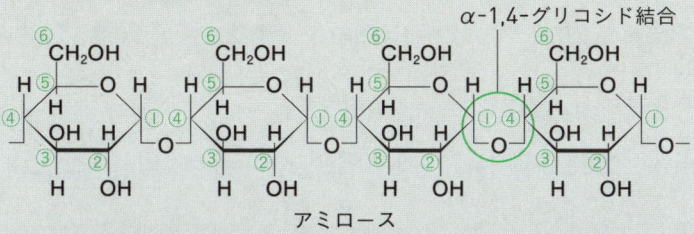

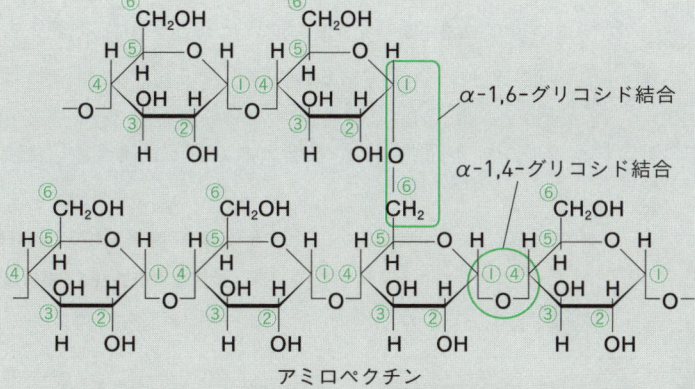

図1　デンプンを構成する2種類の成分の基本骨格

アミロースは α-グルコース同士がそれぞれ1位と4位でグリコシド結合（1,4-グリコシド結合）により縮合した直鎖状構造（枝分かれのない構造）をしている。一方，アミロペクチンは，アミロースと同様の1,4-グリコシド結合に加えて，α-グルコース同士が1位と6位でグリコシド結合（1,6-グリコシド結合）により縮合した枝分かれの多い構造をとっている。

アミロースのすべてのヒドロキシ基の水素をメチル基に変換（メチル化）したのち，すべてのグリコシド結合を，酸触媒を用いて加水分解したところ，2種類のメチル化された単糖が得られた。

一方，アミロペクチンのすべてのヒドロキシ基をメチル化したのち，すべてのグリコシド結合を，酸触媒を用いて加水分解したところ，3種類のメチル化された単糖が得られた。

より具体的には，アミロペクチンのヒドロキシ基をすべてメチル化した後に加水分解すると，図2に示すように次の3種類の化合物A，B，Cが得られた。

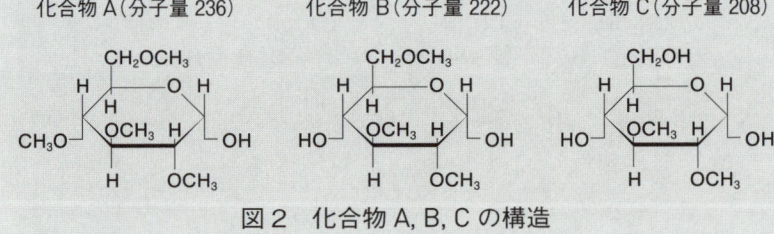

図2 化合物A，B，Cの構造

上述の反応（メチル化および加水分解）において，分子量が 7.777×10^5 のアミロペクチン2.00 gから化合物Cが300 mg得られた。

このアミロペクチン1分子中には，枝分かれが何ヶ所あるか。整数で答えよ。

慶應義塾大（理工），東京理科大（薬）

→ 解説は本冊 P.182，略解は別冊 P.44

問題 24

セルロースに濃硝酸と濃硫酸の混合物を作用させると，ヒドロキシ基の一部がエステル化されたニトロセルロースを生じる。いま，セルロース9.0 gからニトロセルロース14.0 gが得られた。このとき，セルロース分子中のヒドロキシ基でエステル化されなかったものは，ヒドロキシ基全体の何％にあたるかを計算せよ。ただし，小数点以下を切り捨てよ。必要があれば，原子量として次の値を用いよ。

$H=1.0$, $C=12.0$, $N=14.0$, $O=16.0$

立命館大（理工）

→ 解説は本冊 P.190，略解は別冊 P.44

問題 25

(ア) から (エ) にあてはまるもっとも適当な語句を解答群から選べ。また、(a) から (d) にあてはまるもっとも適当な数値を記せ。

　　人工甘味料アスパルテームは、アスパラギン酸（$C_4H_7NO_4$）1分子とフェニルアラニン（$C_9H_{11}NO_2$）1分子とがペプチド結合によりつながれ、さらにそのフェニルアラニンのカルボキシ基がアルコールX1分子とエステル結合したものである。このXを酸化して得られたカルボン酸には還元性が認められた。よって、Xは (ア) であり、アスパルテームの分子量は (a) である。

　　バリンは分子式 $C_5H_{11}NO_2$ で表されるアミノ酸である。このような分子式で表すことができる α-アミノ酸（カルボキシ基とアミノ基とが同一の炭素原子に結合しているもの）には、バリンを含めて (b) 種類の構造異性体が存在する。カルボキシ基とアミノ基とが異なる炭素原子に結合しているアミノ酸について考えると、それらには (c) 種類の構造異性体が存在するので、分子式 $C_5H_{11}NO_2$ で表されるアミノ酸には合計 (b) ＋ (c) 種類の構造異性体が存在することになる。そのうちの (d) 種類には、少なくとも1個の不斉炭素原子が含まれており、光学異性体が存在する。

　　グルタチオンは、生体内での酸化還元反応にかかわる分子量307のトリペプチドである。このトリペプチドを加水分解すると、3種類の天然型の α-アミノ酸 B, C, D が得られた。これらについて調べたところ、Bには光学異性体が存在せず、C 1 mol を完全にエステル化するためには 2 mol のエタノールが必要であった。またこのCは、アスパルテームを構成するアミノ酸ではなかった。これらの結果から、Bは (イ)、Cは (ウ) であることがわかる。このトリペプチドに水酸化ナトリウム水溶液を加えて加熱したのち酢酸鉛（Ⅱ）水溶液を加えたところ、硫化鉛（Ⅱ）の黒色沈殿を生じた。これにより、Dは (エ) であることがわかる。

〈解答群〉2-プロパノール，エタノール，グリセリン，フェノール，メタノール，アジピン酸，アラニン，アルギニン，アルブミン，グリシン，グルタミン酸，システイン，セリン，チロシン，フェニルアラニン，リシン，アスパラギン酸

東京理科大

問題 26 次の文章を読み，以下の問いに答えよ。

> タンパク質に特有な呈色反応のうち，[（ア）]反応は，タンパク質分子中のチロシン，フェニルアラニンなどがもつ[（イ）]がニトロ化されるために起こる反応である。また，タンパク質に水酸化ナトリウム水溶液と硫酸銅(Ⅱ)水溶液を加えると，赤紫色になる反応を[（ウ）]反応という。この呈色反応は，タンパク質分子中に[（エ）]結合が存在することによって起こる。
>
> 単純タンパク質では，タンパク質の種類によらず，タンパク質中の窒素の質量百分率がほぼ同じである。よって，これを利用して有機物中のタンパク質の含有量を求めることができる。<u>試料（有機物）に濃硫酸を加え，加熱後，さらに過剰量の水酸化ナトリウムを加え加熱すると，アンモニアが生成する。このアンモニアを希硫酸に吸収させて中和滴定する</u>ことでアンモニアの生成量を求め，その値から試料中のタンパク質の含有量が計算される。ある試料 5.0 g 中のタンパク質の含有量を求めるために，下線部の操作を行ったところ，0.17 g のアンモニアが希硫酸に吸収された。なお，タンパク質中の窒素の質量百分率は 14 %であり，窒素は，すべてタンパク質に由来し，また，すべてアンモニアに変換されたものとする。原子量は，H=1.0，C=12，N=14，O=16 を用いよ。

(1) [　]内に適当な語句を記入せよ。

(2) 題意の試料中には，何%のタンパク質が含まれていたか計算し，有効数字 2 桁で答えよ。

島根大

問題 27

次の文章を読み，文章中の空欄 ア ～ ナ に最も適当な語句または数値を入れ，以下の問いに答えよ。

　生物の細胞には ア という高分子が存在する。 ア は イ (DNA) と ウ (RNA) の2種類に大別される。DNA の役割は生命の エ 情報を保持することであると考えられている。一方，RNA は DNA の情報をもとに オ を合成することが主な役割である。ちなみに，DNA は RNA と比較すると化学的に安定であり，RNA が塩基性条件下で分解しやすいのに対し，DNA は塩基性条件下でも分解しにくい。

　DNA と RNA を構成する繰り返し単位となる物質はヌクレオチドと呼ばれる。ヌクレオチドの構成成分は炭素，水素，酸素，リン，カ である。炭素数が キ 個の糖の1位に カ を含む環状の ク が結合したものをヌクレオシドと呼び，それに ケ がエステル結合したものがヌクレオチドである。DNA を構成しているヌクレオチドはデオキシリボヌクレオチドであり，RNA を構成しているヌクレオチドはリボヌクレオチドである。デオキシリボヌクレオチドを構成している糖はデオキシリボースであり，リボヌクレオチドを構成している糖はリボースである。また，デオキシリボヌクレオチドを構成している塩基はプリン塩基である コ ， サ ，ピリミジン塩基であるシトシン， シ であり，リボヌクレオチドを構成している塩基はプリン塩基である コ ， サ ，ピリミジン塩基であるシトシン， ス である。ちなみに，デオキシリボースのデオキシとは酸素原子が無いという意味であり，デオキシリボースではリボースの セ 基の1つが水素原子に置き換わっている。また，プリン塩基とはプリン核（窒素原子を1, 3, 7, 9位にもつ）を，ピリミジン塩基とはピリミジン核（窒素原子を1位と3位にもつ）を基本骨格とする塩基性物質のことである。

　細胞内では，ヌクレオチドの ソ 部分と，別のヌクレオチドの糖部分の タ 基同士が縮合重合反応を繰り返して，ポリヌクレオチド（高分子：DNA，RNA）が形成される。一般の2本鎖 DNA では，向かい合う塩基同士が水素結合を介して塩基対を形成している。より具

体的には チ と ツ ， テ とシトシンが水素結合で塩基対を形成し，これにより安定な ト 構造が維持されている。一般に，2本鎖DNA水溶液（中性付近）に熱を加えていくと，水中の2本鎖DNAが1本鎖に解離する。このとき，グアニンとシトシンの含有割合が高い2本鎖DNAの方が，アデニンとチミンの含有割合が高い2本鎖DNAよりも解離しにくいと言われる。上述の通り，DNAはデオキシリボヌクレオチドが多数結合した高分子であり，DNAの ナ が遺伝情報を決定している。

(1) デオキシリボースの構造を示せ。

(2) 図に示したザルシタビンは，HIV（ヒト免疫不全ウイルス）に対する治療薬の1つであり，ヌクレオシド構造をもつ。このため，他のヌクレオシドと同様にDNAの合成に使われ，その結果としてDNAの合成が阻害される。この理由として，もっとも適切と思われる記述は次のうちどれか。1つ選び，番号を答えよ。

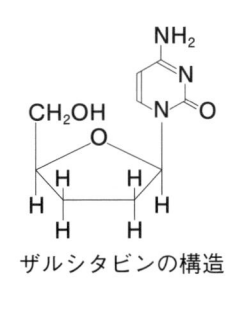

ザルシタビンの構造

1　ザルシタビンは，塩基対を形成できないから。
2　ザルシタビンは，糖部分の3位にヒドロキシ基がないから。
3　ザルシタビンは，塩基部分が加水分解されにくいから。
4　ザルシタビンは，水和水が結合しないから。
5　ザルシタビンは，ヌクレオチドにならないから。

(3) 文中の下線部の理由として適切な説明を下記から選び，番号を答えよ。

1　熱により，アデニンが分解するから。
2　熱により，チミンが分解するから。
3　A-T塩基対よりもG-C塩基対の方が分子量が大きいから。
4　A-T塩基対よりもG-C塩基対の方が水素結合の数が多いから。
5　グアニンに水素イオンが結合して塩基対が保護されるから。
6　アデニンに水素イオンが結合して塩基対を形成できないから。

(4) あるDNA中の塩基組成を調べたところ，アデニンのモル分率が0.20であった。このDNA中のグアニンのモル分率を有効数字2桁で求めよ。

(5) ナ による遺伝情報は何種類考えられるか。

慶應義塾大（薬），香川大，宮崎大

問題 28

次の文章中の ☐ および（　）に当てはまる最も適当な化学式・用語を、それぞれ a群 ，（b群）から選んで記せ。また、｛ 3 ｝には構造式を、｛ 8 ｝には数値（有効数字3桁）を記せ。

　スチレンは、ベンゼンの水素原子1個がビニル基 (1) に置き換わった化合物であり、合成高分子化合物の原料として使用されている。スチレンは（ 2 ）重合して透明で電気絶縁性のポリスチレンになり、その構造は｛ 3 ｝で表される。一般に、イオン交換樹脂はガラス管などに詰め、陽イオンと陰イオンとの分離に使用される。このようなイオン交換樹脂を詰めた管をカラムという。例えば、スチレンと p-ジビニルベンゼンとを共重合させて不溶性とし、得られた高分子化合物のベンゼン環にスルホ基 (4) を結合させることによって、（ 5 ）交換樹脂として利用される合成樹脂Aが得られる。合成樹脂Aが詰められたカラムに塩化ナトリウム水溶液を通すと、 (6) はスルホ基の (7) と交換されて合成樹脂Aに吸着されるので、水溶液中の塩化ナトリウムの陽イオンと陰イオンとを分離することができる。

　いま、十分な量の合成樹脂Aが詰まったカラムに濃度未知の硫酸亜鉛水溶液 20.0 mL を通したのち、さらに水を通してカラム中の合成樹脂Aを十分に水洗した。これらの流出液を集め、メチルオレンジを指示薬として 0.100 mol/L の水酸化ナトリウム水溶液で滴定すると、中和するのに 22.2 mL の水酸化ナトリウム水溶液が必要であった。したがって、この硫酸亜鉛水溶液の濃度は｛ 8 ｝ mol/L であることがわかる。このようなイオン交換反応は（ 9 ）反応であるので、硫酸亜鉛水溶液を通したあとに十分な量の（ 10 ）および水を通すことによって、使用済みの合成樹脂Aを再びもとの（ 5 ）交換樹脂として使用することができる。

a群　H^+，　Na^+，　OH^-，　Cl^-，　$-CH_2-CH_3$
　　　$-CH=CH_2$，　$-C\equiv CH$，　$-N^+(CH_3)_3OH^-$
　　　$-SH$，　$-SO_3H$

（b群）開環，　付加，　縮合，　可逆，　不可逆
　　　塩化亜鉛水溶液，　水酸化ナトリウム水溶液，　希硫酸
　　　錯イオン，　陽イオン，　陰イオン

関西大

問題 29

次の文章を読んで、以下の問いに答えよ。

　高分子化合物 A および B はともにポリエステルであり、自然界で微生物により分解される生分解性高分子として期待されている。

　高分子化合物 A を完全に加水分解させると単一の鎖状化合物 C が得られ、また、B を完全に加水分解させると、化合物 D および E が同じ物質量（mol）ずつ得られた。化合物 C, D, E はいずれも炭素、水素、酸素のみから構成されている。化合物 C に水酸化ナトリウムを作用させると、分子式 $C_4H_8O_3$ の化合物の Na 塩が生成した。化合物 C には不斉炭素原子はなく、これをおだやかに酸化するとアルデヒド基をもつ化合物が得られた。

　化合物 D にはメチル基がなく、その炭素原子数は 4 であり、分子量は 90 であった。化合物 D 0.020 mol をとり、無水酢酸 0.050 mol と完全に反応させたのち、酸無水物のみを少量の水ですべて加水分解させた。生成した酢酸を 1.00 mol/L 水酸化ナトリウム水溶液で中和したところ、(イ) mL 必要であった。

　化合物 E を化合物 F と反応させると、合成繊維として重要な 6,6-ナイロンが得られた。

(1) 化合物 C の構造式を記せ。
(2) 化合物 D の構造式を記せ。
(3) (イ) に適当な数値を有効数字 2 桁で記せ。
(4) 高分子化合物 B の構造式を記せ。

京都大

問題 30

次の文章を読み，以下の問いに答えよ。ただし，計算に必要な場合には，次の値を用いよ。

原子量：H＝1.0，C＝12.0，O＝16.0

なお，スチレンと 1,3-ブタジエンの構造式は次に示す通りである。

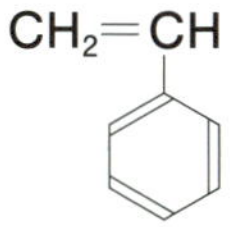

スチレン：CH$_2$=CH-C$_6$H$_5$

1,3-ブタジエン：CH$_2$=CH-CH=CH$_2$

> スチレンと 1,3-ブタジエンの共重合体 10.6 mg を完全燃焼させたところ，二酸化炭素が 35.2 mg，水が 9.00 mg 生成した。

この共重合体におけるスチレン部分と 1,3-ブタジエン部分の物質量比を求め，整数比で答えよ。

九州大

→ 解説は本冊 P.226，略解は別冊 P.44

略解

問題 1

(1) $CH_4 + Cl_2 \longrightarrow CH_3Cl + HCl$

(2) **A**:
```
    H   H   H
    |   |   |
H — C — C — C — H
    |   |   |
    H   H   Cl
```
B:
```
    H   H   H
    |   |   |
H — C — C — C — H
    |   |   |
    H   Cl  H
```

(3) 3:1

(4) 3.7 倍

問題 2

(1) **A**: $CH_3-\underset{\underset{OH}{|}}{CH}-CH_3$ 2-プロパノール

B: $CH_3-CH_2-\underset{\underset{OH}{|}}{CH}-CH_3$ 2-ブタノール

C: $CH_3-\underset{\underset{O}{\|}}{C}-CH_3$ アセトン

D: $CH_3-CH_2-\underset{\underset{O}{\|}}{C}-CH_3$ エチルメチルケトン

E: $CH_3-\underset{\underset{CH_3}{|}}{C}=CH_2$ メチルプロペン

(2) **F**: $CH_3-\underset{\underset{Cl}{|}}{\overset{\overset{CH_3}{|}}{C}}-CH_3$

問題 3

(1) C_4H_8

(2) **A**: $CH_3-CH_2-CH=CH_2$

B: $CH_3-CH_2-\underset{\underset{Cl}{|}}{CH}-CH_3$

F: $\underset{H}{\overset{H}{>}}C=O$

(3) 2 種類   (4) ①

問題 4

A: $CH_3-CH_2-C≡C-H$

B: $CH_3-CH_2-\underset{\underset{O}{\|}}{C}-CH_3$

C: $CH_3-CH_2-CH_2-\underset{\underset{O}{\|}}{C}-H$

D: $CH_3-CH_2-\underset{\underset{OH}{|}}{CH}-CH_3$

問題 5

(1) **A**: $CH_3-CH_2-\underset{\underset{OH}{|}}{CH}-CH_3$

B: $CH_3-\underset{\underset{}{|}}{\overset{\overset{CH_3}{|}}{CH}}-CH_2-OH$ (書き直し) $CH_3-\underset{}{\overset{\overset{CH_3}{|}}{CH}}-\underset{\underset{OH}{|}}{CH_2}$

C: $CH_3-\underset{\underset{OH}{|}}{\overset{\overset{CH_3}{|}}{C}}-CH_3$

D: $CH_3-CH_2-CH_2-\underset{\underset{OH}{|}}{CH_2}$

E: $CH_3-CH_2-\underset{\underset{O}{\|}}{C}-CH_3$

(2) Cu_2O

問題 6

(1) ヨードホルム反応

(2) **A**: $CH_3-CH_2-CH_2-CH_2-\underset{\underset{OH}{|}}{CH_2}$

B: $CH_3-CH_2-\overset{\overset{CH_3}{|}}{CH}-\underset{\underset{OH}{|}}{CH_2}$

C: $CH_3-\overset{\overset{CH_3}{|}}{CH}-CH_2-\underset{\underset{OH}{|}}{CH_2}$

D: $CH_3-\underset{\underset{CH_3}{|}}{\overset{\overset{CH_3}{|}}{C}}-\underset{\underset{OH}{|}}{CH_2}$

E: $CH_3-CH_2-CH_2-\underset{\underset{OH}{|}}{CH}-CH_3$

F: $CH_3-CH_2-\underset{\underset{OH}{|}}{CH}-CH_2-CH_3$

G: $CH_3-\overset{\overset{CH_3}{|}}{CH}-\underset{\underset{OH}{|}}{CH}-CH_3$

H： CH$_3$-CH$_2$-CH-CH$_3$
　　　　　　　　|
　　　　　　　OH
　　　　（CH上部にCH$_3$）

問題 7

(1) 化合物 B：CH$_2$=CH-CH-CH$_3$
　　　　　　　　　　　|
　　　　　　　　　　OH

　　化合物 C：CH$_3$-CH$_2$-O-CH=CH$_2$

　　化合物 D：CH$_3$-CH$_2$-C-CH$_3$
　　　　　　　　　　　　‖
　　　　　　　　　　　　O

(2) C$_2$H$_5$COCH$_3$ + 3I$_2$ + 4NaOH ⟶
　　　C$_2$H$_5$COONa + 3NaI + 3H$_2$O + CHI$_3$

(3) CH$_3$-CH$_2$-O-CH$_2$-CH$_2$
　　　　　　　　　|　　　|
　　　　　　　　　Br　　Br

(4) CH$_3$-CH$_2$-CH-CH$_3$　　2-ブタノール
　　　　　　　　|
　　　　　　　OH

(5) ジエチルエーテル

問題 8

(1) (ア) C$_4$H$_6$O$_5$

(2) (イ) 1　(ウ) ヒドロキシ
　　(エ) 2　(オ) カルボキシ
　　または (イ) 2　(ウ) カルボキシ
　　　　　　(エ) 1　(オ) ヒドロキシ

(3) (カ), (キ), (ク)…順不同

　　　O　OH　O　　　　　　O　　H　O
　　　‖　|　‖　　　　　　‖　　|　‖
HO-C-C-C-OH　　　HO-C-C-C-OH
　　　　|　　　　　　　　　　　|
　　　H-C-H　　　　　　HO-C-H
　　　　|　　　　　　　　　　　|
　　　　H　　　　　　　　　　H

　　　H　O
　　　|　‖
　　H-C-C-OH
　　　|
HO-C-C-OH
　　　|　‖
　　　H　O

(4) B の構造式

　　　H　O
　　　|　‖
　　H-C-C-O-CH$_2$-CH$_3$
　　　|
HO-C-C-O-CH$_2$-CH$_3$
　　　|　‖
　　　H　O

C の構造式

　　　　　　　　　H　O
　　　　　　　　　|　‖
　　　　　　　H-C-C-O-CH$_2$-CH$_3$
　　　　　　　　　|
CH$_3$-C-O-C-C-O-CH$_2$-CH$_3$
　　　‖　　　|　‖
　　　O　　　H　O

化合物 D の名称　フマル酸

(5) 　H　O
　　　|　‖
　　H-C-C-OH
　　　‖
HO-C-C-OH
　　　|　‖
　　　H　O

問題 9

(1) C$_5$H$_{10}$O$_2$

(2) CHI$_3$

(3) CH$_3$-CH$_2$-CH-CH$_3$
　　　　　　　　　|
　　　　　　　　OH

(4) 1-ブテン，シス-2-ブテン，トランス-2-ブテン

(5) H-C-OH
　　　‖
　　　O

(6) 　　　　　CH$_3$
　　　　　　　|
　　H-C-O-CH-CH$_2$-CH$_3$
　　　‖
　　　O

問題 10

(1) C$_6$H$_8$O$_4$

(2)
　　　　O　　　　　　　　　　　　O
　　　　‖　　　　　　　　　　　　‖
　　H　C-OH　　　　　　　H　　C-OH
　　　＼/　　　　　　　　　　＼/
　　　C　　　　　　　　　　　C
　　　‖　　　　　　　　　　　‖
　　　C　　　　　　　　　　　C
　　　/＼　　　　　　　　　/＼
　　H　C-OH　　　　HO-C　　H
　　　　‖　　　　　　　　‖
　　　　O　　　　　　　　O

　　マレイン酸　　　　　　フマル酸

(3) 化合物 C：CH$_3$OH　　化合物 D：HCOOH

(4) 　　O　　　　　　　(5) 　　　O
　　　　‖　　　　　　　　　　　　‖
　　H　C　　　　　　　　　H　　C-O-CH$_3$
　　　＼/＼　　　　　　　　　＼/
　　　C　　O　　　　　　　　C
　　　‖　/　　　　　　　　　‖
　　　C　　　　　　　　　　C
　　　/＼/　　　　　　　　/＼
　　H　C　　　　　　　　H　　C-O-CH$_3$
　　　　‖　　　　　　　　　　‖
　　　　O　　　　　　　　　　O

(6)
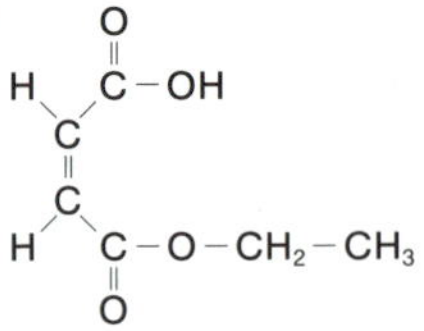

問題 11

(1) けん化

(2) 884

(3) 3 個，17 個

(4)
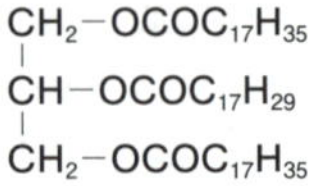

問題 12

(A) 7

(B) 12

問題 13

(1) A：
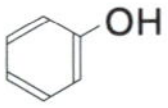
B：
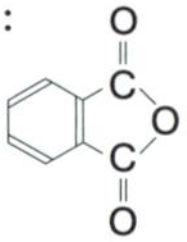
C：
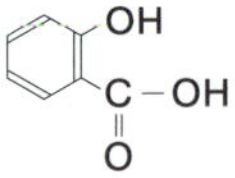
D：
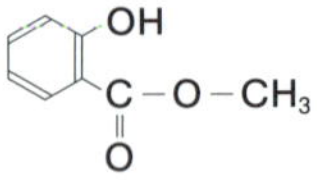
E：
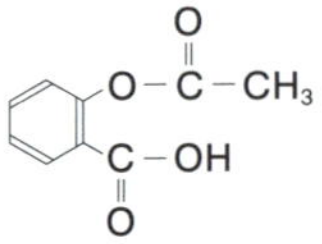

(2) (ア) プロペン（プロピレン）
(イ) クメン　(ウ) フタル酸

(3) 化合物Cも化合物Dも水酸化ナトリウム水溶液と反応して塩となり，水溶液層に移ってしまい，分離できない。

(4)
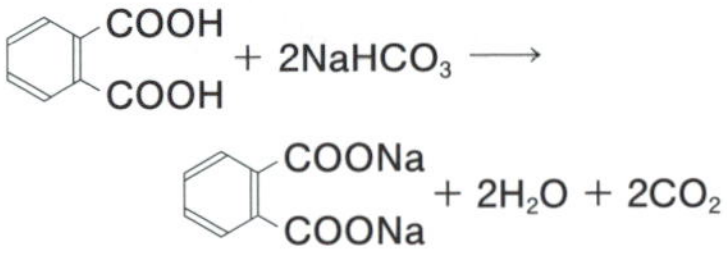

問題 14

(1) A：
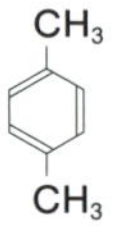
B：
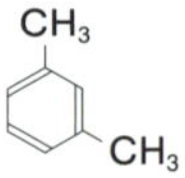

(2) F：
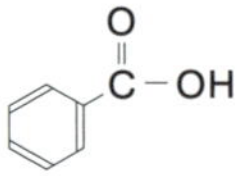

(3) サリチル酸

問題 15

(1) $C_{13}H_{18}O_2$　　(2) 136

(3) 化合物 A：
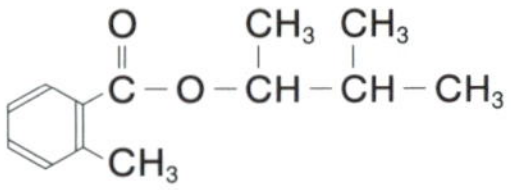

化合物 B：
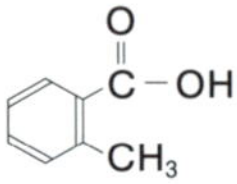

化合物 C：
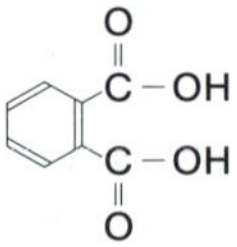

化合物 D：
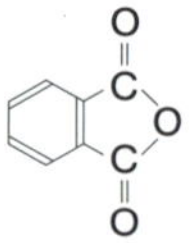

化合物 E：
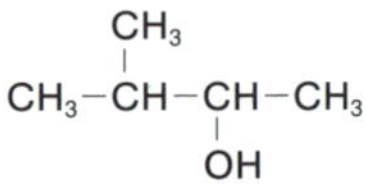

化合物 F：
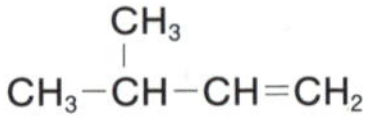

化合物 G：
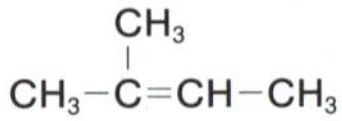

問題 16

(1) （イ） マレイン酸　（ロ） 脱水
（ハ） シス　（ニ） 無水酢酸

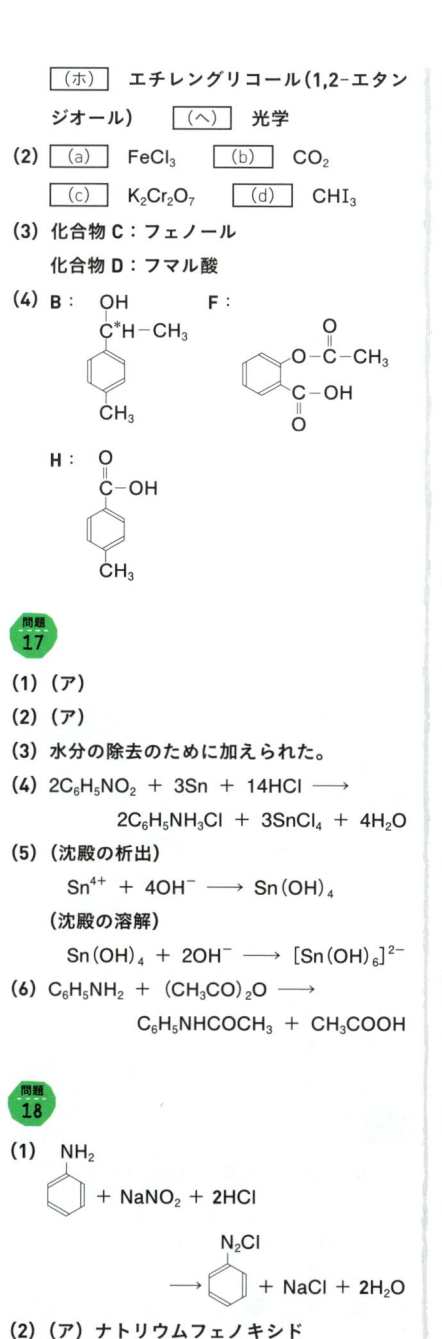

(ホ) エチレングリコール(1,2-エタンジオール)　(ヘ) 光学

(2) (a) $FeCl_3$　(b) CO_2
　　(c) $K_2Cr_2O_7$　(d) CHI_3

(3) 化合物C：フェノール
　　化合物D：フマル酸

(4) B: 4-メチルフェニル基に $C^*H(OH)-CH_3$ が結合した構造（OH、C^*H-CH_3、CH_3 置換）

F: サリチル酸のアセチル化体（2-アセトキシ安息香酸）

H: p-メチル安息香酸（CH_3-C$_6$H$_4$-COOH）

問題 17

(1) (ア)

(2) (ア)

(3) 水分の除去のために加えられた。

(4) $2C_6H_5NO_2 + 3Sn + 14HCl \longrightarrow 2C_6H_5NH_3Cl + 3SnCl_4 + 4H_2O$

(5) （沈殿の析出）
$Sn^{4+} + 4OH^- \longrightarrow Sn(OH)_4$

（沈殿の溶解）
$Sn(OH)_4 + 2OH^- \longrightarrow [Sn(OH)_6]^{2-}$

(6) $C_6H_5NH_2 + (CH_3CO)_2O \longrightarrow C_6H_5NHCOCH_3 + CH_3COOH$

問題 18

(1) $C_6H_5NH_2 + NaNO_2 + 2HCl \longrightarrow C_6H_5N_2Cl + NaCl + 2H_2O$

(2) (ア) ナトリウムフェノキシド

(3) (イ) 2-アミノ安息香酸（$COOH$ と NH_2 がオルト位）
　　(ウ) $C_6H_5N(CH_3)_2$

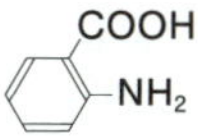

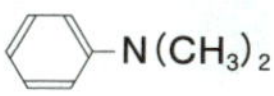

問題 19

(1) $C_{14}H_{13}NO$

(2) A: CH_3-C$_6$H$_4$-C(=O)-NH-C$_6$H$_5$

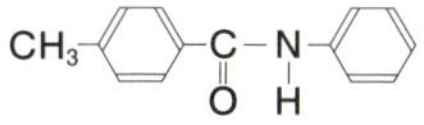

B: CH_3-C$_6$H$_4$-C(=O)-NH-C$_6$H$_4$-NO_2

C: H_2N-C$_6$H$_4$-NO_2

D: CH_3-C$_6$H$_4$-COOH

E: HOOC-C$_6$H$_4$-C(=O)-NH-C$_6$H$_4$-NH_2

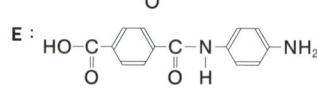

問題 20

化合物A: フェノール（C_6H_5-OH）
化合物B: 無水フタル酸
化合物C: クロロベンゼン（C_6H_5-Cl）
化合物D: ニトロベンゼン（C_6H_5-NO_2）
化合物E: アニリン（C_6H_5-NH_2）
化合物F: フタル酸（o-$C_6H_4(COOH)_2$）

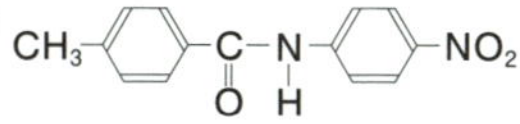

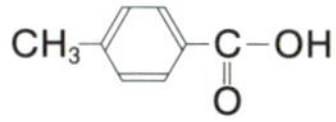

問題 21

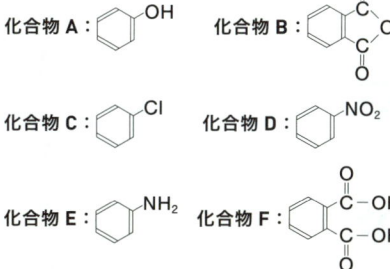

(1) 操作A: 9　操作B: 3

(2) 化合物1: p-エトキシアニリン（NH_2 と OCH_2CH_3 がパラ位）

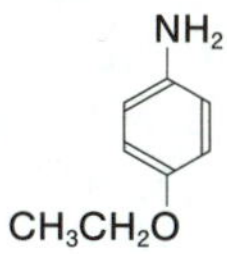

(3) 操作C: 10　操作D: 4　操作E: 2

(4) 化合物2: p-ニトロトルエン
　　化合物4: 2,4,6-トリニトロトルエン

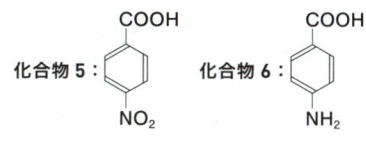

化合物5: p-ニトロ安息香酸（COOH と NO_2 がパラ位）
化合物6: p-アミノ安息香酸（COOH と NH_2 がパラ位）

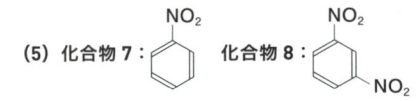

(5) 化合物 7：[ベンゼン環にNO₂] 化合物 8：[ベンゼン環にNO₂二つ（m位）]

化合物 9：[ベンゼン環にNH₂二つ（o位）]

化合物 10：[ベンゼン環にSO₂NH₂（上）とN₂⁺Cl⁻（下）]

(6) 操作 F：5

問題 22

(1) (ア) グルコース　(イ) フルクトース
　　(ウ) デンプン　(エ) マルトース
　　(オ) スクロース　(カ) セロビオース

(2) 3 個

問題 23

561 ヶ所

問題 24

33%

問題 25

(ア) メタノール　　(イ) グリシン
(ウ) グルタミン酸　(エ) システイン
(a) 294　(b) 3　(c) 9　(d) 9

問題 26

(1) (ア) キサントプロテイン
　　(イ) ベンゼン環
　　(ウ) ビウレット
　　(エ) ペプチド

(2) 2.0×10 〔%〕

問題 27

ア	核酸	イ	デオキシリボ核酸
ウ	リボ核酸	エ	遺伝
オ	タンパク質	カ	窒素
キ	5	ク	塩基
ケ	リン酸		
コ , サ	アデニン, グアニン		
シ	チミン	ス	ウラシル
セ	ヒドロキシ	ソ	リン酸
タ	ヒドロキシ	チ	アデニン
ツ	チミン	テ	グアニン
ト	二重らせん	ナ	塩基配列

(1) [リボースの構造式 HO-CH₂, OH, C, C, C, H, H, OH, H, C]

(2) 2　(3) 4　(4) 0.30

(5) 64 種類

問題 28

(1) $-CH=CH_2$　(2) 付加

(3) [-CH₂-CH(C₆H₅)-]_n　(4) $-SO_3H$

(5) 陽イオン　(6) Na^+　(7) H^+

(8) 5.55×10^{-2}　(9) 可逆

(10) 希硫酸

問題 29

(1) C : $HO-CH_2-CH_2-CH_2-C-OH$
　　　　　　　　　　　　　　　　　$\parallel$
　　　　　　　　　　　　　　　　　O

(2) D : $HO-CH_2-CH_2-CH_2-CH_2-OH$

(3) 6.0×10

(4) B : $[-O-(CH_2)_4-O-C-(CH_2)_4-C-]_n$
　　　　　　　　　　　　　$\parallel$　　　　　$\parallel$
　　　　　　　　　　　　　O　　　　　　O

問題 30

1 : 2

TERUISHIKI
MONDAISHU
YUUKIKAGAKU

TERUISHIKI MONDAISHU

大学受験
V BOOKS

照井式問題集

有機化学
問題文の読み方

<small>河合塾</small>
照井 俊

Gakken

はじめに

　私は，大学受験生だったとき，有機化学に対して「暗記科目」というイメージを持っていました。私だけではなく，クラスのみんなも，同じように思っていたようです。
　そんな私たちのクラスでは，有機化学をカードにまとめることが流行っていました。私ですか？
　もちろん，私も有機化学のカードをつくりました。
　成果ですか？
　それぞれが自分なりに工夫したカードですから，誰もがしっかりと暗記に励んでいました。そして，それは大きな成果をあげました。
　これは，お薦めですので，皆さんもぜひ試してみてください。
　よろしければ『有機化学の最重点　照井式解法カード』を参照してください。

　それなのに……。
　なかなか**有機化学の《達人》**は現れませんでした。
　私たちは，化学の先生に尋ねました。

私たち「こんなに頑張っているのになあ。有機化学って難しいですね」
先生　「難しくなんかないさ」
私たち「難しいです！　だって，知識はあると思うのに，問題が解けないんですから」
先生　「それは，文章が読めていないからじゃないかな」
私たち「文章が読めていないとは，どういうことですか？」
先生　「例えば，英語の勉強は"単語"の暗記だけかい？」
私たち「"単語"の暗記もしますけど，"文法"の勉強とか，それに"長文読解"の練習とか」
先生　「どうして"単語"の暗記だけじゃいけないと思う？」
私たち「だって，"単語"をいくら覚えても，文章の流れがつかめなければ飛躍できないですから」

先生　「そうか。さて，君は有機化学の"知識"の暗記はしているよね」
私たち「はい」
先生　「じゃあ，有機化学の"問題文読解"の練習は？」
私たち「していません」
先生　「"知識"は必要だ。大きな力になる。でも，**『文章の流れがつかめなければ飛躍できない』**はずじゃないのかな？」

　確かにその通りだと納得し，私たちのクラスではすぐに，有機化学の"問題文読解"が流行り始めたのです。
　方法ですか？
　問題を先生に厳選してもらい，読解の方法はそれぞれが知恵をしぼりました。
　成果ですか？
　たぶん，誰もが問題文の読解を楽しみました。
　そして，多くが有機化学を好きになりました。
　知識の暗記だけをしていた頃は現れなかった，有機化学の《達人》も現れました。

　化学の講師になった今，多くの皆さんに，有機化学の問題において，**問題文読解の大切さを感じてもらいたい**と思い，この問題集を企画しました。

　どうか，問題文の読解を楽しんでください。
　そして，できれば有機化学を好きになってください。

　この本によって，皆さんの「有機化学の問題を解く力」が飛躍することを願っています。

照井　俊

追記◎私と二人三脚を組んでこの本を形にして下さった村手佳奈さん，有り難うございます。学研プラスの川畑勝氏が出版を後押しして下さったこと，秋下幸恵さん，高木直子さん，内山とも子さん，渡辺泰葉さんが校正をお手伝い下さったことにも，深く感謝いたしております。また，内容については，友人である安東靖先生，鈴木康通先生，服部篤樹さん，福森美恵子さんから数多くの有益な助言を頂戴しました。皆さんに，この場を借りて，深い感謝の意を表させていただきます。

※本書は『有機化学の解き方がよくわかる本』を加筆・修正し，改訂版として出したものです。

CONTENTS

PART 1 脂肪族炭化水素 ... 8

- THEME1 アルカン ... 10
- THEME2 アルケン① ... 15
- THEME3 アルケン② ... 21
- THEME4 アルキン ... 28

PART 2 酸素を含む脂肪族化合物 ... 34

- THEME5 アルコール（$C_4H_{10}O$）... 36
- THEME6 アルコール（$C_5H_{12}O$）... 42
- THEME7 エーテル・カルボニル化合物 ... 52
- THEME8 カルボン酸およびヒドロキシ酸 ... 60
- THEME9 エステル（モノエステル）... 70
- THEME10 エステル（ジエステル）... 77
- THEME11 油脂 ... 86

PART 3 芳香族化合物 ---------------- 92

- THEME12 芳香族炭化水素 ---------------- 94
- THEME13 フェノールとその誘導体 ---------------- 100
- THEME14 芳香族カルボン酸 ---------------- 108
- THEME15 芳香族エステル① ---------------- 114
- THEME16 芳香族エステル② ---------------- 125
- THEME17 アニリンとその誘導体① ---------------- 136
- THEME18 アニリンとその誘導体② ---------------- 142
- THEME19 芳香族アミド ---------------- 147
- THEME20 芳香族化合物の分離 ---------------- 154
- THEME21 医薬品の合成 ---------------- 164

CONTENTS

PART 4 天然有機化合物, 核酸 — 176

- THEME22 糖類 — 178
- THEME23 多糖類① — 182
- THEME24 多糖類② — 190
- THEME25 アミノ酸 — 192
- THEME26 タンパク質 — 200
- THEME27 核酸 — 204

PART 5 合成高分子化合物 — 212

- THEME28 付加重合による合成高分子化合物 — 214
- THEME29 縮合重合による合成高分子化合物 — 219
- THEME30 合成ゴム — 226

この本の使い方

① それぞれの **PART** のはじめには，導入として，問題を解くための考え方やつまずきやすいところを，会話形式で説明しています。

② 各 **THEME** につき，厳選された1題が掲載されています。
有機化学の問題は，問題文の読解が肝です。問題文を短く区切りながら，隠されたヒントをどう読み取っていくかを説明していきます。

③ 問題文を再掲しています。

④ 構造推定問題などでは，与えられた条件の中から推論を立て，その後の読解で，その推論が正しいかどうかを判断していきます。

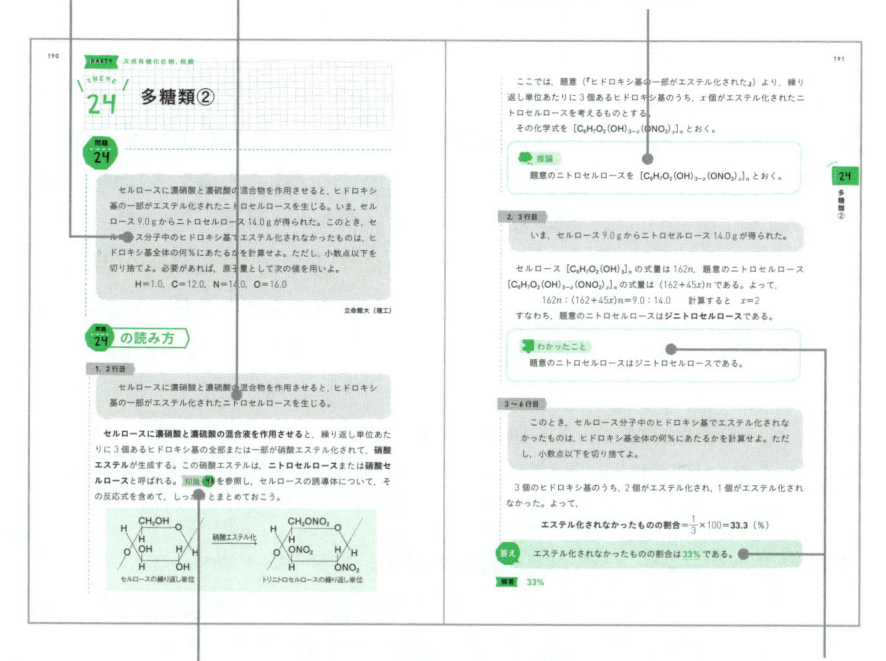

⑤ ここまでで導くことができた，問題に関するヒントや解答を示しています。

⑥ 問題を解く上でおさえておくべき知識は，別冊「知識の整理カード」にまとめてあります。対応する箇所を合わせて確認しましょう。

PART 1 脂肪族炭化水素

生徒 「脂肪族炭化水素にはどのようなものがありますか」

先生 「鎖式炭化水素に限っても，その代表例には，炭素－炭素原子間に不飽和結合をもたないアルカン，炭素－炭素原子間に二重結合を1つもつアルケン，炭素－炭素原子間に三重結合を1つもつアルキンなどがある」

生徒 「それぞれの特徴はどのようなものでしょう」

先生 「反応性に関してその特徴を述べれば，アルカンは，一般に，化学的に安定で反応性に乏しい化合物だ。しかし，特定の条件下では，置換反応を起こす。その置換反応生成物には，多くの場合，構造異性体が存在する。よって，アルカンについては，アルカンの置換反応に関する問題1を確認し，同出題を通して，構造異性体についても確認しておこう」

生徒 「アルケンはどのような反応性を示しますか」

先生 「アルケンは，一般に，反応性に豊かな化合物だ。付加反応を起こしやすく，水を付加させるとアルコールが生成する。また，酸化されやすくもある。構造的には，炭素原子間の二重結合をもつので，幾何異性体が存在する場合もある。よって，アルケンについては，アルケンの付加反応に関する出題，特に，アルケンへの水付加（アルケンからのアルコールの誘導）に関する問題2や，アルケンの酸化反応（二重結合の開裂）に関する問題3などを確認しておこう。また，後者を通して，幾何異性体や光学異性体についても確認しておこう」

生徒 「アルケンの酸化反応（二重結合の開裂）とは，より具体的には，どのようなことでしょうか」

先生 「アルケンを，オゾン O_3 や過マンガン酸カリウム $KMnO_4$ などの強い酸化剤を用いて酸化すると，アルケンの炭素原子間二重結合が開裂する。『オゾン分解』とか『$KMnO_4$ による酸化（硫酸酸性条件下）』のように呼ばれるこのような酸化・分解については，その生成物がどのような化合物であるかは，多くの場合，問題文中に解説がある。ポイントは，その酸化・分解の生成物から元のアルケンの構造が推定できるという点だね」

生徒 「つまり,『オゾン分解』や『KMnO₄による酸化』は,アルケンの構造推定(二重結合の位置決定)に役立つということですね」

先生 「そういうことだ」

生徒 「アルキンも,不飽和結合をもっていますから,アルケンと同様の反応性を示すのでしょうか」

先生 「そうだね。アルキンは,アルケンと同様に,反応性が豊かで,付加反応を起こしやすい化合物だ。水とも付加反応を起こすが,その付加反応生成物は,安定ではなく,すぐに異性化して脂肪族カルボニル化合物となる。よって,アルキンについては,アルキンの付加反応に関する出題,特に,アルキンへの水付加(アルキンからのカルボニル化合物の誘導)に関する問題 4 などを確認しておこう」

生徒 「アルケンとアルキンの付加反応には,水付加の様子など,互いに,幾分かの違いがあるのですね」

先生 「エチレン(アルケン)とアセチレン(アルキン)で考えてみよう。エチレンに低分子化合物 HX が 1:1 の割合で付加反応すると,反応は完結する。しかし,アセチレンに HX が 1:1 の割合で付加反応すると,ビニル化合物 CH₂=CHX が生成し,CH₂=CHX は二重結合をもつので,さらなる付加反応を起こせる。例えば,付加重合反応を起こして高分子化合物になる。エチレンからも高分子化合物は得られるけれど,アルキンから得られる高分子化合物の種類は多い。アセチレンの誘導体についても,教科書や参考書などに目を通して,しっかりと確認しておこう」

(知識 4 参照)

PART1 脂肪族炭化水素

THEME 1 アルカン

問題 1

次の文章を読み，以下の問いに答えよ。必要があれば，原子量として下の値を用いよ。なお，光学異性体については考慮する必要はない。

$H=1.0$, $C=12.0$, $O=16.0$, $S=32.1$

　天然ガスや石油の主要な成分であるアルカンは一般に化学的に安定な物質である。しかし，アルカンと塩素の混合気体に紫外線を照射すると速やかに反応して，アルカンの水素原子が塩素原子に置換された化合物が得られる。例えば，メタンと塩素の反応によって，メタンの一塩素置換生成物であるクロロメタンが生成する。

　プロパンを同様に反応させたところ，2種類の一塩素置換生成物であるAおよびBが得られた。AとBを分離し，それぞれをさらに塩素と反応させると，Aからは3種類の二塩素置換生成物が得られ，Bからは2種類の二塩素置換生成物が得られた。

　プロパンの8個の水素原子のうち，置換されてAを与える水素原子をH_a，置換されてBを与える水素原子をH_bとする。H_aとH_bの水素原子1個あたりの置換されやすさが同じであると仮定したとき，プロパンと塩素の反応で生成するAとBの物質量の比は$x:y$と予想される。しかし，実際にプロパンと塩素の反応を行って生成したAとBの物質量の比を調べたところ，9:11であった。

(1) メタンと塩素の反応によって，クロロメタンが生成する反応を化学反応式で示せ。

(2) AとBの構造式を書け。

(3) H_aとH_bの水素原子1個あたりの置換されやすさが同じであると仮定したとき，プロパンと塩素の反応で生成するAとBの物質量の比$x:y$はいくつと予想されるか。簡単な整数比で表せ。

(4) 水素原子1個あたりで比較すると，H_bはH_aに対して何倍置換されやすいといえるか。有効数字2桁で答えよ。

東京大

問題1 の読み方

1～5行目

> 天然ガスや石油の主要な成分であるアルカンは一般に化学的に安定な物質である。しかし，アルカンと塩素の混合気体に紫外線を照射すると速やかに反応して，アルカンの水素原子が塩素原子に置換された化合物が得られる。例えば，メタンと塩素の反応によって，メタンの一塩素置換生成物であるクロロメタンが生成する。

メタンは，常温・常圧では比較的安定な気体であるが，加熱または紫外線照射下でハロゲンの単体と置換反応を起こす。知識 2 を参照し，メタンを例として，アルカンの置換反応（連鎖反応）について，その流れをしっかりとまとめておこう。

答え
(1) $CH_4 + Cl_2 \longrightarrow \underset{クロロメタン}{CH_3Cl} + HCl$

6, 7行目

> プロパンを同様に反応させたところ，2種類の一塩素置換生成物であるAおよびBが得られた。

プロパンの一塩素置換生成物には，1-クロロプロパンと 2-クロロプロパンとがある。

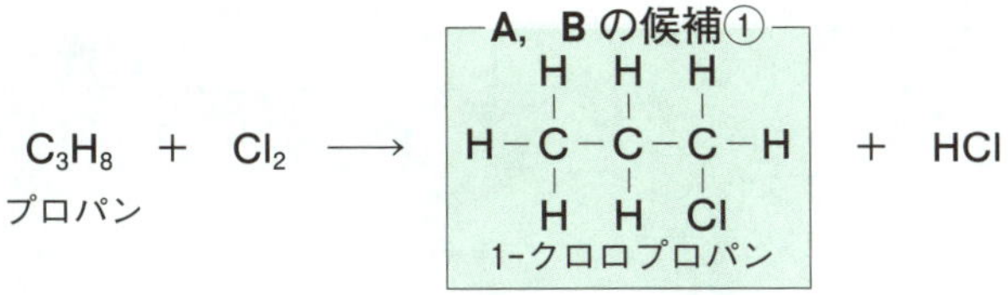

A, B の候補①

$C_3H_8 + Cl_2 \longrightarrow$ 1-クロロプロパン $+ HCl$
プロパン

または，

A, B の候補②

$C_3H_8 + Cl_2 \longrightarrow$ 2-クロロプロパン $+ HCl$
プロパン

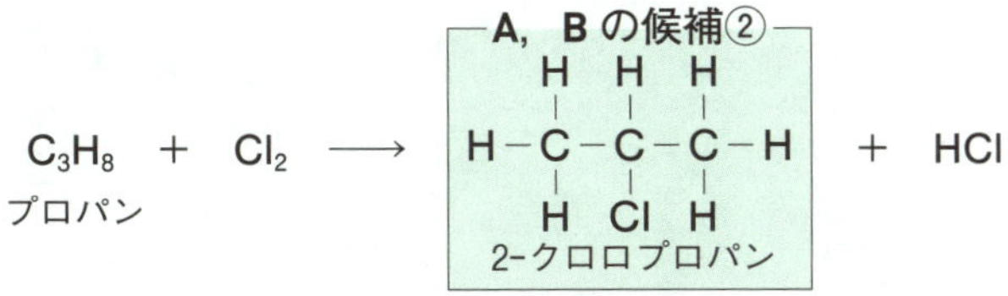

> **わかったこと**
>
> A, B の候補には, 1-クロロプロパンと 2-クロロプロパンとがある。

7〜9 行目

> A と B を分離し, それぞれをさらに塩素と反応させると, A からは 3 種類の二塩素置換生成物が得られ, B からは 2 種類の二塩素置換生成物が得られた。

1-クロロプロパンと 2-クロロプロパンをさらに塩素と反応させると, **前者からは 3 種類の二塩素置換生成物**が得られ, **後者からは 2 種類の二塩素置換生成物**が得られる。

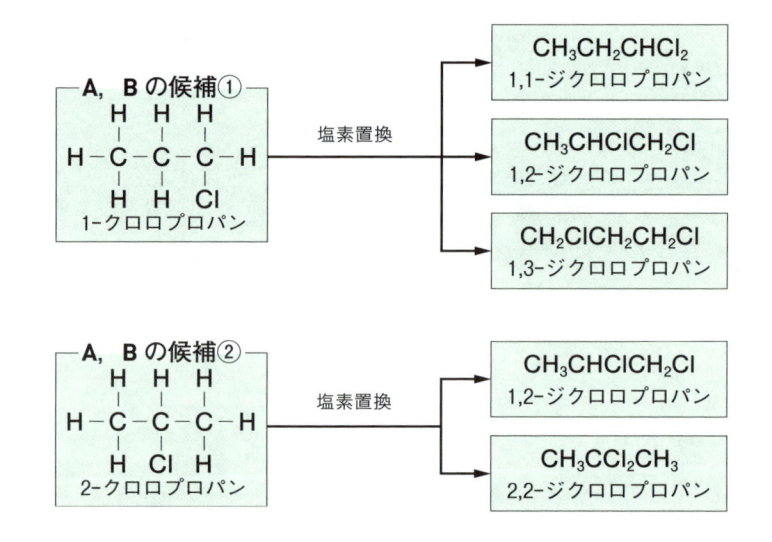

A, B の候補①
1-クロロプロパン
→ 塩素置換 →
- $CH_3CH_2CHCl_2$ 1,1-ジクロロプロパン
- $CH_3CHClCH_2Cl$ 1,2-ジクロロプロパン
- $CH_2ClCH_2CH_2Cl$ 1,3-ジクロロプロパン

A, B の候補②
2-クロロプロパン
→ 塩素置換 →
- $CH_3CHClCH_2Cl$ 1,2-ジクロロプロパン
- $CH_3CCl_2CH_3$ 2,2-ジクロロプロパン

> **答え**
>
> A は 1-クロロプロパン
>
> $$\mathrm{H-\underset{H}{\overset{H}{C}}-\underset{H}{\overset{H}{C}}-\underset{Cl}{\overset{H}{C}}-H}$$
> (2) A
>
> であり，
>
> B は 2-クロロプロパン
>
> $$\mathrm{H-\underset{H}{\overset{H}{C}}-\underset{Cl}{\overset{H}{C}}-\underset{H}{\overset{H}{C}}-H}$$
> (2) B
>
> である。

10〜14 行目

> プロパンの 8 個の水素原子のうち，置換されて A を与える水素原子を H_a，置換されて B を与える水素原子を H_b とする。H_a と H_b の水素原子 1 個あたりの置換されやすさが同じであると仮定したとき，プロパンと塩素の反応で生成する A と B の物質量の比は $x:y$ と予想される。

置換されて A を与える水素原子を H_a，置換されて B を与える水素原子を H_b とすると，プロパンの構造式は以下の通りとなる。

$$\mathrm{H_a - \underset{H_a}{\overset{H_a}{C}} - \underset{H_b}{\overset{H_b}{C}} - \underset{H_a}{\overset{H_a}{C}} - H_a}$$

すなわち，プロパンの 8 個の水素原子のうち，6 個が H_a であり，2 個が H_b である。

> **答え**
>
> H_a と H_b の，水素原子 1 個あたりの置換されやすさが同じであると仮定したとき，プロパンと塩素の反応で生成する A と B の物質量の比は，
>
> A の予想物質量：B の予想物質量＝H_a の個数：H_b の個数
> $$=6:2=\mathbf{3:1}$$
> (3)
>
> と予想される。

1-クロロプロパンと 2-クロロプロパンは，分子式は同じだが，塩素原子の位置が異なっている。これらのように，分子式は同じだが，「炭素骨格が異なる」，「不飽和結合の位置が異なる」，「官能基の種類が異なる」，「官能基の位置が異なる」など，構造が異なる化合物どうしを『互いに**構造異性体**である』という。 知識 5 を参照し，異性体について，その種類をまとめておこう。構造異性体は，一般に，化学的性質も異なる。

14，15 行目

> しかし，実際にプロパンと塩素の反応を行って生成した A と B の物質量の比を調べたところ，9：11 であった。

水素原子 1 個あたりで比較して，H_b は H_a に対して z 倍置換されやすいとする。すると，プロパンと塩素の反応で生成する A と B の物質量の比は，

A の物質量：B の物質量＝A の予想物質量：B の予想物質量×z
　　　　　　　　　　　＝　　　3　　　：　　1×z
　　　　　　　　　　　＝　　　9　　　：　　11

となる。すなわち，$z=3×\dfrac{11}{9}=3.\overset{7}{66}$（倍）である。

答え H_b は H_a より，**3.7倍**置換されやすい。
(4)

解答 (1) $CH_4 + Cl_2 \longrightarrow CH_3Cl + HCl$

(2) A：
```
    H  H  H
    |  |  |
H - C - C - C - H
    |  |  |
    H  H  Cl
```
B：
```
    H  H  H
    |  |  |
H - C - C - C - H
    |  |  |
    H  Cl H
```

(3) 3：1

(4) 3.7倍

PART1 脂肪族炭化水素

THEME 2 アルケン①

問題 2

次の文章を読み，以下の問いに答えよ。

構造式は下の例にならって書け。

〈例〉　$CH_3-CH-CH-\langle\ \rangle-C-NH_2$
　　　　　　　　　　　　　　　　∥
　　　　　　　　　　　　　　　　O

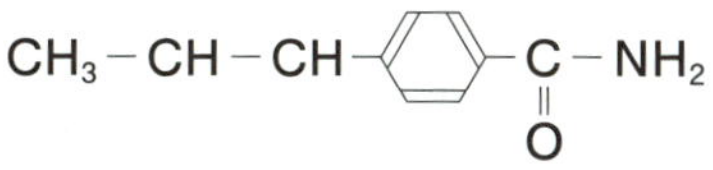

> アルケンの最も特徴的な反応は，二重結合への付加反応である。
> 　その例として，硫酸やリン酸などの酸を触媒としてエチレンに水を付加することにより，エタノールが工業的に大量に合成されている。
> 　同様の水の付加反応をプロペンに行うとアルコール A が主生成物として得られ，1-ブテンからはアルコール B が主生成物として得られる。
> 　A を酸化するとケトン C が，また，B を酸化するとケトン D が得られる。
> 　これらの結果から判断すると，アルケンへの水の付加反応には規則性のあることがわかる。
> 　この規則性に従うと，2-メチル-2-プロパノールはアルケン E への水の付加反応で合成できると予想される。
> 　また，アルケン E への塩化水素の付加反応では，主生成物として化合物 F が生成すると予想される。

(1) 化合物 A から E の構造式と化合物名を書け。
(2) 化合物 F の構造式を書け。

東北大

問題 2 の読み方

1〜3行目

> アルケンの最も特徴的な反応は，二重結合への付加反応である。その例として，硫酸やリン酸などの酸を触媒としてエチレンに水を付加することにより，エタノールが工業的に大量に合成されている。

工業用に用いられるエタノールは，おもに，エチレンに触媒存在下で水を作用させることによって合成されている。知識3を参照し，アルケンの製法や付加反応（付加重合）についてエチレンを例として，さらにはアルケンの酸化反応について，その流れをしっかりとまとめておこう。

$$CH_2=CH_2 \xrightarrow[+H_2O]{水付加} CH_3-CH_2-OH$$

エチレン　　　　　　　　エタノール

4〜8行目

> 同様の水の付加反応をプロペンに行うとアルコール A が主生成物として得られ，1-ブテンからはアルコール B が主生成物として得られる。A を酸化するとケトン C が，また，B を酸化するとケトン D が得られる。

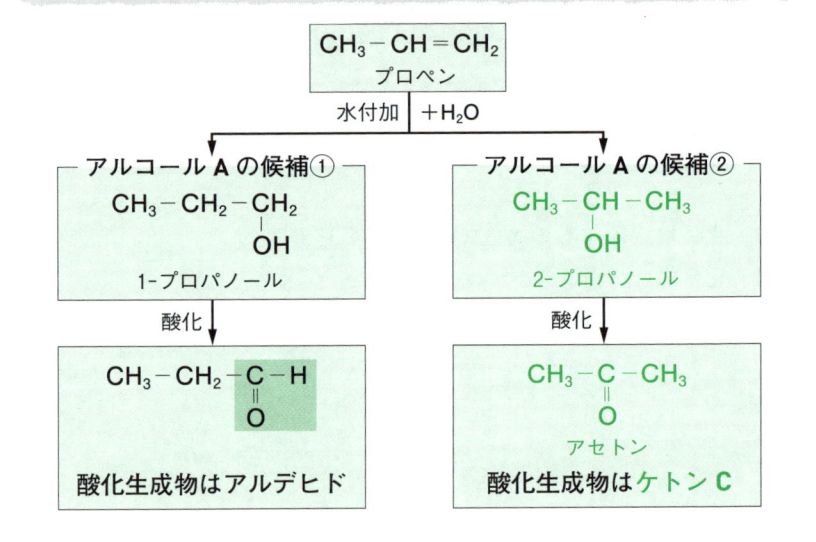

$$CH_3-CH=CH_2$$
プロペン

水付加 ＋H_2O

アルコール A の候補①
$$CH_3-CH_2-CH_2-OH$$
1-プロパノール

↓ 酸化

$$CH_3-CH_2-\underset{\underset{O}{\|}}{C}-H$$

酸化生成物はアルデヒド

アルコール A の候補②
$$CH_3-CH-CH_3 \atop OH$$
2-プロパノール

↓ 酸化

$$CH_3-\underset{\underset{O}{\|}}{C}-CH_3$$
アセトン

酸化生成物はケトン C

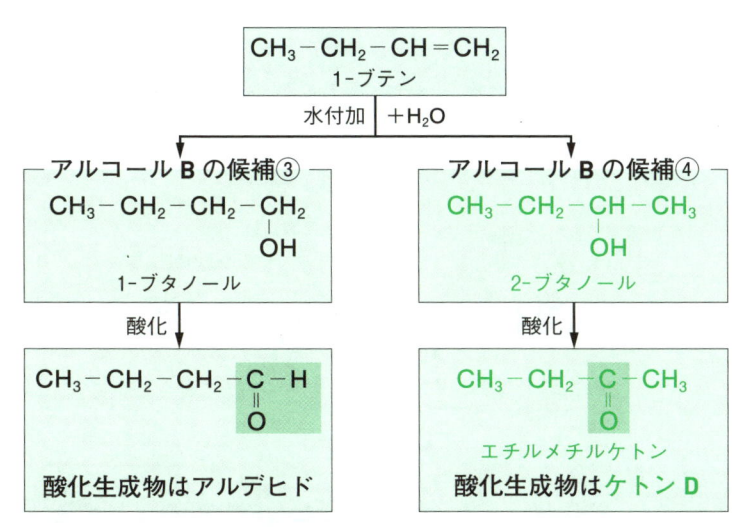

$$\boxed{CH_3-CH_2-CH=CH_2}$$
1-ブテン

　　　　　水付加 ┃ +H₂O

― アルコール B の候補③ ―
$$CH_3-CH_2-CH_2-CH_2$$
　　　　　　　　　　　|
　　　　　　　　　　OH
1-ブタノール

↓ 酸化

$$CH_3-CH_2-CH_2-\underset{O}{\overset{\|}{C}}-H$$

酸化生成物はアルデヒド

― アルコール B の候補④ ―
$$CH_3-CH_2-CH-CH_3$$
　　　　　　　　|
　　　　　　　OH
2-ブタノール

↓ 酸化

$$CH_3-CH_2-\underset{O}{\overset{\|}{C}}-CH_3$$
エチルメチルケトン

酸化生成物はケトン D

候補②がアルコール A，候補④がアルコール B である。

答え

　水の付加反応をプロペンに行うと，1-プロパノールと 2-プロパノールの 2 種類のアルコールの生成が考えられる。また，水の付加反応を1-ブテンに行っても，1-ブタノールと 2-ブタノールの 2 種類のアルコールの生成が考えられる。

　これらの生成物について，その酸化生成物を検討してみる。酸化するとケトンが得られるものは，各候補のうちの一方でしかなく，ケトン C，D の決定と同時に，アルコール A，B も決定する。

A： $CH_3-\underset{OH}{CH}-CH_3$
2-プロパノール
(1) A

B： $CH_3-CH_2-\underset{OH}{CH}-CH_3$
2-ブタノール
(1) B

C： $CH_3-\underset{O}{\overset{\|}{C}}-CH_3$
アセトン
(1) C

D： $CH_3-CH_2-\underset{O}{\overset{\|}{C}}-CH_3$
エチルメチルケトン
(1) D

9, 10 行目

> これらの結果から判断すると，アルケンへの水の付加反応には規則性のあることがわかる。

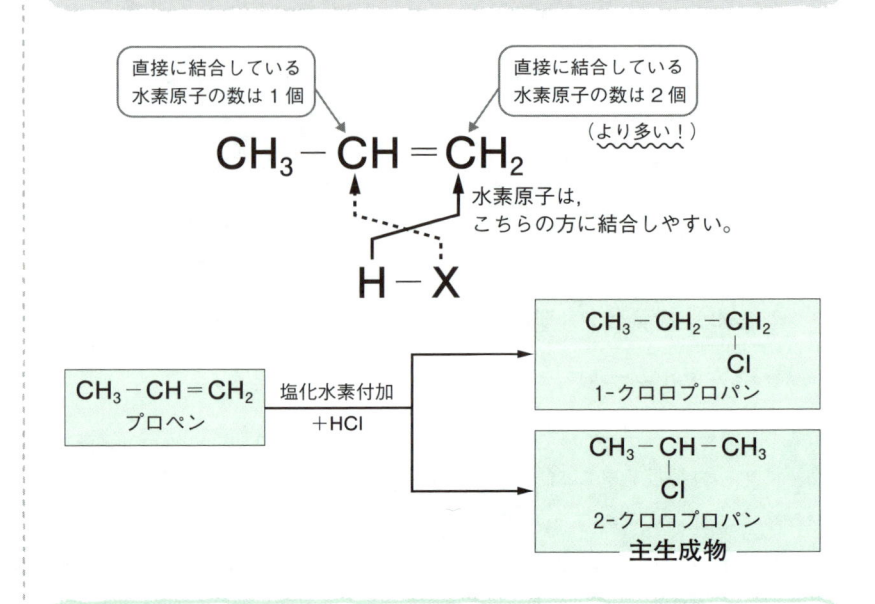

$$CH_3-CH=CH_2$$

- 直接に結合している水素原子の数は1個（左の CH）
- 直接に結合している水素原子の数は2個（右の CH_2）（より多い！）
- 水素原子は，こちらの方に結合しやすい。

H−X

$CH_3-CH=CH_2$（プロペン） 塩化水素付加 +HCl →
- $CH_3-CH_2-CH_2-Cl$　1-クロロプロパン
- $CH_3-CH(Cl)-CH_3$　2-クロロプロパン　**主生成物**

わかったこと

炭素原子間の二重結合に化合物 HX が付加するとき，化合物 HX の H 原子は，二重結合に関わる2つの炭素原子のうち，直接に結合している**水素原子の数がより多い炭素原子の方に結合しやすい**。

補足 ちなみに，上の わかったこと の法則を**マルコフニコフの法則**という。1870年頃に経験則として報告され，現在では理論的にも認められている。ただし，すべての場合に当てはまるわけではない。

範囲外の知識ではあるが，上述の付加反応の場合，中間体として

$$CH_3-\overset{+}{C}H-CH_3 \qquad CH_3-CH_2-\overset{+}{C}H_2$$

の2つが生じるが，前者の方がより安定であることが原因となる。

11, 12行目

> この規則性に従うと，2-メチル-2-プロパノールはアルケン E への水の付加反応で合成できると予想される。

2-メチル-2-プロパノール $\begin{array}{c} \quad\;\; C \\ | \\ C-C-C \\ | \;\;\; | \\ C \;\; OH \end{array}$ と同様の炭素骨格をもつアルケンには，メチルプロペン $\begin{array}{c} C \\ | \\ C-C=C \end{array}$ がある。水の付加反応をメチルプロペンに行うと，2種類のアルコールの生成が考えられるが，【9, 10行目】の読解に従うと，主生成物は 2-メチル-2-プロパノールである。

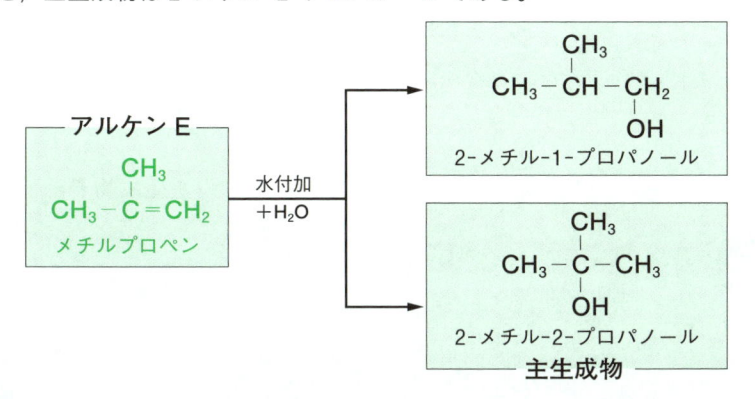

```
――アルケン E ――              CH₃
        CH₃                    |
         |          水付加   CH₃－CH－CH₂
   CH₃－C＝CH₂      ―――→          |
     メチルプロペン     +H₂O           OH
                             2-メチル-1-プロパノール

                                   CH₃
                                    |
                              CH₃－C－CH₃
                                    |
                                   OH
                             2-メチル-2-プロパノール
                                   主生成物
```

答え

E：$\begin{array}{c} \quad\;\; CH_3 \\ | \\ CH_3-C=CH_2 \end{array}$
メチルプロペン

(1) E

先生「ちなみに，この規則性（マルコフニコフの法則）に従うと，硫酸触媒下でプロペンに水を付加させると，主に 2-プロパノールが生成するね」

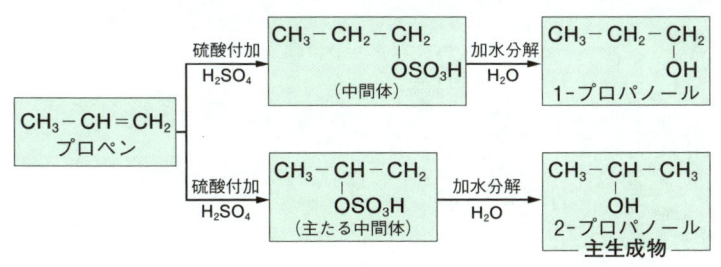

```
                    硫酸付加    CH₃－CH₂－CH₂    加水分解   CH₃－CH₂－CH₂
                   ―――→           |          ―――→           |
                    H₂SO₄          OSO₃H        H₂O            OH
                                 （中間体）              1-プロパノール
  CH₃－CH＝CH₂
     プロペン
                    硫酸付加    CH₃－CH－CH₂     加水分解   CH₃－CH－CH₃
                   ―――→           |          ―――→           |
                    H₂SO₄          OSO₃H        H₂O            OH
                              （主たる中間体）             2-プロパノール
                                                            主生成物
```

13, 14 行目

> また，アルケン E への塩化水素の付加反応では，主生成物として化合物 F が生成すると予想される。

塩化水素の付加反応をメチルプロペンに行うと，2 種類の化合物の生成が考えられるが，**【9, 10 行目】**の読解に従うと，主生成物は以下のように決定する。

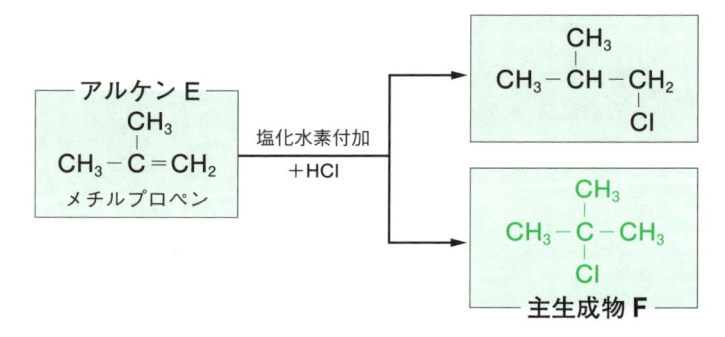

$$\text{アルケン E}:\ CH_3-\underset{\underset{CH_3}{|}}{C}=CH_2\ (\text{メチルプロペン}) \xrightarrow{\text{塩化水素付加} +HCl} \begin{cases} CH_3-\underset{\underset{CH_3}{|}}{CH}-CH_2-Cl \\ \\ CH_3-\underset{\underset{Cl}{|}}{\overset{\overset{CH_3}{|}}{C}}-CH_3\ (\text{主生成物 F}) \end{cases}$$

答え

$$F:\ CH_3-\underset{\underset{Cl}{|}}{\overset{\overset{CH_3}{|}}{C}}-CH_3$$

(2) F

解答

(1)
A: $CH_3-\underset{\underset{OH}{|}}{CH}-CH_3$　2-プロパノール

B: $CH_3-CH_2-\underset{\underset{OH}{|}}{CH}-CH_3$　2-ブタノール

C: $CH_3-\underset{\underset{O}{\|}}{C}-CH_3$　アセトン

D: $CH_3-CH_2-\underset{\underset{O}{\|}}{C}-CH_3$　エチルメチルケトン

E: $CH_3-\underset{\underset{CH_3}{|}}{C}=CH_2$　メチルプロペン

(2) F: $CH_3-\underset{\underset{Cl}{|}}{\overset{\overset{CH_3}{|}}{C}}-CH_3$

PART1 脂肪族炭化水素

THEME 3 アルケン②

問題 3

分子式 C_nH_{2n} で示される化合物 A がある。実験 1〜3 を読み，以下の問いに答えよ。ただし，原子量は Br＝80.0 とする。

> **〔実験 1〕** 化合物 A 1.00 g は 2.85 g の臭素と完全に反応した。
> **〔実験 2〕** 化合物 A に塩化水素を付加させると，不斉炭素原子をもつ主生成物 B と少量の生成物 C が得られた。この化合物 B から塩化水素を脱離させると，化合物 A，D，E が得られた。
> **〔実験 3〕** 化合物 A をオゾン分解すると，アルデヒド F とアルデヒド G が得られたが，分子量は化合物 G の方が大きかった。
>
> オゾン分解は，一般に次のような反応である。
>
> $$\underset{R_2}{\overset{R_1}{>}}C=C\underset{R_4}{\overset{R_3}{<}} \xrightarrow{\text{オゾン分解}} \underset{R_2}{\overset{R_1}{>}}C=O \; + \; O=C\underset{R_4}{\overset{R_3}{<}}$$
>
> ただし，R_1〜R_4 は，炭化水素基または水素原子とする。

(1) 化合物 A の分子式を求めよ。

(2) 化合物 A，B，F の構造式を例にならって書け。

　　〈例〉 CH_3-CH_2-OH

(3) 化合物 B の不斉炭素原子による立体異性体の数は全部で何種類か。

(4) 化合物 D と E をオゾン分解したときの生成物について正しい記述を 1 つ選べ。

① 化合物 D のオゾン分解生成物，化合物 E のオゾン分解生成物とも 1 種類である。
② 化合物 D のオゾン分解生成物，化合物 E のオゾン分解生成物とも 2 種類である。
③ 化合物 D のオゾン分解生成物は 1 種類，化合物 E のオゾン分解生成物は 2 種類である。
④ 化合物 D，化合物 E ともオゾン分解反応は起きない。

東邦大(薬)

問題 3 の読み方

前文

分子式 C_nH_{2n} で示される化合物 A がある。

分子式が C_nH_{2n} で示される化合物には，アルケン（分子内に二重結合を1つもつ鎖式炭化水素）とシクロアルカン（分子内に飽和の炭素環を1つもつ炭化水素）とがある。知識 1 を参照し，炭化水素の代表例にはどのようなものがあるか，その一般式とともにまとめておこう。知識 8 の〈例2〉を参照し，すべての異性体を書き出すことについて習熟しておこう。

推論

化合物 A はアルケンまたはシクロアルカンである。

実験 1

化合物 A 1.00 g は 2.85 g の臭素と完全に反応した。

臭素と反応することから化合物 A をアルケンと考える。すると，その臭素付加は，

$$C_nH_{2n} \ + \ Br_2 \ \longrightarrow \ C_nH_{2n}Br_2$$

　　化合物A　　　　　　　　臭素付加生成物

のように起こり，化合物 A 1 mol（$=12n+2n=14n$〔g〕）は臭素 1 mol（$=2\times 80.0=160.0$〔g〕）と反応する。よって，

$$14n : 160.0 = 1.00 : 2.85$$

より，$n=4$，すなわち，化合物 A の分子式は $\underline{C_4H_8}$ となる。これより，化合物 A については，つぎの3通りの構造異性体が考えられる。
(1)

―― 化合物 A の候補① ――
$CH_3-CH_2-CH=CH_2$
1-ブテン

―― 化合物 A の候補② ――
$CH_3-CH=CH-CH_3$
2-ブテン

―― 化合物 A の候補③ ――
　　　　CH_3
　　　　|
$CH_3-C=CH_2$
2-メチル-1-プロペン
（メチルプロペン）

二重結合で結ばれた 2 個の炭素原子のそれぞれに結合した原子または原子団の立体的な配置が，右図に示すような形で異なる異性体どうしを『互いに**幾何異性体**である』という。 知識 6 を参照し，幾何異性体について，具体例を念頭に，しっかりとまとめておこう。

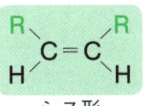

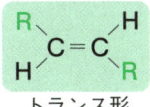

シス形　　　トランス形

すなわち，**候補②**の 2-ブテンには，次の幾何異性体が存在する。

シス-2-ブテン　　　トランス-2-ブテン

答え　化合物 A の分子式は C_4H_8 であり，化合物 A は 1-ブテン，2-ブテン，2-メチル-1-プロペン（メチルプロペン）(1)のいずれかである。

実験 2 前半

化合物 A に塩化水素を付加させると，不斉炭素原子をもつ主生成物 B と少量の生成物 C が得られた。

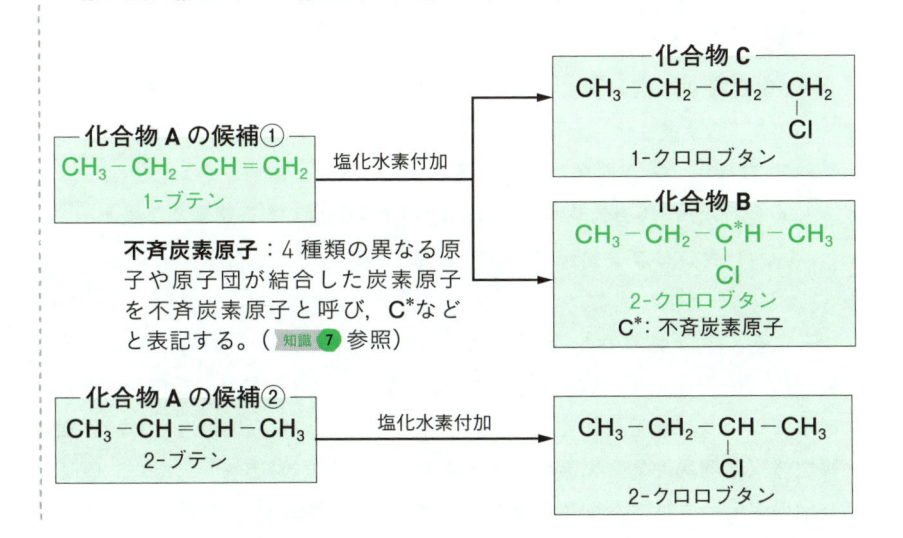

化合物 A の候補①
$CH_3-CH_2-CH=CH_2$
1-ブテン

塩化水素付加

化合物 C
$CH_3-CH_2-CH_2-CH_2$
         $|$
         Cl
1-クロロブタン

化合物 B
$CH_3-CH_2-C^*H-CH_3$
            $|$
            Cl
2-クロロブタン
C*：不斉炭素原子

不斉炭素原子：4 種類の異なる原子や原子団が結合した炭素原子を不斉炭素原子と呼び，C*などと表記する。（知識 7 参照）

化合物 A の候補②
$CH_3-CH=CH-CH_3$
2-ブテン

塩化水素付加

$CH_3-CH_2-CH-CH_3$
           $|$
           Cl
2-クロロブタン

化合物 A の候補③

$CH_3-\underset{\underset{CH_3}{|}}{C}=CH_2$
2-メチル-1-プロペン
（メチルプロペン）

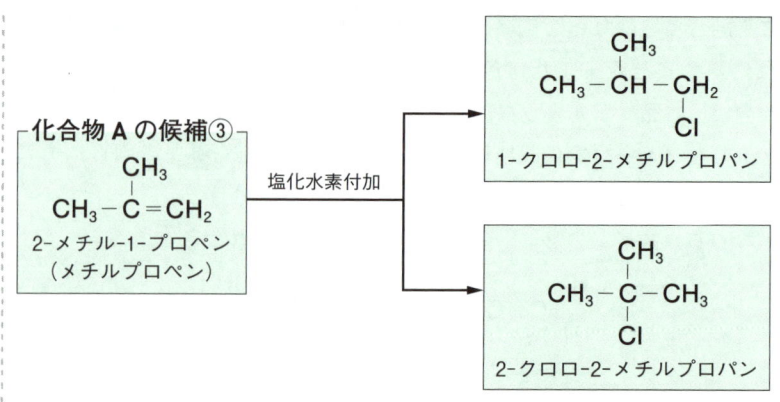

塩化水素付加 →

$CH_3-\underset{\underset{Cl}{|}}{CH}-\underset{\underset{}{}}{CH_2}$ （上に CH_3）
1-クロロ-2-メチルプロパン

$CH_3-\underset{\underset{Cl}{|}}{\overset{\overset{CH_3}{|}}{C}}-CH_3$
2-クロロ-2-メチルプロパン

すなわち，化合物 A は，1-ブテン $\underline{CH_3-CH_2-CH=CH_2}$
(2) A

化合物 B は 2-クロロブタン $\underline{CH_3-CH_2-\underset{\underset{Cl}{|}}{CH}-CH_3}$
(2) B

であり，不斉炭素原子を 1 つもつので，化合物 B には一対（**2 種類**）の光学異性体がある。
(3)

また，化合物 C は 1-クロロブタン $CH_3-CH_2-CH_2-\underset{\underset{Cl}{|}}{CH_2}$ である。

> 🧩 **わかったこと**
>
> 　化合物 A の候補①については，**塩化水素を付加させると 2 種類の生成物（構造異性体）が得られ，その一方が不斉炭素原子をもつ**。よって，**候補①のみが題意に合致する**。また，不斉炭素原子をもつ 2-クロロブタンが『不斉炭素原子をもつ主生成物 B』，不斉炭素原子をもたない 1-クロロブタンが『少量の生成物 C』と考えられる。

　ちなみに，L-乳酸と D-乳酸のように，不斉炭素原子をもち，実像と鏡像の関係にある一対（2 種類）の化合物を『互いに**光学異性体**（鏡像異性体）である』という。光学異性体は，不斉炭素原子をもつ化合物にあらわれる**立体異性体**（幾何異性体，光学異性体を指す。分子式も構造も同じだが，原子または原子団の立体的な配置が異なる）である。 知識 7 を参照し，光学異性体について，不斉炭素原子の存在や一対の光学異性体の表記法などを，しっかりとまとめておこう。

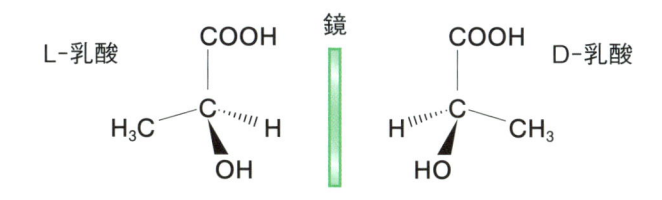

L-乳酸　　鏡　　D-乳酸

答え 化合物 A は **1-ブテン**（構造式は前述），化合物 B は **2-クロロブタン**（構造式は前述），化合物 C は **1-クロロブタン**である。
(2) A　　　　　　　　　　　　　　　　　(2) B

実験 2 後半

この化合物 B から塩化水素を脱離させると，化合物 A，D，E が得られた。

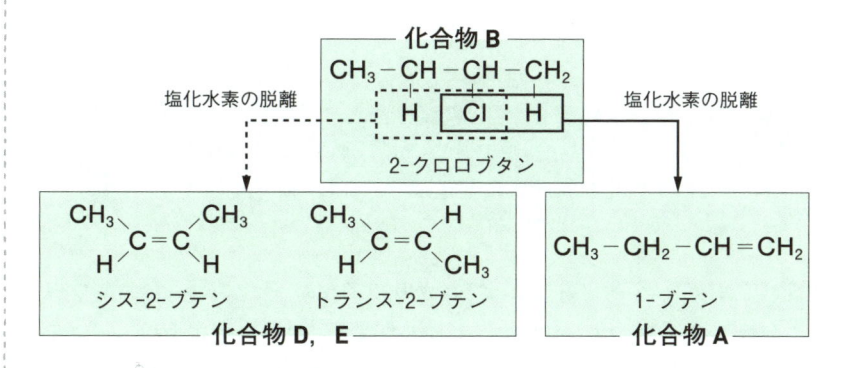

化合物 B
CH₃−CH−CH−CH₂
　　　H　Cl　H
2-クロロブタン

塩化水素の脱離 →

化合物 D, E：シス-2-ブテン，トランス-2-ブテン
化合物 A：CH₃−CH₂−CH=CH₂ （1-ブテン）

つまり，前段落までの読解（化合物 A は 1-ブテンであり，化合物 B は 2-クロロブタンである）と矛盾しない。

わかったこと

化合物 D は，シス-2-ブテン，トランス-2-ブテンのいずれか，化合物 E は残る一方である。

実験 3

> 化合物 A をオゾン分解すると，アルデヒド F とアルデヒド G が得られたが，分子量は化合物 G の方が大きかった。

化合物 A（1-ブテン）を**オゾン分解**すると，プロピオンアルデヒドとホルムアルデヒドとが生成する。

$$\underset{\text{1-ブテン}}{\underset{\text{化合物 A}}{CH_3-CH_2\underset{H}{\overset{H}{-}}C=C\underset{H}{\overset{H}{-}}}} \xrightarrow{O_3} \underset{\text{プロピオンアルデヒド}}{\underset{\text{アルデヒド G}}{CH_3-CH_2\underset{H}{-}C=O}} + \underset{\text{ホルムアルデヒド}}{\underset{\text{アルデヒド F}}{O=C\underset{H}{\overset{H}{-}}}}$$

題意に従えば，より分子量の大きいプロピオンアルデヒドが化合物 G，より分子量の小さいホルムアルデヒド $O=C\underset{H}{\overset{H}{-}}$ が化合物 F である。

答え

化合物 F は**ホルムアルデヒド**，化合物 G は**プロピオンアルデヒド**である（それぞれ構造式は前述）。

生徒「アルケンは，オゾンによってばかりではなく，過マンガン酸カリウム（硫酸酸性条件下：以下省略）によっても酸化されるのですよね。1-ブテンがオゾンによって酸化されると，C=C が開裂して，プロピオンアルデヒドとホルムアルデヒドが生成することはわかりました。では，1-ブテンが過マンガン酸カリウムによって酸化されても，この 2 つの化合物が生成するのですか」

先生「いや，過マンガン酸カリウムを用いた場合には，オゾン分解の場合に生成するアルデヒドが，さらに酸化された状態で得られると考えるとわかりやすいよ。一般に，アルデヒド（プロピオンアルデヒド）はカルボン酸（プロピオン酸）にまで酸化される。ただし，例外的に，ホルムアルデヒドは二酸化炭素にまで酸化される」

(4)

化合物 D と E をオゾン分解したときの生成物について正しい記述を 1 つ選べ。
① 化合物 D のオゾン分解生成物，化合物 E のオゾン分解生成物とも 1 種類である。
② 化合物 D のオゾン分解生成物，化合物 E のオゾン分解生成物とも 2 種類である。
③ 化合物 D のオゾン分解生成物は 1 種類，化合物 E のオゾン分解生成物は 2 種類である。
④ 化合物 D，化合物 E ともオゾン分解反応は起きない。

化合物 D と E のいずれ（シス-2-ブテンとトランス-2-ブテンのいずれ）を**オゾン分解**しても，**アセトアルデヒド**しか生成しない。

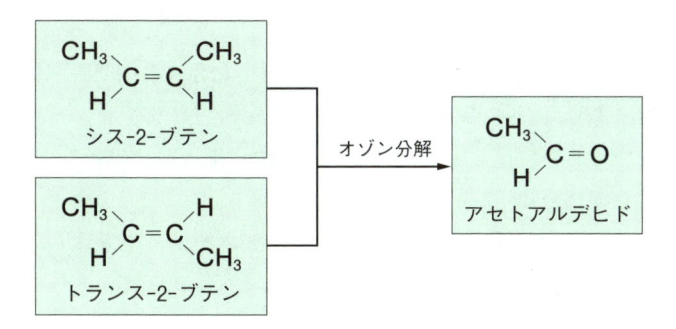

答え すなわち，化合物 D のオゾン分解生成物，化合物 E のオゾン分解生成物とも 1 種類である。：①
(4)

解答 (1) C_4H_8
(2) **A**：$CH_3-CH_2-CH=CH_2$　　**B**：$CH_3-CH_2-CH-CH_3$
                                                              |
                                                              Cl
F：H
         \
          $C=O$
         /
         H

(3) **2 種類**　　(4) ①

THEME 4 アルキン

問題 4

次の文章を読み，文中の化合物 A, B, C, D それぞれの構造式を例にならって記せ。ただし，原子量は H＝1.0，C＝12.0，Br＝80.0 とする。

〈例〉 $CH_3-\underset{}{\bigcirc}-\overset{O}{\underset{\|}{C}}-OH$

炭素と水素のみからなる三重結合をもつ化合物 A 1 mol に，臭素分子を 2 mol 付加させると，374 g の付加生成物が得られる。また，化合物 A を硫酸水銀(II)を含む希硫酸中に通すと水が付加して，中間生成物 1 が生じる。

その中間生成物 1 の構造を一般式で図 1 に示す。中間生成物 1 は不安定であり，直ちに異性体の関係にある化合物 B に変化する。この付加反応においては，不安定な中間生成物 2 (図 2) が生じ，それが異性化して化合物 C も得られる可能性がある。しかし，実際には，化合物 B のみが得られる。化合物 B はヨードホルム反応を示し，黄色沈殿を生じる。

一方，化合物 C はヨードホルム反応を示さないが，フェーリング溶液を還元する性質をもつ。

化合物 B に，白金を触媒として水素を作用させると，ヒドロキシ基をもつ化合物 D を生じる。

$R-\underset{OH}{\underset{|}{C}}=CH_2$ 　　　　$R-CH=\underset{OH}{\underset{|}{CH}}$

図 1　中間生成物 1　　　　図 2　中間生成物 2

立教大

問題 4 の読み方

1, 2 行目

> 炭素と水素のみからなる三重結合をもつ化合物 A 1 mol に, 臭素分子を 2 mol 付加させると, 374 g の付加生成物が得られる。

化合物 A の化学式を R−C≡C−R'（ここでは, R, R' は水素原子または炭化水素基とする）, その分子量を M_A とおくと, **臭素付加**は,

```
┌─ 化合物 A ──┐              ┌─ 臭素付加生成物 ─┐
│             │                │    Br  Br       │
│ R−C≡C−R'  │ + 2Br₂  ⟶    │ R−C−C−R'      │
│             │                │    Br  Br       │
└─────────────┘                └─────────────────┘
```

のように起こり, 化合物 A 1 mol（M_A 〔g〕）から臭素付加生成物 1 mol（$= M_A + 4 \times 80.0$〔g〕）が生成する。よって,

$$M_A + 4 \times 80.0 = 374$$

より, $M_A = 54$, すなわち, $R + R' = 54 - 12 \times 2 = 30$ となる。これより, 化合物 A（R, R'）については, 次の 2 通りの候補が考えられる。

〔候補①〕 R および R' は両者とも CH_3 である。
　　　　　すなわち, 化合物 A は, $CH_3-C\equiv C-CH_3$ である。

〔候補②〕 R および R' の一方は C_2H_5, 他方は H である。
　　　　　すなわち, 化合物 A は, $CH_3-CH_2-C\equiv C-H$ である。

> 🧩 **わかったこと**
>
> 化合物 A は, $CH_3-C\equiv C-CH_3$（候補①）
> 　　　または　$CH_3-CH_2-C\equiv C-H$（候補②）　である。

2～9行目

　また，化合物Aを硫酸水銀(Ⅱ)を含む希硫酸中に通すと水が付加して，中間生成物1が生じる。
　その中間生成物1の構造を一般式で図1に示す。中間生成物1は不安定であり，直ちに異性体の関係にある化合物Bに変化する。この付加反応においては，不安定な中間生成物2（図2）が生じ，それが異性化して化合物Cも得られる可能性がある。しかし，実際には，化合物Bのみが得られる。

$$R-\underset{OH}{C}=CH_2 \qquad R-CH=\underset{OH}{CH}$$

図1　中間生成物1　　図2　中間生成物2

　題意の反応については，アセチレンの反応を参考にするとよい。アセチレンは，硫酸水銀(Ⅱ)の存在下で，水と付加反応を起こしてビニルアルコールとなる。しかし，ビニルアルコールは不安定で，すぐにアセトアルデヒドに変わってしまう。 知識 4 を参照し，アセチレンを例として，アルキンの種々の反応（付加反応，付加重合，置換反応）について，その流れをしっかりとまとめておこう。

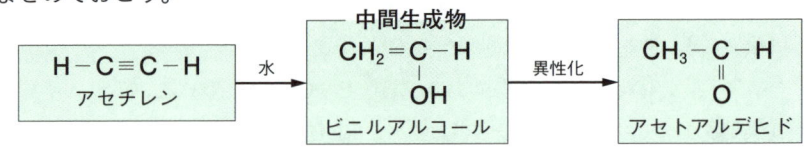

$$H-C\equiv C-H \xrightarrow{水} \underset{OH}{CH_2=C-H} \xrightarrow{異性化} CH_3-\underset{O}{\overset{\|}{C}}-H$$
アセチレン　　　　ビニルアルコール　　　　アセトアルデヒド（中間生成物）

候補①については，最終生成物の可能性は1種類だけであり，題意（化合物Bと化合物Cの2種類の最終生成物が得られる可能性がある）に**反する**。

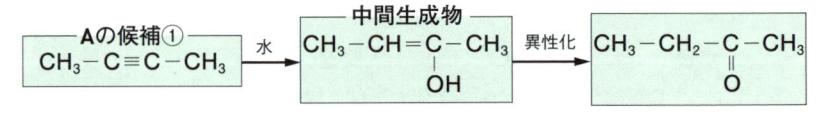

Aの候補①：
$$CH_3-C\equiv C-CH_3 \xrightarrow{水} CH_3-CH=\underset{OH}{C}-CH_3 \xrightarrow{異性化} CH_3-CH_2-\underset{O}{\overset{\|}{C}}-CH_3$$
　　　　　　　　　　　　中間生成物

候補②については，2種類の最終生成物が得られる可能性があり，その一方が化合物B，他方が化合物Cと考えられる。

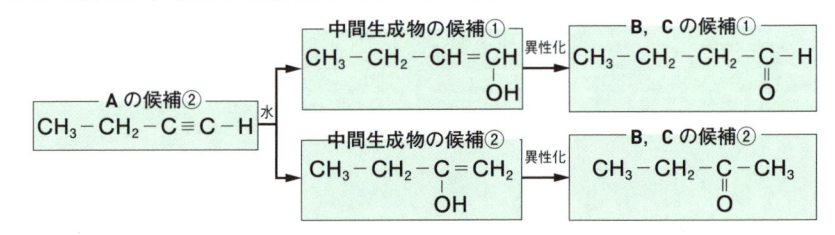

Aの候補②：$CH_3-CH_2-C\equiv C-H$

中間生成物の候補①：$CH_3-CH_2-CH=\underset{OH}{CH}$ →異性化→ B，Cの候補①：$CH_3-CH_2-CH_2-\underset{O}{\overset{\|}{C}}-H$

中間生成物の候補②：$CH_3-CH_2-\underset{OH}{C}=CH_2$ →異性化→ B，Cの候補②：$CH_3-CH_2-\underset{O}{\overset{\|}{C}}-CH_3$

よって，**候補①は消去される**。

すなわち，化合物 A は，$\underset{A}{CH_3-CH_2-C\equiv C-H}$ であると決定する。

> **答え** 化合物 A は，$\underset{A}{CH_3-CH_2-C\equiv C-H}$ である。

また，構造を比較すると，「中間生成物の候補①」が題意の「図2（中間生成物2）」に，「中間生成物の候補②」が題意の「図1（中間生成物1）」に対応している。
（B，Cの候補①に変化する / 化合物Cに変化する / B，Cの候補②に変化する / 化合物Bに変化する）

よって，**B，C の候補②が化合物 B** であり，残る **B，C の候補①が化合物 C** であると決定する。しかし，ここでそれに気が付かなくても，以下のようにして化合物 B，C を決定することができる。

9，10 行目

> 化合物 B はヨードホルム反応を示し，黄色沈殿を生じる。

右の枠内に示された構造をもつカルボニル化合物に，ヨウ素と水酸化ナトリウム水溶液を加えて温めると，特有のにおいをもった黄色の沈殿（ヨードホルム CHI_3）が生成する。これを，**ヨードホルム反応**と呼ぶ。知識 17 を参照し，ヨードホルム反応について，原因となる構造，具体例，余裕があればその反応式まで，しっかりとまとめておこう。ヨードホルム反応は，有機化合物の構造推定において，極めて頻出な事柄である。

$$R-\underset{\underset{O}{\|}}{C}-CH_3$$
という構造のカルボニル化合物

B，C の候補①は上枠内の構造をもたないが，**B，C の候補②**は上枠内の構造をもち，ヨードホルム反応を示す。

―― B，C の候補② ――
$$CH_3-CH_2-\underset{\underset{O}{\|}}{C}-CH_3$$
（ヨードホルム反応を示す構造）

よって，**B，C の候補②が化合物 B** である。

> **答え** 化合物 B は，$\underset{B}{CH_3-CH_2-\underset{\underset{O}{\|}}{C}-CH_3}$ である。

> **11, 12 行目**
>
> 　一方, 化合物 C はヨードホルム反応を示さないが, フェーリング溶液を還元する性質をもつ。

　前段落までの検討から, 消去法によって, **B, C の候補**①が**化合物 C** であることは明らかである。しかし, さらに, 以下のようにして, それを確認することができる。

　ケトン（**B, C の候補**②）には, その構造異性体として, 同じ分子式をもつアルデヒド（**B, C の候補**①）が存在する。アルデヒドは還元性をもち, ケトンは還元性をもたない。よって, 両者は, 還元性の有無を調べる反応（銀鏡反応やフェーリング液との反応）によって判別できる。 知識 14 を参照し, アルデヒドとケトン（互いに族間の構造異性体）の判別法について, しっかりとまとめておこう。また, 銀鏡反応やフェーリング液との反応については, 知識 15, 知識 16 を参照し, 実験手順を中心に整理しておこう。

　B, C の候補②はケトンであり還元性を示さず, フェーリング液を還元しないが, **B, C の候補**①はアルデヒド基をもつために還元性を示し, フェーリング液を還元する。

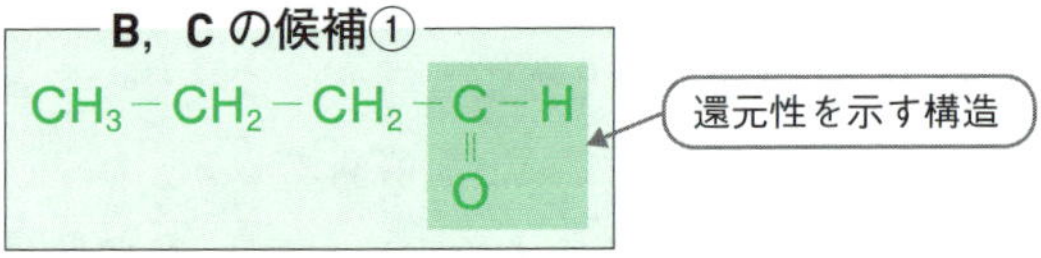

$$\underbrace{CH_3-CH_2-CH_2-\underset{\underset{O}{\|}}{C}-H}_{\text{B, C の候補①}} \quad \text{(還元性を示す構造)}$$

よって, **B, C の候補**①が化合物 C である。

> **答え**
>
> 化合物 C は, $\underset{c}{CH_3-CH_2-CH_2-\underset{\underset{O}{\|}}{C}-H}$ である。

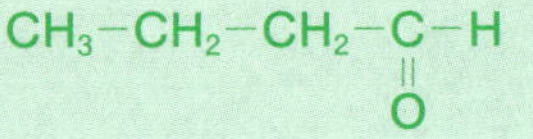

13, 14行目

> 化合物Bに, 白金を触媒として水素を作用させると, ヒドロキシ基をもつ化合物Dを生じる。

『白金を触媒として水素を作用させる』ことは, ここでは『還元する』ことを意味する。化合物Bは**ケトン**である。すなわち, 還元することによって, **第二級アルコール**を生じる。

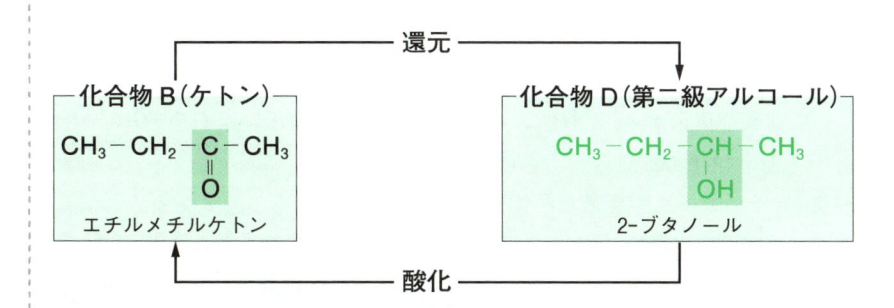

```
          ─────── 還元 ───────→
┌─化合物B(ケトン)─┐      ┌─化合物D(第二級アルコール)─┐
│ CH₃－CH₂－C－CH₃ │      │    CH₃－CH₂－CH－CH₃      │
│         ‖       │      │              |            │
│         O       │      │              OH           │
│  エチルメチルケトン │      │         2-ブタノール       │
└─────────────────┘      └───────────────────────────┘
          ←─────── 酸化 ───────
```

よって, 化合物Dは**2-ブタノール**である。

答え

化合物Dは, $\underset{D}{CH_3-CH_2-\underset{\underset{OH}{|}}{CH}-CH_3}$ である。

解答

A: $CH_3-CH_2-C\equiv C-H$

B: $CH_3-CH_2-\underset{\underset{O}{\|}}{C}-CH_3$

C: $CH_3-CH_2-CH_2-\underset{\underset{O}{\|}}{C}-H$

D: $CH_3-CH_2-\underset{\underset{OH}{|}}{CH}-CH_3$

PART 2 酸素を含む脂肪族化合物

先生「酸素を含む脂肪族化合物には，アルコール，エーテル，アルデヒド，ケトン，カルボン酸，ヒドロキシ酸，エステルなどがある」

生徒「頻出の具体的な題材（分子式など）はありますか」

先生「例えば，$C_4H_{10}O$（問題 5）は，構造異性体に限っても，アルコールが 4 種類，エーテルが 3 種類あって，頻出の分子式の一つだ。$C_5H_{12}O$（問題 6）も，構造異性体に限ってさえ，アルコールが 8 種類，エーテルが 6 種類もあって，題材として使い勝手が良いから，これも頻出の分子式の一つだよ」

生徒「その数多くの構造異性体をどのように判別するのですか」

先生「問題 5 や問題 6 では，まずは，『アルコールとエーテルの判別法』を確認しよう。また，ここでのアルコール（1 価のアルコール）には，第一級アルコール，第二級アルコール，第三級アルコールなどの種類がある。第一級～第三級の判別には，『アルコールの酸化生成物の違い』が重要な情報となるし，アルコールの酸化生成物の違いを理解するためには，『アルデヒドとケトンの判別法』も確認しておく必要がある。さらに，『アルコールのヨードホルム反応の陽性・陰性』や『アルコールの光学異性体の有無』，『アルコールの脱水生成物の違い』などが重要な情報となる。言い換えれば，これらの理解は強力な力となる。問題 5 や問題 6，問題 7 では，これらについてきちんと確認しておこう」

生徒「カルボン酸やヒドロキシ酸などにも，頻出の具体的な題材（分子式や化合物など）はありますか」

先生「例えば，$C_4H_4O_4$ という分子式が頻出だと思うが，多くの場合，この分子式は，不飽和ジカルボン酸の分子式として与えられ，互いに幾何異性体であるマレイン酸とフマル酸を指すことが多い。ヒドロキシ酸には，グリコール酸，乳酸，リンゴ酸などがある（知識 22 参照）が，光学異性体をもつヒドロキシ酸中で最も簡単な構造をもつ乳酸や，分子内脱水するとマレイン酸やフマル酸を生成するリンゴ酸（問題 8）などが頻出だ

ね。ちなみに，これら頻出の分子式をもつ化合物（アルコールやカルボン酸）や頻出のヒドロキシ酸は，エステルの構造推定において，そのエステルを構成する化合物として登場することも多い」

生徒 「そういえば，エステルの合成とエステルの加水分解（エステルの構造推定）に関する出題（問題 9, 問題 10）では，モノエステルが素材の問題 9 において，構成アルコールとして $C_4H_{10}O$ が，ジエステルが素材の問題 10 において，構成カルボン酸としてマレイン酸（$C_4H_4O_4$）が登場していますね」

先生 「エステルは，アルコールとカルボン酸（あるいは，ヒドロキシ酸とアルコールまたはカルボン酸など）が脱水縮合したものだから，エステルについて確認することは，アルコール〜カルボン酸について再確認することでもある。すなわち，問題 9, 問題 10 では，酸素を含む脂肪族化合物について，すべての知識の再確認をすることになるね」

生徒 「問題 11 は油脂の構造推定に関する出題ですね」

先生 「油脂は代表的な天然有機化合物の一つで，1分子のグリセリンと3分子の高級脂肪酸から構成されるエステル（トリグリセリド）だ。そんな油脂の構造を推定するには，多くの場合，まず，加水分解（けん化）に必要な塩基の量から油脂の平均分子量を推定し（関連事項である『けん化価』を，参考書などで確認しておこう），次いで，ヨウ素や水素付加する物質の量から油脂1分子中に含まれる炭素原子間二重結合の数を推定する（関連事項である『ヨウ素価』を，参考書などで確認しておこう）。さらに，ここまでの段階で数種類の構造異性体が考えられる場合には，光学異性体の有無によって目的の構造を絞り込むこともある。問題 11 では，油脂の構造推定を題材に，『油脂の平均分子量の推定』，『油脂1分子中に含まれる炭素原子間二重結合の数の推定』などを確認し，油脂の構造推定を行う際の典型的な手順を身に付けよう」

PART2 酸素を含む脂肪族化合物

THEME 5 アルコール（C₄H₁₀O）

問題 5

次の文章を読み，以下の問いに答えよ。

　C₄H₁₀Oの分子式で表される化合物A，B，CおよびDは，いずれもナトリウムの単体と反応して水素を発生した。硫酸酸性の二クロム酸カリウム水溶液で酸化したところ，化合物A，BおよびDは酸化されたが，化合物Cは酸化されなかった。化合物BおよびDが酸化されて生成した物質はともにフェーリング液を還元し，赤色沈殿を生じた。一方，化合物Aが酸化されて生成した物質Eはフェーリング液を還元しなかった。

　また，化合物Aが酸化されて生成した化合物Eはアルカリ性溶液中でヨウ素と反応して特有のにおいをもつ黄色沈殿を生じた。化合物BおよびDの融点と沸点を比較すると，化合物BのほうがDよりも融点，沸点ともに低かった。構造を調べると，化合物Bの炭化水素基には枝分かれがあり，化合物Dには枝分かれのないことがわかった。

(1) 化合物A〜Eの構造式を記せ。
(2) フェーリング液を還元して得られた赤色沈殿の化学式を記せ。　　九州大

問題5 の読み方

1, 2行目

> $C_4H_{10}O$ の分子式で表される化合物 A，B，C および D は，いずれもナトリウムの単体と反応して水素を発生した。

一般式が $C_nH_{2n+2}O$ で表される化合物は，アルコールもしくはエーテルである。知識 9 を参照し，不飽和度（不飽和数）について習熟しておこう。不飽和数は，有機化合物の構造推定において，極めて重要なアイテムとなる。

アルコール R−OH はナトリウムの単体 Na と反応して，水素 H_2 を発生する。知識 10 を参照し，アルコールとエーテル（互いに族間の構造異性体）の判別法について，しっかりとまとめておこう。

わかったこと

化合物 A，B，C および D は，いずれも分子式が $C_4H_{10}O$ の**アルコール**である。

2〜4行目

> 硫酸酸性の二クロム酸カリウム水溶液で酸化したところ，化合物 A，B および D は酸化されたが，化合物 C は酸化されなかった。

第三級アルコール $R-\underset{OH}{\overset{R'}{C}}-R''$ **は酸化されにくい。**

知識 13 を参照し，第一級アルコール〜第三級アルコールの酸化の流れの違いについて，しっかりとまとめておこう。これらの酸化の流れの違いは，第一級アルコール〜第三級アルコールの判別法ともなる。

答え

化合物 C は第三級アルコールである。分子式が $C_4H_{10}O$ であることを考えると，化合物 C は $CH_3-\underset{OH}{\overset{CH_3}{C}}-CH_3$ （2-メチル-2-プロパノール）である。

4～7行目

化合物 B および D が酸化されて生成した物質はともにフェーリング液を還元し，赤色沈殿を生じた。一方，化合物 A が酸化されて生成した物質 E はフェーリング液を還元しなかった。

酸化生成物が銀鏡反応やフェーリング液との反応（酸化銅(Ⅰ) Cu_2O の生成）を示せば，この酸化生成物は**アルデヒド**であるということになり(2)，もとのアルコールは**第一級アルコール** $\begin{array}{c}R-CH_2\\ \quad\;|\\ \quad\;OH\end{array}$ であると判別できる。一方で，**酸化生成物が銀鏡反応やフェーリング液との反応を示さなければ**，この酸化生成物は**ケトン**であるということになり，もとのアルコールは**第二級アルコール** $\begin{array}{c}R'-CH-R''\\ |\\ OH\end{array}$ であると判別できる。（知識 13 参照）

答え

化合物 A は第二級アルコールである。分子式が $C_4H_{10}O$ であることを考えると，化合物 A は $\begin{array}{c}CH_3-CH_2-CH-CH_3\\ \qquad\quad\;\;|\\ \qquad\quad\;\;OH\end{array}$ （2-ブタノール）である。

(1) A

わかったこと

化合物 B および D は第一級アルコールである。分子式が $C_4H_{10}O$ であることを考えると，化合物 B および D は $\begin{array}{c}CH_3-CH_2-CH_2-CH_2\\ \qquad\qquad\qquad\;\;|\\ \qquad\qquad\qquad\;\;OH\end{array}$ （1-ブタノール）または $\begin{array}{c}\;\;CH_3\\ \;\;|\\ CH_3-CH-CH_2\\ \qquad\quad\;|\\ \qquad\quad\;OH\end{array}$ （2-メチル-1-プロパノール）である。

> **8, 9 行目**
> また，化合物 A が酸化されて生成した化合物 E はアルカリ性溶液中でヨウ素と反応して特有のにおいをもつ黄色沈殿を生じた。

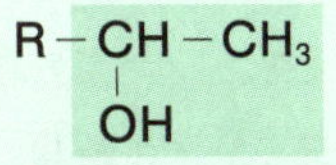

$$R-\underset{OH}{CH}-CH_3$$
という構造のアルコール

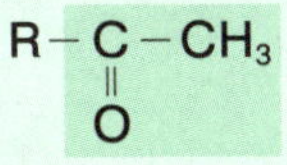

$$R-\underset{\underset{O}{\|}}{C}-CH_3$$
という構造のカルボニル化合物

上記の構造をもつアルコールまたはカルボニル化合物に，ヨウ素 I_2 と水酸化ナトリウム NaOH 水溶液を加えて温めると，**特有のにおいをもつ黄色沈殿**（ヨードホルム CHI_3）が生成する。ここでは，R は炭化水素基または水素原子である。（知識 17 参照）

答え
化合物 A（第二級アルコール）が酸化されて生成した化合物 E（ケトン）は，$CH_3-CH_2-\underset{\underset{O}{\|}}{C}-CH_3$ である。この化合物 E は，**ヨードホルム反応を示す構造**（点線内）をもっている。

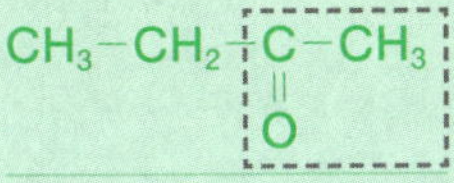

> **9〜12 行目**
> 化合物 B および D の融点と沸点を比較すると，化合物 B のほうが D よりも融点，沸点ともに低かった。構造を調べると，化合物 B の炭化水素基には枝分かれがあり，化合物 D には枝分かれのないことがわかった。

【4〜7 行目】の読解で，すでに，B と D の候補が明らかになっている。
【9〜12 行目】で，さらに，B と D の炭素骨格の特徴が述べられている。

よって，枝分かれをもつ化合物 B は $\underset{\text{(1) B}}{\underset{|}{CH_3-\overset{\overset{\displaystyle CH_3}{|}}{CH}-CH_2}\atop OH}$ であり，枝分かれのない化合物 D は $\underset{\text{(1) D}}{CH_3-CH_2-CH_2-\underset{OH}{CH_2}}$ であると決定する。

炭素原子数が同じアルコールどうしの間では，一般に，炭素骨格が直鎖であるよりも枝分かれがあった方が沸点は低い。知識 11 を参照し，アルコールとエーテルの沸点の違いについて，しっかりとまとめておこう。これらの沸点の違いは，アルコールとエーテル（互いに族間の構造異性体）の判別法ともなる。

よって化合物 B（炭素骨格は枝分かれ状）の沸点のほうが化合物 D（炭素骨格は直鎖状）の沸点よりも低いことは明白である。

> **答え**
>
> 枝分かれをもつ化合物 B は $\underset{\text{(1) B}}{CH_3-\overset{\overset{CH_3}{|}}{CH}-\underset{OH}{CH_2}}$ であり，枝分かれのない化合物 D は $\underset{\text{(1) D}}{CH_3-CH_2-CH_2-\underset{OH}{CH_2}}$ である。

解答 (1) A：$CH_3-CH_2-\underset{OH}{CH}-CH_3$　　B：$CH_3-\overset{\overset{CH_3}{|}}{CH}-\underset{OH}{CH_2}$

C：$CH_3-\overset{\overset{CH_3}{|}}{\underset{\underset{OH}{|}}{C}}-CH_2$　　D：$CH_3-CH_2-CH_2-\underset{OH}{CH_2}$

E：$CH_3-CH_2-\overset{}{\underset{\underset{O}{\|}}{C}}-CH_3$

(2) Cu_2O

生徒 「分子式 $C_4H_{10}O$ の化合物について,まとめておこうと思います」

先生 「いいね。特にアルコールについては,構造(ヒドロキシ基の位置)の違いによって性質が大きく変わるから,詳しくまとめておきたいね。

知識 18 を参照し,分子式 $C_4H_{10}O$ のアルコールについて,異性体をすべて書き出し,それらの判別方法が述べられるように,しっかりとまとめておこう。また,エーテルについても,異性体をすべて書き出せるようにしておこう。$C_4H_{10}O$ は極めて頻出の分子式の1つだよ」

5 アルコール($C_4H_{10}O$)

	構造異性体	Naとの反応	アルコールの級数/酸化生成物の還元性	不斉炭素原子(C^*)	ヨードホルム反応	脱水生成物
アルコール	$CH_3-CH_2-CH_2-CH_2-OH$ 1-ブタノール	反応して水素を発生する。	第一級アルコール/酸化生成物(アルデヒド)には還元性があり,銀鏡反応を示し,フェーリング液を還元する。	×	×	1-ブテン※1
	$CH_3-CH_2-C^*H-CH_3$ 　　　　　OH 2-ブタノール		第二級アルコール/酸化生成物(ケトン)には還元性がなく,銀鏡反応は陰性で,フェーリング液も還元しない。	あり。一対の光学異性体がある。	陽性である。酸化生成物も陽性	1-ブテン※1 シス-2-ブテン※2 トランス-2-ブテン※3
	$CH_3-CH-CH_2$ 　　$|$　　$|$ 　CH_3　OH 2-メチル-1-プロパノール		第一級アルコール/酸化生成物(アルデヒド)には還元性があり,銀鏡反応を示し,フェーリング液を還元する。	×	×	$CH_3-C=CH_2$ 　　　$|$ 　　CH_3 メチルプロペン
	CH_3-C-CH_3 　　$|$ 　CH_3 OH 2-メチル-2-プロパノール		第三級アルコール/他のアルコールと同様の穏やかな酸化条件下では,酸化されない。	×	×	

※1 $CH_3-CH_2-CH=CH_2$　1-ブテン

※2 $\underset{H}{\overset{CH_3}{>}}C=C\underset{H}{\overset{CH_3}{<}}$　シス-2-ブテン

※3 $\underset{H}{\overset{CH_3}{>}}C=C\underset{CH_3}{\overset{H}{<}}$　トランス-2-ブテン

	構造異性体			Naとの反応
エーテル	$CH_3-CH_2-O-CH_2-CH_3$ ジエチルエーテル	$CH_3-O-CH_2-CH_2-CH_3$	$CH_3-O-CH-CH_3$ 　　　　$|$ 　　　CH_3	×

PART2　酸素を含む脂肪族化合物

THEME 6　アルコール（$C_5H_{12}O$）

問題 6

次の文章を読み，以下の問いに答えよ。

> 分子式が $C_5H_{12}O$ である化合物には 14 種類の構造異性体が考えられる。これらのうち 8 種類は，ナトリウムの単体と反応して水素を発生する。他の 6 種類は，ナトリウムの単体とは反応しない。前者の 8 種類の構造異性体 A〜H を二クロム酸カリウムを用いて酸化すると，
> 5　A〜D は還元性をもつ化合物へと酸化され，E〜G は還元性をもたない化合物へと酸化される。しかし，H は二クロム酸カリウムで酸化されない。E および G は<u>アルカリ性溶液中でヨウ素と反応して黄色沈殿を生じる</u>。B，E，G には光学異性体が存在する。濃硫酸を用いる脱水反応により G から生じるアルケンには 2 種類の構造異性体が考
> 10　えられるが，幾何異性体は存在しない。D は同様の脱水反応によりアルケンを生成しない。A は枝分かれのない直鎖状の化合物である。

(1) 下線部ⓐの反応名を書け。

(2) 化合物 A〜H の構造式を書け。

徳島大

問題 6 の読み方

1〜3 行目

> 分子式が $C_5H_{12}O$ である化合物には 14 種類の構造異性体が考えられる。これらのうち 8 種類は，ナトリウムの単体と反応して水素を発生する。他の 6 種類は，ナトリウムの単体とは反応しない。

一般式が $C_nH_{2n+2}O$ で表される化合物は，アルコールもしくはエーテルである。（知識 9 参照）アルコール R−OH はナトリウムの単体 Na と反応して，水素 H_2 を発生する。エーテル R′−O−R″ は Na と反応しない。（知識 10 参照）

> 🧩 **わかったこと**
>
> 前者の 8 種類の構造異性体は，いずれも分子式が $C_5H_{12}O$ の**アルコール**である。他の 6 種類の構造異性体は，いずれも分子式が $C_5H_{12}O$ の**エーテル**である。

3～5 行目

前者の 8 種類の構造異性体 A～H を二クロム酸カリウムを用いて酸化すると，A～D は還元性をもつ化合物へと酸化され，

酸化生成物が銀鏡反応やフェーリング液との反応を示せば，この酸化生成物はアルデヒドであるということになり，もとのアルコールは**第一級アルコール** $R-\underset{OH}{CH_2}$ であると判別できる。（知識 13，知識 15，知識 16 参照）

> 🧩 **わかったこと**
>
> 化合物 A～D は第一級アルコールである。分子式が $C_5H_{12}O$ であることを考えると，化合物 A～D の候補は以下の 4 つである。
>
> **候補①** 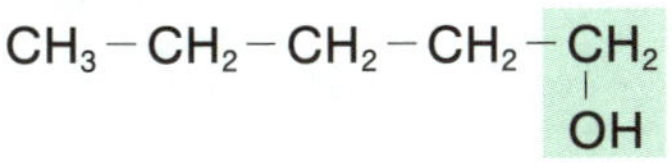
> $CH_3-CH_2-CH_2-CH_2-CH_2-OH$
>
> **候補②** 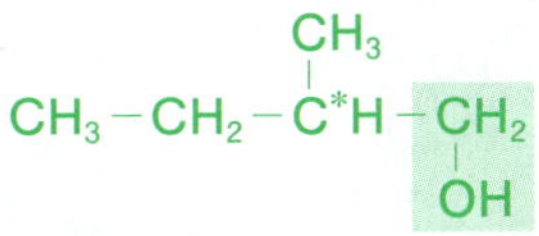
> $CH_3-CH_2-\underset{\underset{}{}}{\overset{CH_3}{C^*H}}-CH_2-OH$
>
> **候補③** 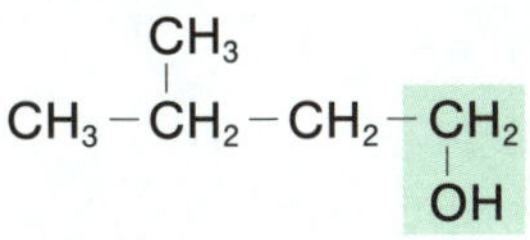
> $CH_3-CH_2-\underset{\underset{}{}}{\overset{CH_3}{CH}}-CH_2-OH$
>
> **候補④**
> $CH_3-\underset{CH_3}{\overset{CH_3}{C}}-CH_2-OH$

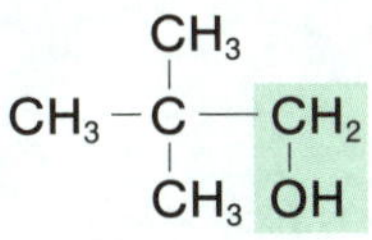

5, 6行目

> E～Gは還元性をもたない化合物へと酸化される。

酸化生成物が銀鏡反応やフェーリング液との反応を示さなければ，この酸化生成物はケトンであるということになり，もとのアルコールは**第二級アルコール** $\underset{\underset{\text{OH}}{|}}{\text{R}'-\text{CH}-\text{R}''}$ であると判別できる。（知識⑬参照）

わかったこと

化合物 E, F, G は第二級アルコールである。分子式が $C_5H_{12}O$ であることを考えると，化合物 E, F, G の候補は以下の3つである。

候補⑤

$CH_3-CH_2-CH_2-\underset{\underset{\text{OH}}{|}}{\text{CH}}-CH_3$

候補⑥

$\underset{\underset{\text{OH}}{|}}{CH_3-CH-\overset{\overset{CH_3}{|}}{\text{CH}}-CH_3}$

候補⑦

$CH_3-CH_2-\underset{\underset{\text{OH}}{|}}{\text{CH}}-CH_2-CH_3$

6, 7行目

> しかし，H はニクロム酸カリウムで酸化されない。

第三級アルコール $\underset{\underset{\text{OH}}{|}}{\overset{\overset{\text{R}'}{|}}{\text{R}-\text{C}-\text{R}''}}$ は酸化されにくい。（知識⑬参照）

答え

化合物 H は第三級アルコールである。分子式が $C_5H_{12}O$ であることを考えると，化合物 H は $\underset{\underset{\text{OH}}{|}}{\overset{\overset{CH_3}{|}}{CH_3-CH_2-\text{C}-CH_3}}$（2-メチル-2-ブタノール）である。

7, 8 行目

> EおよびGは⒜アルカリ性溶液中でヨウ素と反応して黄色沈殿を生じる。

下記の構造をもつ**アルコール**または**カルボニル化合物**に，ヨウ素 I_2 と水酸化ナトリウム NaOH 水溶液を加えて温めると，特有のにおいをもった**黄色沈殿**が生成する。この反応は，ヨードホルム反応と呼ばれ，化合物の判別や構造決定などに利用されている。(1)（知識 17 参照）

$$R-\underset{OH}{CH}-CH_3$$
という構造のアルコール

$$R-\underset{\underset{O}{\|}}{C}-CH_3$$
という構造のカルボニル化合物

【5, 6 行目】の読解でのE，F，Gの候補のうち，**候補⑤**と**候補⑥**は**ヨードホルム反応**を示す。よって，ヨードホルム反応を示すEとGは，**候補⑤**と**候補⑥**のいずれかである。

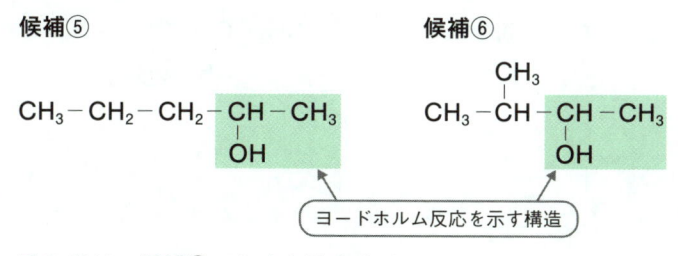

候補⑤

$$CH_3-CH_2-CH_2-\underset{OH}{CH}-CH_3$$

候補⑥

$$CH_3-\underset{\underset{}{|}}{\overset{CH_3}{CH}}-\underset{OH}{CH}-CH_3$$

↑ヨードホルム反応を示す構造

残るFは，**候補⑦**であると決定する。

答え

化合物Fは $CH_3-CH_2-\underset{OH}{CH}-CH_2-CH_3$ （3-ペンタノール）である。

(2) F

わかったこと

化合物Eと化合物Gは**候補⑤**と**候補⑥**のいずれかである。

8 行目

> B, E, G には光学異性体が存在する。

『光学異性体が存在する』ことは，『不斉炭素原子 C* が存在する』ことを意味する。（ 知識 7 参照）

【3～5 行目】の読解で，すでに，B の候補は下記の**候補①～④**であることが明らかになっている。この中で，不斉炭素原子 C* をもつ化合物は**候補②**のみである。よって，B は，**候補②**であると決定する。

候補①

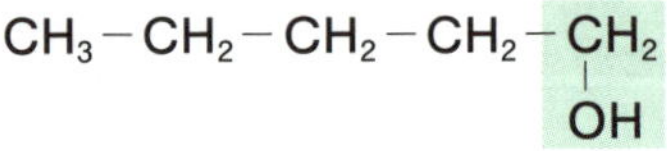

$$CH_3-CH_2-CH_2-CH_2-CH_2-OH$$

候補②

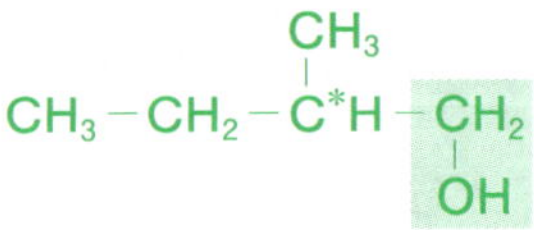

$$CH_3-CH_2-\underset{\underset{OH}{|}}{\overset{\overset{CH_3}{|}}{C^*H}}-CH_2-OH$$

候補③

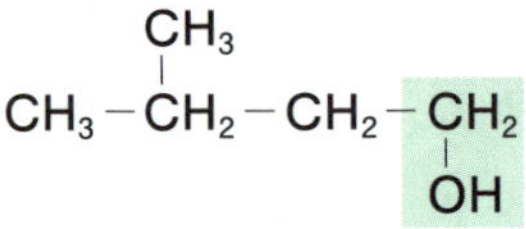

$$CH_3-CH_2-\underset{}{\overset{\overset{CH_3}{|}}{CH}}-CH_2-OH$$

候補④

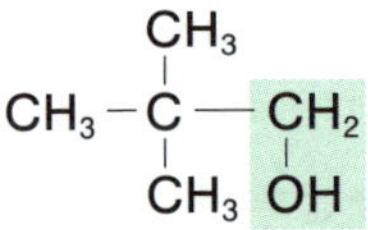

$$CH_3-\underset{\underset{CH_3}{|}}{\overset{\overset{CH_3}{|}}{C}}-CH_2-OH$$

答え

化合物 B は $CH_3-CH_2-\underset{\underset{OH}{|}}{\overset{\overset{CH_3}{|}}{C^*H}}-CH_2$ (2-メチル-1-ブタノール) である。

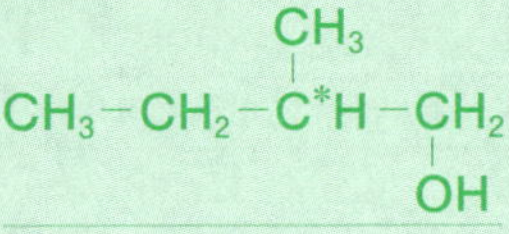

(2) B

【7, 8行目】の読解で, すでに, E, Gの候補は下記の**候補**⑤, ⑥であることが明らかになっているが, これらはどちらも不斉炭素原子 C^* をもつ。よって, ここでは, まだ特定はできない。

候補⑤

$CH_3-CH_2-CH_2-C^*H-CH_3$
                    $|$
                    OH

候補⑥

$$CH_3-CH-C^*H-CH_3$$
$$||$$
$$CH_3OH$$

8〜10行目

> 濃硫酸を用いる脱水反応によりGから生じるアルケンには2種類の構造異性体が考えられるが, 幾何異性体は存在しない。

アルコールを脱水すると, 条件によっては, アルケンが得られる。**知識 12** を参照し, アルコールの脱水について, 温度条件の違いを中心に, しっかりとまとめておこう。

前述の**候補**⑤から脱水反応により生じるアルケンには, 次の2種類の構造異性体が考えられる。ただし, **後者には幾何異性体が存在する。**

── **候補**⑤ ──

$CH_3-CH_2-CH_2-CH-CH_2$　　　　$CH_3-CH_2-CH-CH-CH_3$
　　　　　　　　　　　　　$||$　　　←脱水される部分→　　　　　　　　　　$||$
　　　　　　　　　　　　　OHH　　　　　　　　　　　　　　　　　　　　　　HOH

↓　　　　　　　　　　　　　　　　　　　　　　　↓

$CH_3-CH_2-CH_2-CH=CH_2$　　　　　　　　　$CH_3-CH_2-CH=CH-CH_3$

このアルケンには, 一対の幾何異性体が存在する。

$$CH_3-CH_2CH_3$$
$$\diagdown\diagup$$
$$C=C$$
$$\diagup\diagdown$$
$$HH$$

シス形

$$CH_3-CH_2H$$
$$\diagdown\diagup$$
$$C=C$$
$$\diagup\diagdown$$
$$HCH_3$$

トランス形

6 アルコール($C_5H_{12}O$)

また，前述の**候補⑥**から脱水反応により生じるアルケンには，次の2種類の構造異性体が考えられる。ただし，**どちらにも幾何異性体は存在しない。**

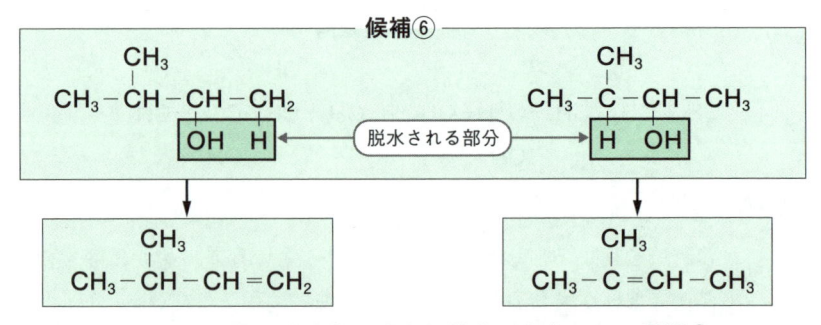

```
                    候補⑥
         CH₃                          CH₃
         |                            |
  CH₃-CH-CH-CH₂              CH₃-C-CH-CH₃
           |OH H|  ←脱水される部分→  |H  OH|
           ↓                            ↓
         CH₃                          CH₃
         |                            |
  CH₃-CH-CH=CH₂              CH₃-C=CH-CH₃
```

よって，Gは，その脱水生成物に幾何異性体が存在しない**候補⑥**であると決定する。また，Eは，残る**候補⑤**であると決定する。

> **答え**
>
> 化合物Gは　$\underset{\text{(2) G}}{\text{CH}_3-\overset{\overset{\text{CH}_3}{|}}{\text{CH}}-\underset{\underset{\text{OH}}{|}}{\text{CH}}-\text{CH}_3}$　（3-メチル-2-ブタノール）である。
>
> 化合物Eは　$\underset{\text{(2) E}}{\text{CH}_3-\text{CH}_2-\text{CH}_2-\underset{\underset{\text{OH}}{|}}{\text{CH}}-\text{CH}_3}$　（2-ペンタノール）である。

10, 11 行目

> Dは同様の脱水反応によりアルケンを生成しない。

　アルコールを脱水すると，条件によっては，アルケンが得られる。(知識 12 参照)
　脱水反応は，【8～10 行目】の読解のように，『隣接する炭素原子にそれぞれが直接結合したヒドロキシ基と水素原子の組み合わせ』があって生じる。
　【3～5 行目】の読解で，Dの候補は先に記した**候補①～④**であることが明らかになっているが，この中で，上述の『隣接する炭素原子にそれぞれが直接結合したヒドロキシ基と水素原子の組み合わせ』をもたない，言い換えれば，脱水反応によりアルケンを生成しないアルコールは**候補④**のみである。よって，Dは，**候補④**であると決定する。

答え

化合物Dは　
$$CH_3-\underset{\underset{CH_3}{|}}{\overset{\overset{CH_3}{|}}{C}}-CH_2OH \quad (2,2\text{-ジメチル-}1\text{-プロパノール})$$

である。

11 行目

> Aは枝分かれのない直鎖状の化合物である。

　【3～5 行目】の読解で，Aの候補は先に記した**候補①～④**であることが明らかになっているが，この中で，枝分かれのない直鎖状の化合物は**候補①**のみである。よって，Aは，**候補①**であると決定する。
　また，【3～5 行目】の読解で示された**候補①～④**（A～Dの候補）のうち，これまでに，**候補①**はA，**候補②**はB，**候補④**はDと決定した。よって，残る**候補③**は残るCであると決定する。

答え

化合物Aは $CH_3-CH_2-CH_2-CH_2-CH_2OH$ （1-ペンタノール）である。

化合物Cは $CH_3-\underset{\overset{|}{CH_3}}{CH}-CH_2-CH_2OH$ （3-メチル-1-ブタノール）である。

解答 (1) ヨードホルム反応

(2) A： CH₃−CH₂−CH₂−CH₂−CH₂−OH

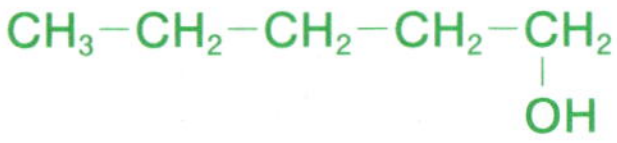

B：
$$\text{CH}_3\text{-CH}_2\text{-CH(CH}_3\text{)-CH}_2\text{-OH}$$

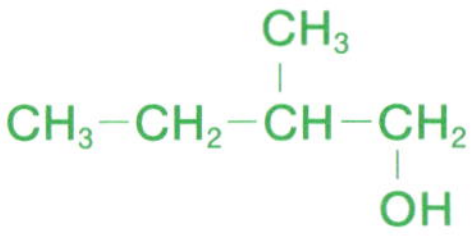

C：
$$\text{CH}_3\text{-CH(CH}_3\text{)-CH}_2\text{-CH}_2\text{-OH}$$

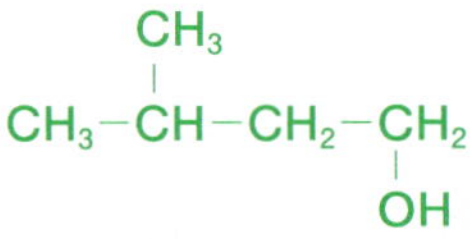

D：
$$\text{CH}_3\text{-C(CH}_3\text{)}_2\text{-CH}_2\text{-OH}$$

E： CH₃−CH₂−CH₂−CH(OH)−CH₃

F： CH₃−CH₂−CH(OH)−CH₂−CH₃

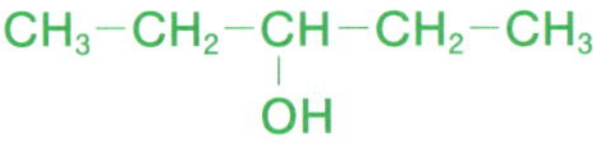

G：
$$\text{CH}_3\text{-CH(CH}_3\text{)-CH(OH)-CH}_3$$

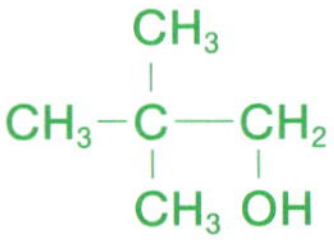

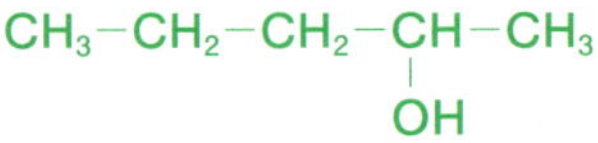

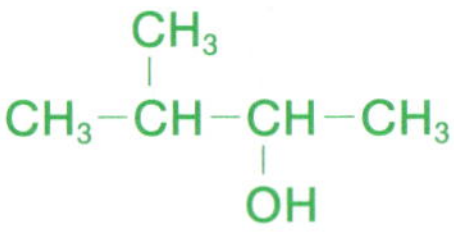

H：
$$\text{CH}_3\text{-CH}_2\text{-C(CH}_3\text{)}_2\text{-OH}$$

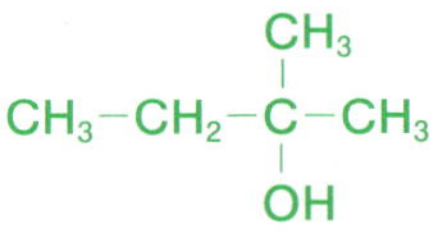

$C_5H_{12}O$ の構造異性体には，8種類のアルコールと6種類のエーテルがある。以下は，その8種類のアルコールについてのまとめである。知識 19 を参照し，分子式 $C_5H_{12}O$ のアルコールについて，異性体をすべて書き出し，それらの判別方法が述べられるように，しっかりとまとめておこう。また，エーテルについても，異性体をすべて書き出せるようにしておこう。$C_5H_{12}O$ は極めて頻出の分子式の1つである。

6 アルコール($C_5H_{12}O$)

	構造異性体	アルコールの級数／酸化生成物の還元性	不斉炭素原子(C^*)	ヨードホルム反応	特徴
主鎖の炭素原子数が5個	$CH_3-CH_2-CH_2-CH_2-CH_2$ $\quad\quad\quad\quad\quad\quad\quad\quad\quad$ OH 1-ペンタノール	第一級アルコール／酸化生成物(アルデヒド)には還元性がある。	×	×	最も沸点が高い。
	$CH_3-CH_2-CH_2-\boxed{C^*H-CH_3}$ $\quad\quad\quad\quad\quad\quad\quad$ OH 2-ペンタノール	第二級アルコール／酸化生成物(ケトン)には還元性がない。	あり	陽性	第二級の中で唯一脱水生成物が3種類(幾何異性体を含む)ある。
	$CH_3-CH_2-CH-CH_2-CH_3$ $\quad\quad\quad\quad\quad$ OH 3-ペンタノール	第二級アルコール／酸化生成物(ケトン)には還元性がない。	×	×	第二級の中で唯一ヨードホルム反応を示さず，不斉炭素原子をもたない。
主鎖(最も長い炭素鎖)の炭素原子数が4個	$\quad\quad\quad$ CH_3 $CH_3-CH_2-C^*H-CH_2$ $\quad\quad\quad\quad\quad\quad$ OH 2-メチル-1-ブタノール	第一級アルコール／酸化生成物(アルデヒド)には還元性がある。	あり	×	第一級の中で唯一不斉炭素原子をもち，一対の光学異性体が存在する。
	$\quad\quad$ CH_3 $CH_3-CH-CH_2-CH_2$ $\quad\quad\quad\quad\quad\quad$ OH 3-メチル-1-ブタノール	第一級アルコール／酸化生成物(アルデヒド)には還元性がある。	×	×	
	$\quad\quad\quad$ CH_3 $CH_3-CH_2-C-CH_3$ $\quad\quad\quad\quad$ OH 2-メチル-2-ブタノール	第三級アルコール／他のアルコールと同様の穏やかな酸化条件下では，酸化されない。	×	×	ただ一つの第三級アルコールである。ちなみに，最も沸点が低い。
	$\quad\quad$ CH_3 $CH_3-CH-\boxed{C^*H-CH_3}$ $\quad\quad\quad\quad\quad$ OH 3-メチル-2-ブタノール	第二級アルコール／酸化生成物(ケトン)には還元性がない。	あり	陽性	第二級の中で唯一脱水生成物中に幾何異性体が含まれない。
主鎖3	$\quad\quad$ CH_3 CH_3-C-CH_2-OH $\quad\quad$ CH_3 2,2-ジメチル-1-プロパノール	第一級アルコール／酸化生成物(アルデヒド)には還元性がある。	×	×	分子内脱水生成物が得られない。

PART2 酸素を含む脂肪族化合物

THEME 7 エーテル・カルボニル化合物

問題 7

次の文章を読み，以下の問いに答えよ。

分子式 C_4H_8O をもつ化合物 A の異性体のうち，酸素原子を含む官能基の異なる異性体 B，C，D がある。A のすべての異性体中，B のみが不斉炭素原子をもつ。㋐BとDは，水酸化ナトリウム水溶液中，ヨウ素を加えて温めると特有のにおいをもった黄色結晶を与え，㋑またBとCは臭素水を脱色する。沸点は常圧でB：96℃，D：80℃，C：33℃である。㋒BとDを還元すると同じ化合物を与える。㋓Cを還元した化合物はエタノールを濃硫酸とともに加熱することによって合成される。ただし，A の異性体は環状異性体および二重結合性炭素に結合するヒドロキシ基をもつ異性体を除く。構造式は CH_3，CH_2，CH 等の短縮型を用いて書け。

(1) 異性体 B，C，D の構造式を記せ。
(2) 異性体 D を例にして下線部㋐の反応式を記せ。
(3) 異性体 C を例にして下線部㋑の生成物の構造式を記せ。
(4) 下線部㋒の「同じ化合物」の構造式と名称を記せ。
(5) 下線部㋓の「C を還元した化合物」の名称を記せ。

札幌医科大

先生「解き方は様々だけれど，情報の整理は重要だ」
生徒「『B のみが不斉炭素原子をもつ』とありますが，これは，『C，D は不斉炭素原子をもたない』という情報でもありますね」
先生「そうだね，文章は丁寧に読み込みたいものだね」

問題 7 の読み方

〔手順1〕 最初に，具体的な情報が多いCについて，その情報を整理しよう。

> **情報の整理**
>
> 【1 行 目】『分子式 C_4H_8O をもつ』
> 【1，2行目】『(B，Dとは）酸素原子を含む官能基の異なる異性体』
> 【2，3行目】『不斉炭素原子をもたない』
> 【5 行 目】『臭素水を脱色する』
> 【5，6行目】『沸点は常圧で33℃である（B，Dより低い！）』
> 【6～8行目】『Cを還元した化合物はエタノールを濃硫酸とともに加熱することによって合成される』

STEP 1 『エタノールを濃硫酸とともに加熱することによって合成される』化合物を化合物Xとおくと，化合物Xはエチレンもしくはジエチルエーテルである。（知識12参照）

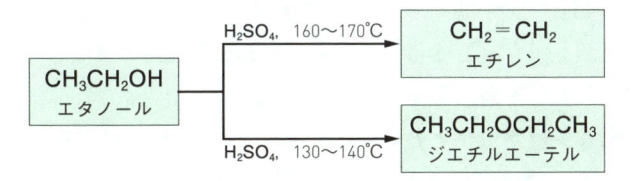

```
                    H₂SO₄, 160～170℃      CH₂=CH₂
                  ┌─────────────────→    エチレン
CH₃CH₂OH ─────────┤
エタノール         │
                  └─────────────────→    CH₃CH₂OCH₂CH₃
                    H₂SO₄, 130～140℃     ジエチルエーテル
```

STEP 2 化合物Xは，『C（分子式 C_4H_8O をもつ）を還元した化合物』

（『臭素水を脱色する』ので，この還元は水素付加が予想される！）

であるから，その炭素原子数は化合物Cと同じく4であると予想される。よって，化合物Xはジエチルエーテルであり，化合物Cはジエチルエーテルの脱水素化合物であろう。

```
              還元（水素付加：+2H）      CH₃CH₂OCH₂CH₃
  化合物C  ←─────────────────────     ジエチルエーテル
              脱水素（-2H）                  (5)
              CH₃-CH₂-O-CH-CH₂
                         H   H
```

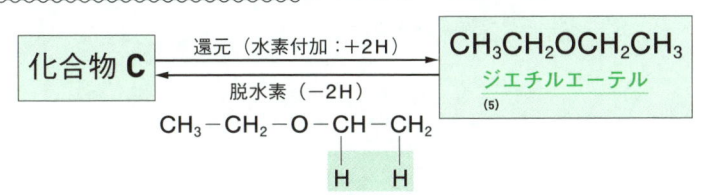

すなわち，化合物Cは $\underline{CH_3-CH_2-O-CH=CH_2}$ であると考えられる。
(1) C

STEP 3 化合物 C は $CH_3-CH_2-O-CH=CH_2$ であるという **STEP 2** の読解は，化合物 C が『**分子式 C_4H_8O をもつ**』ことや，『**臭素水を脱色する**』こと，『**不斉炭素原子をもたない**』ことに矛盾しない。

$$CH_3-CH_2-O-CH=CH_2 \quad + \quad Br_2$$
$$\longrightarrow \underset{\substack{| \quad \quad | \\ Br \quad Br}}{CH_3-CH_2-O-CH-CH_2}$$

また，化合物 C はエーテルであり，その沸点は比較的低い（知識 **11** 参照）ので，『**沸点は常圧で 33℃である（B，D より低い！）**』ことも妥当である。

答え 化合物 C は $\underline{CH_3-CH_2-O-CH=CH_2}$ である。
(1) C

〔手順2〕 B について，その情報を整理しよう。

情報の整理

【 1 行 目 】『**分子式 C_4H_8O をもつ**』
【1，2 行目】『**(C，D とは) 酸素原子を含む官能基の異なる異性体**』
【2，3 行目】『**不斉炭素原子をもつ**』
【3，4 行目】『**水酸化ナトリウム水溶液中，ヨウ素を加えて温めると特有のにおいをもった黄色結晶を与え**』
【 5 行 目 】『**臭素水を脱色する**』
【5，6 行目】『**沸点は常圧で 96℃である（C，D より高い！）**』
【 6 行 目 】『**B と D を還元すると同じ化合物を与える**』

STEP 1 『**水酸化ナトリウム水溶液中，ヨウ素を加えて温めると特有のにおいをもった黄色結晶を与え**』ることから明らかに，ヨードホルム反応を示す。（知識 **17** 参照）

よって，化合物 B は次の枠内に示された構造をもつアルコールまたはカルボニル化合物である。

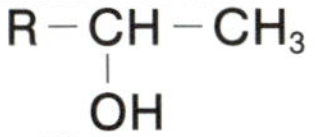

$$R-\underset{\underset{OH}{|}}{CH}-CH_3$$
という構造のアルコール

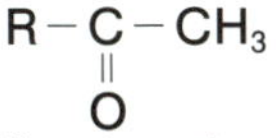

$$R-\underset{\underset{O}{\|}}{C}-CH_3$$
という構造のカルボニル化合物

STEP 2 『**臭素水を脱色する**』ことから，化合物 B は炭素原子間に不飽和結合をもつことが予想される。

STEP 3 STEP 1 および STEP 2 の読解と，『**分子式 C_4H_8O をもつ**』ことから，化合物 B は次のように考えられる。

―― 化合物 B ――
$$CH_2=CH-\underset{\underset{OH}{|}}{CH}-CH_3$$

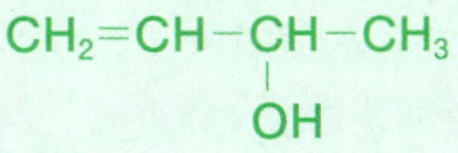

カルボニル化合物であることや三重結合をもつことは，分子式との整合性から，考えられない。

STEP 4 化合物 B は，$CH_2=CH-\underset{\underset{OH}{|}}{\overset{H}{C}}-CH_3$（不斉炭素原子である！）であるという STEP 3 の読解は，化合物 B はアルコールであり，エーテルである化合物 C とは『**酸素原子を含む官能基の異なる異性体**』であることや，化合物 B が『**不斉炭素原子をもつ**』ことに矛盾しない。

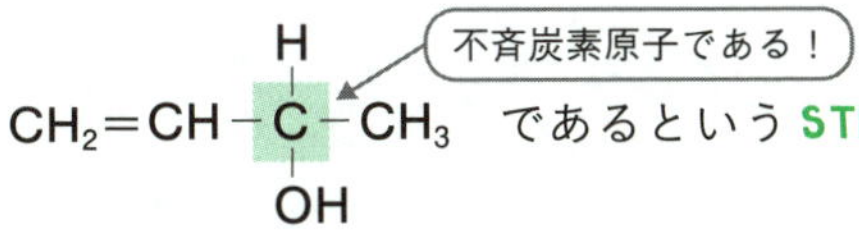

また，化合物 B はアルコールであり，その沸点は同じ分子式のエーテルに比べて高い（知識 11 参照）ので，『**沸点は常圧で 96℃である（C に比べて高い！）**』ことも妥当である。

答え

化合物 B は $CH_2=CH-\underset{\underset{OH}{|}}{CH}-CH_3$ である。

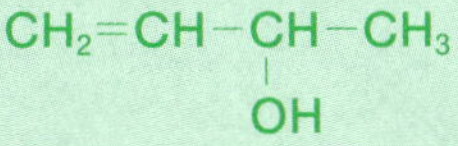

(1) B

〔**手順3**〕 最後に，比較的情報が少ない D について，その情報を整理しよう。

> **情報の整理**
>
> 【1 行 目】『分子式 C_4H_8O をもつ』
> 【1，2 行目】『(B，C とは) 酸素原子を含む官能基の異なる異性体』
> 【2，3 行目】『不斉炭素原子をもたない』
> 【3，4 行目】『水酸化ナトリウム水溶液中，ヨウ素を加えて温めると特有のにおいをもった黄色結晶を与え』
> 【5，6 行目】『沸点は常温で 80℃である (B より低く，C より高い！)』
> 【6 行 目】『B と D を還元すると同じ化合物を与える』

STEP 1 『水酸化ナトリウム水溶液中，ヨウ素を加えて温めると特有のにおいをもった黄色結晶を与え』ることから明らかに，ヨードホルム反応を示す（知識 17 参照）。よって，化合物 D は次の枠内に示された構造をもつアルコールまたはカルボニル化合物である。

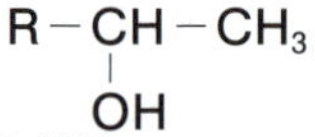

> $R-CH-CH_3$
> $|$
> OH
> という構造のアルコール 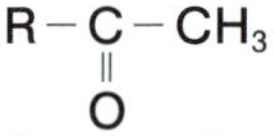
>
> $R-C-CH_3$
> $\|$
> O
> という構造のカルボニル化合物

STEP 2 『(B，C とは) 酸素原子を含む官能基の異なる異性体』であることから明らかに，アルコール (B) でも，エーテル (C) でもない。よって，化合物 D は次の枠内に示された構造をもつカルボニル化合物である。

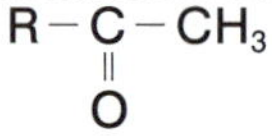

> $R-C-CH_3$
> $\|$
> O
> という構造のカルボニル化合物

STEP 3 STEP 2 までの読解と『**分子式 C_4H_8O をもつ**』ことから,化合物 D は次のように考えられる。

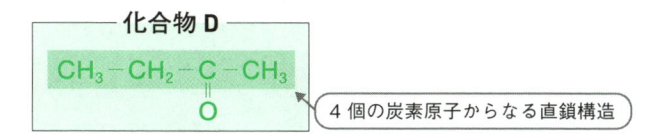

―― 化合物 D ――
$CH_3-CH_2-\underset{O}{\underset{\|}{C}}-CH_3$

(4 個の炭素原子からなる直鎖構造)

『B と D を還元すると同じ化合物を与える』ことは,『D は B と同じ炭素骨格(4 個の炭素原子からなる直鎖構造)をもつ』ことを意味するが,上述の化合物 D の構造は,これに矛盾しない。また,『不斉炭素原子をもたない』ことにも矛盾しない。

STEP 4 『B と D を還元すると同じ化合物を与える』ことを確認してみよう。

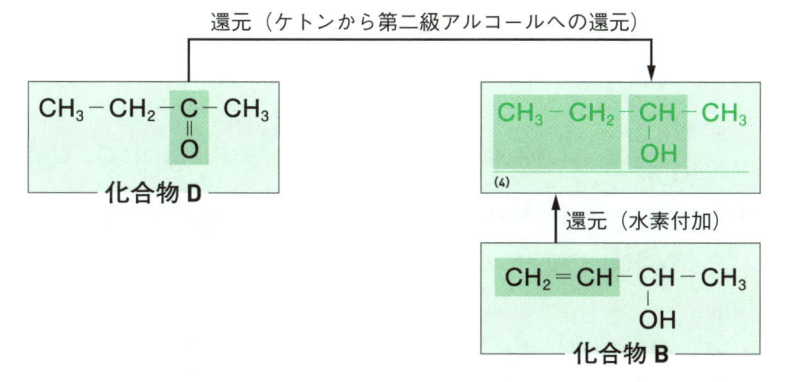

還元(ケトンから第二級アルコールへの還元)

$CH_3-CH_2-\underset{O}{\underset{\|}{C}}-CH_3$
―― 化合物 D ――

$CH_3-CH_2-\underset{OH}{\underset{|}{CH}}-CH_3$
(4)

還元(水素付加)

$CH_2=CH-\underset{OH}{\underset{|}{CH}}-CH_3$
―― 化合物 B ――

上記の通り,B と D を還元すると同じ化合物(**2-ブタノール**)を与える。
(4)

答え

化合物 D は $CH_3-CH_2-\underset{O}{\underset{\|}{C}}-CH_3$ である。
(1) D

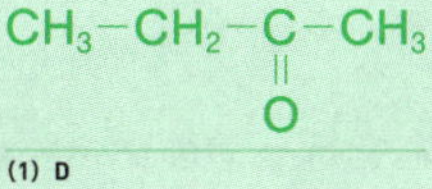

ヨードホルム反応の反応式について

$R-\underset{\underset{O}{\|}}{C}-CH_3$ という構造のカルボニル化合物を例にして、ヨードホルム反応の反応式を考えてみよう。まず、このカルボニル化合物中のメチル基において、水素原子がヨウ素原子に置換することを式にしてみる。

$$R-\underset{\underset{O}{\|}}{C}-CH_3 + 3I_2 + 3NaOH \longrightarrow R-\underset{\underset{O}{\|}}{C}-CI_3 + 3NaI + 3H_2O \quad \cdots\cdots ①$$

次に、その生成物が、加水分解されることを式にしてみる。

$$R-\underset{\underset{O}{\|}}{C}-CI_3 + NaOH \longrightarrow R-\underset{\underset{O}{\|}}{C}-ONa + CHI_3 \quad \cdots\cdots ②$$

最後に、①式と②式とを辺々加えることによって、**ヨードホルム反応の反応式**が完成する。

$$R-\underset{\underset{O}{\|}}{C}-CH_3 + 3I_2 + 4NaOH \longrightarrow R-\underset{\underset{O}{\|}}{C}-ONa + 3NaI + 3H_2O + CHI_3$$

例えば、化合物 D の場合には、上式において $R=C_2H_5$ であるから、

$$C_2H_5COCH_3 + 3I_2 + 4NaOH \longrightarrow C_2H_5COONa + 3NaI + 3H_2O + CHI_3$$

(2)
となる。

なお、ヨードホルム反応(上記、**ヨードホルム反応の反応式**)を行った後、沈殿（CHI_3）を除き、さらに反応液を酸性にすると、

$$RCOO^- + H^+ \longrightarrow RCOOH$$
（RCOONa）

のように、カルボン酸 RCOOH が得られる。このカルボン酸の構造を明らかにすることは、ヨードホルム反応を行う前の化合物の構造を知る手掛かりとなる。

解答 (1) 化合物 B：$CH_2=CH-CH(OH)-CH_3$

化合物 C：$CH_3-CH_2-O-CH=CH_2$

化合物 D：$CH_3-CH_2-CO-CH_3$

(2) $C_2H_5COCH_3 + 3I_2 + 4NaOH \longrightarrow C_2H_5COONa + 3NaI + 3H_2O + CHI_3$

(3) $CH_3-CH_2-O-CH(Br)-CH_2Br$

(4) $CH_3-CH_2-CH(OH)-CH_3$　　**2-ブタノール**

(5) **ジエチルエーテル**

PART2 酸素を含む脂肪族化合物

カルボン酸およびヒドロキシ酸

問題 8

次の文章を読み，以下の各問いに答えよ。必要があれば，原子量として次の値を用いよ。H＝1.0，C＝12.0，O＝16.0

> ある種の果実中に含まれる化合物 A は，組成式 $C_4H_6O_5$ をもち，水によく溶けて，その 0.1 mol/L 水溶液の pH はおよそ 2 である。0.268 g の A を 20 mL の水に溶かし，その溶液を 0.200 mol/L の水酸化ナトリウム水溶液で滴定したところ，中和に要した水酸化ナトリウム水溶液の量は 20.0 mL であった。
>
> 塩化水素を含むエタノール中で A を加熱したところ，中性の化合物 B が得られ，元素分析と分子量測定とから，B の分子式は $C_8H_{14}O_5$ と決定された。また，B を無水酢酸と反応させたところ，B は分子式 $C_{10}H_{16}O_6$ の化合物 C に変化した。これらのことから，A の分子式は (ア) であり，A 分子には (イ) 個の (ウ) 基と (エ) 個の (オ) 基とが存在することがわかる。A の分子式とこれらの官能基の種類と数とから，A の構造式としては (カ)，(キ)，(ク) の 3 つが考えられる。A には光学異性体の存在が知られている。このことから，(カ)，(キ)，(ク) のうちの 1 つが A の構造式として適切であることがわかる。次に，A を 150℃に加熱したところ脱水反応が起こり，カルボン酸 D が得られた。D は容易には脱水されなかった。

(1) 空欄 (ア) に A の分子式を書け。
(2) 空欄 (イ)，(エ) に数字，(ウ)，(オ) に官能基名を書け。
(3) 空欄 (カ)，(キ)，(ク) にあてはまる構造式を書け。
(4) B，C の構造式，D の名称を書け。
(5) これらの実験事実から最も適当と思われる A の構造式を，(3)で解答した(カ)，(キ)，(ク)の中から選び構造式を書け。

東北大

問題8 の読み方

1行目

> ある種の果実中に含まれる化合物 A は，組成式 $C_4H_6O_5$ をもち，

化合物 A の分子式を $(C_4H_6O_5)_n$ とおくと，**化合物 A の分子量は $134n$ である**（n は正の整数）。

1, 2行目

> （化合物 A は，）水によく溶けて，その 0.1 mol/L 水溶液の pH はおよそ 2 である。

化合物 A は酸性の化合物である。

2～5行目

> 0.268 g の A を 20 mL の水に溶かし，その溶液を 0.200 mol/L の水酸化ナトリウム水溶液で滴定したところ，中和に要した水酸化ナトリウム水溶液の量は 20.0 mL であった。

【**1, 2行目**】までの読解から明らかに，化合物 A は分子量が $134n$ の酸性の化合物である。よって，その価数を x 価（x は正の整数）とおくと，

$$\text{酸の価数} \times \text{酸の物質量} = \text{塩基の価数} \times \text{塩基の物質量}$$

$$x \times \frac{0.268}{134n} = 1 \times 0.200 \times \frac{20.0}{1000}$$

より，$x=2n$ （x, n は正の整数）
となる。これについては，$n=1$, $x=2$ あたりが妥当な解だろうと想像できる。すなわち『**化合物 A は分子量が 134**（分子式が $\underline{C_4H_6O_5}$）**の 2 価の酸である**』と推論して，読解を先に進める。

生徒 「酸性の官能基というと，スルホ基（$-SO_3H$），カルボキシ基（$-COOH$），フェノール性のヒドロキシ基（$-OH$）などですね」

先生 「化合物Aには硫黄原子は含まれていないから，化合物Aがスルホ基をもつ可能性はないね。また，化合物Aには，その分子式を$C_4H_6O_5$と推論しているので，炭素原子を6個もつベンゼン環は含まれていないから，化合物Aがフェノール性のヒドロキシ基をもつ可能性もない」

生徒 「ということは，**化合物Aは2価のカルボン酸ですね**。すなわち，**化合物Aの化学式は，$C_2H_4O(COOH)_2$と示せますね**」

> 🟢 **推論**
>
> 『化合物Aは分子式が$C_4H_6O_5$の2価のカルボン酸である』と推論した。

> 🟢 **推論**
>
> 『化合物Aの化学式は$C_2H_4O(COOH)_2$である』と推論した。

6〜8行目

> 塩化水素を含むエタノール中でAを加熱したところ，中性の化合物Bが得られ，元素分析と分子量測定とから，Bの分子式は$C_8H_{14}O_5$と決定された。

【2〜5行目】の読解の結果（化合物Aの化学式は$C_2H_4O(COOH)_2$であるという推論）より，ここでの反応は，

$$\underset{\text{化合物A}}{C_2H_4O(COOH)_2} + \underset{\text{エタノール}}{2C_2H_5OH} \underset{}{\overset{\text{エステル化}}{\rightleftharpoons}} \underset{\text{化合物B}}{C_2H_4O(COOC_2H_5)_2} + \underset{\text{水}}{2H_2O}$$

という，塩化水素を触媒とする化合物Aとエタノールとのエステル化反応であると考えられ，その結果（化合物Bの分子式は$C_8H_{14}O_5$である）は題意と矛盾しない。

📝 わかったこと

『化合物 A の化学式は $C_2H_4O(COOH)_2$ である』という推論は妥当である。また、化合物 B の化学式は $C_2H_4O(COOC_2H_5)_2$ である。

8, 9 行目

また、B を無水酢酸と反応させたところ、B は分子式 $C_{10}H_{16}O_6$ の化合物 C に変化した。

生徒「無水酢酸と反応するというと、ヒドロキシ基（－OH）やアミノ基（－NH_2）の**アセチル化**が思い浮かびます」

知識 21 を参照し、酸無水物について、無水酢酸を例に、その働き（アセチル化剤）を含めて、しっかりとまとめておこう。

知識 37 を参照し、サリチル酸から医薬品を合成する流れについて、用いる試薬の種類、反応名、合成された医薬品の構造と働きを含めて、しっかりとまとめておこう。

知識 41 を参照し、アニリンからのアセトアニリドの合成について、試薬の種類、反応名、合成されたアセトアニリドの構造、かつての利用法を含めて、しっかりとまとめておこう。

先生「化合物 B には窒素原子は含まれていないから、化合物 B がアミノ基をもつ可能性はないね」

生徒「ということは、**化合物 B はヒドロキシ基をもつ化合物**ですね。化合物 B の化学式は、$C_2H_3(OH)(COOC_2H_5)_2$ と示せますね」

化合物 B の化学式は $C_2H_3(OH)(COOC_2H_5)_2$ であるという推論より、ここでの反応は、

$$C_2H_3(OH)(COOC_2H_5)_2 + (CH_3CO)_2O$$
化合物 B　　　　　　　　　　　無水酢酸

$$\xrightarrow{\text{アセチル化}} C_2H_3(OCOCH_3)(COOC_2H_5)_2 + CH_3COOH$$
　　　　　　　　化合物 C　　　　　　　　　　　酢酸

という、化合物 B と無水酢酸とのアセチル化反応であると考えられ、その結果（化合物 C の分子式は $C_{10}H_{16}O_6$ である）は題意と矛盾しない。

> **わかったこと**
>
> 『化合物 B の化学式は $C_2H_3(OH)(COOC_2H_5)_2$ である』という推論は妥当である。また, 化合物 C の化学式は $C_2H_3(OCOCH_3)(COOC_2H_5)_2$ である。

9〜11行目

> これらのことから, A の分子式は (ア) であり, A 分子には (イ) 個の (ウ) 基と (エ) 個の (オ) 基とが存在することがわかる。

生徒「化合物 A については, 分子式が $C_4H_6O_5$ の 2 価の酸であり, その化学式は $C_2H_4O(COOH)_2$ であろうと推論し, その推論が妥当であることがわかったわけですね」

先生「化合物 B については, その化学式は $C_2H_3(OH)(COOC_2H_5)_2$ であろうと推論し, その推論が妥当であることがわかったわけだ。さて, 化合物 A についてもう少し考えてみよう。化合物 B はヒドロキシ基をもっているんだよ」

生徒「そうか, 化合物 B は化合物 A のカルボキシ基をエステル化しただけのものだから, 化合物 B がヒドロキシ基をもっているということは, 化合物 A もヒドロキシ基をもっているということですね」

先生「そうだね, 化合物 A については, 分子式が $C_4H_6O_5$ の 2 価の酸であり, その化学式は $C_2H_3(OH)(COOH)_2$ であることがわかったわけだ」

> **答え**
>
> A の分子式は $C_4H_6O_5$ であり, その分子内には **1個**の**ヒドロキシ基**と **2個**の**カルボキシ基**とが存在する。
> (2)(イ)　(2)(ウ)
> (2)(エ)　(2)(オ)

11〜13行目

> Aの分子式とこれらの官能基の種類と数とから，Aの構造式としては ﹇(カ)﹈，﹇(キ)﹈，﹇(ク)﹈の3つが考えられる。

化合物Aの構造式として考えられるのは次の3つの候補である。

候補①

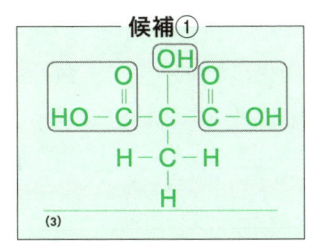

```
       OH
    O  |  O
HO-C - C - C-OH
    H-C-H
      H
```
(3)

候補②

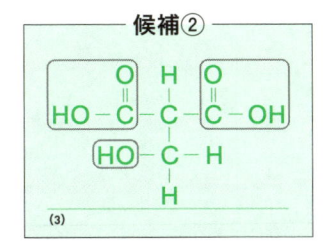

```
    O  H  O
HO-C - C - C-OH
    HO-C-H
       H
```
(3)

候補③

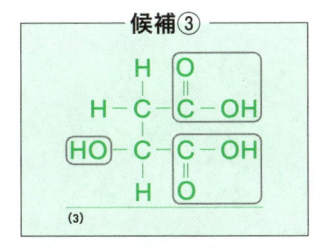

```
    H  O
 H-C - C-OH
HO-C - C-OH
    H  O
```
(3)

候補①では，すべての-COOHと-OHが同一の炭素原子に結合。

候補②では，2つの-COOHが同一の炭素原子に結合。

候補③では，-COOHと-OHが1つずつ同一の炭素原子に結合。

> 🧩 **わかったこと**
>
> 化合物Aの構造式は上記の**候補①〜候補③**のいずれかである。

13〜15行目

> Aには光学異性体の存在が知られている。このことから，(カ)，(キ)，(ク)のうちの1つがAの構造式として適切であることがわかる。

化合物Aの構造式の候補である上記の**候補①〜候補③**のうち，光学異性体が存在する，言い換えれば，不斉炭素原子をもつ（知識 7 参照）ものは**候補③**のみである。

候補③（リンゴ酸） $\begin{array}{c} CH_2COOH \\ | \\ C^*H(OH)COOH \end{array}$ は，乳酸 $\begin{array}{c} CH_3 \\ | \\ C^*H(OH)COOH \end{array}$ や酒石酸 $\begin{array}{c} C^*H(OH)COOH \\ | \\ C^*H(OH)COOH \end{array}$ と同様に，代表的なヒドロキシ酸のひとつであり，これらのヒドロキシ酸はいずれも不斉炭素原子 C^* をもつ。 知識 22 を参照し，ヒドロキシ酸について，不斉炭素原子の存在を含めて，しっかりとまとめておこう。

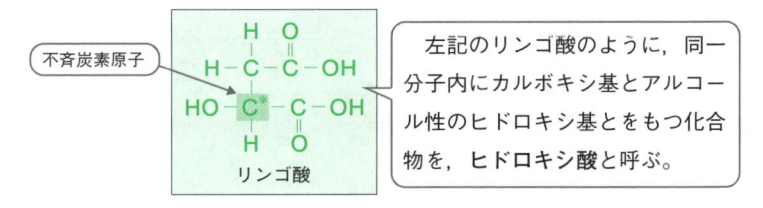

不斉炭素原子 →

$$\begin{array}{ccc} H & O \\ | & \| \\ H-C-C-OH \\ | \\ HO-C-C-OH \\ | & \| \\ H & O \end{array}$$
リンゴ酸

左記のリンゴ酸のように，同一分子内にカルボキシ基とアルコール性のヒドロキシ基とをもつ化合物を，**ヒドロキシ酸**と呼ぶ。

すなわち，化合物 A はリンゴ酸であると考えられる。

答え

化合物 A はリンゴ酸 $\begin{array}{c} H & O \\ | & \| \\ H-C-C-OH \\ | \\ HO-C-C-OH \\ | & \| \\ H & O \end{array}$ である。

(5)

15，16 行目

次に，A を 150℃ に加熱したところ脱水反応が起こり，カルボン酸 D が得られた。

リンゴ酸（化合物 A）を脱水すると，マレイン酸とフマル酸（どちらもジカルボン酸）が生成する。 知識 23 を参照し，分子式 $C_4H_4O_4$ のジカルボン酸について，マレイン酸，フマル酸を中心に，その前後の流れについて，しっかりとまとめておこう。$C_4H_4O_4$ は極めて頻出の分子式の 1 つである。

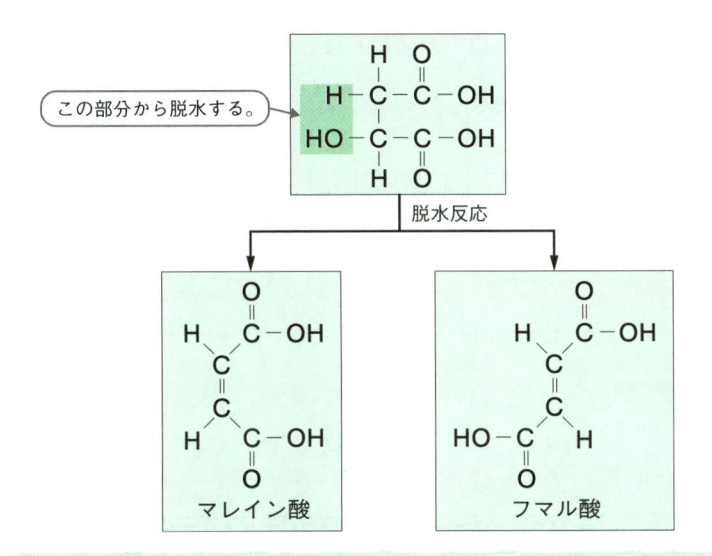

> **わかったこと**
> 化合物 D はマレイン酸かフマル酸のいずれかである。

16 行目

> D は容易には脱水されなかった。

マレイン酸を約 160 °C に加熱すると，マレイン酸はその**分子内で脱水**されて，無水マレイン酸が生成する。

マレイン酸はこのように容易に脱水されるが，フマル酸は容易には脱水されない。（知識 23 参照）

すなわち，化合物 D はフマル酸であると考えられる。

答え 化合物 D は**フマル酸**である。

化合物 A ～ D の関係は以下の通りとなる。

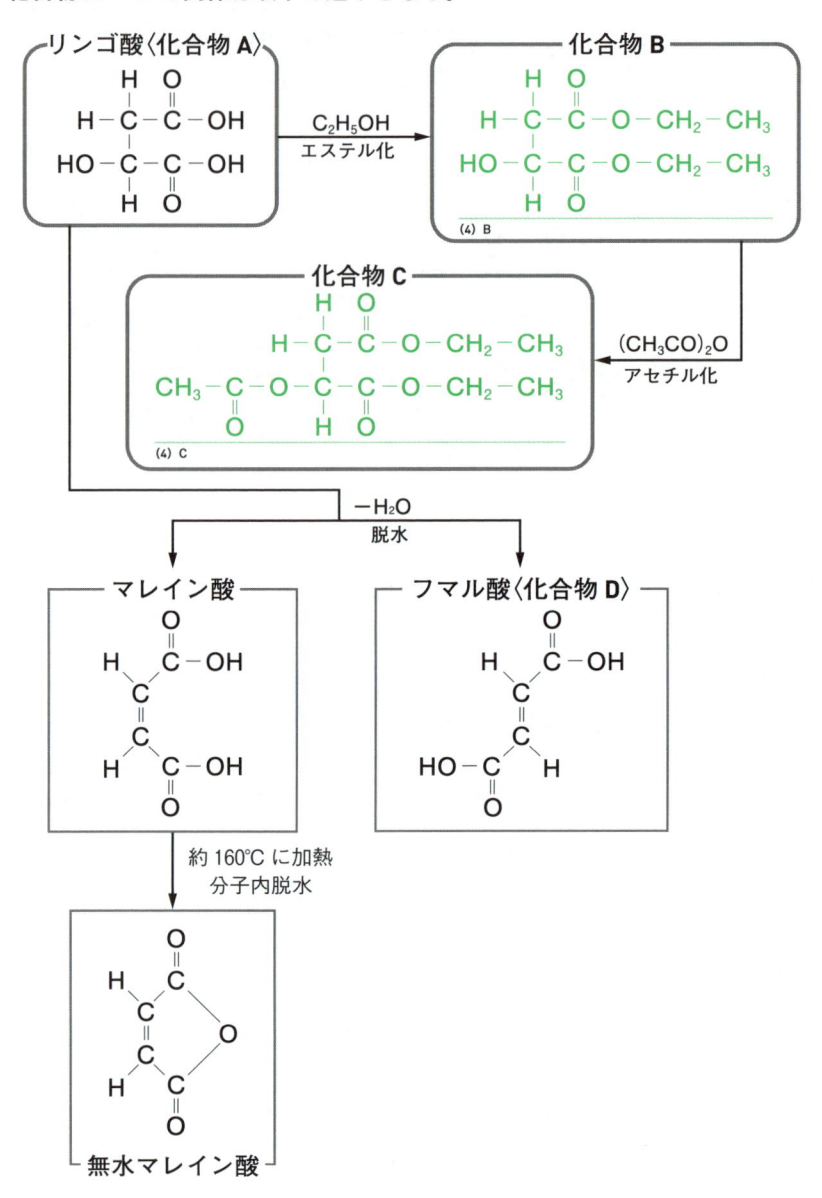

```
リンゴ酸〈化合物A〉
    H  O
    |  ||
H - C - C - OH
    |
HO - C - C - OH
    |  ||
    H  O
```

→ (C₂H₅OH, エステル化) →

```
化合物B
    H  O
    |  ||
H - C - C - O - CH₂ - CH₃
    |
HO - C - C - O - CH₂ - CH₃
    |  ||
    H  O
```
(4) B

→ ((CH₃CO)₂O, アセチル化) →

```
化合物C
         H  O
         |  ||
    H - C - C - O - CH₂ - CH₃
         |
CH₃ - C - O - C - C - O - CH₂ - CH₃
      ||      |  ||
      O       H  O
```
(4) C

→ (−H₂O, 脱水) →

マレイン酸
```
    O
    ||
H   C - OH
 \ /
  C
  ||
  C
 / \
H   C - OH
    ||
    O
```

フマル酸〈化合物D〉
```
    O
    ||
H   C - OH
 \ /
  C
  ||
  C
 / \
HO-C   H
  ||
  O
```

マレイン酸 → 約160℃に加熱 分子内脱水 →

無水マレイン酸
```
    O
    ||
H   C
 \ / \
  C   O
  ||  
  C   
 / \ /
H   C
    ||
    O
```

解答 (1) (ア) $C_4H_6O_5$

(2) (イ) 1　(ウ) ヒドロキシ
　　(エ) 2　(オ) カルボキシ

　　または　(イ) 2　(ウ) カルボキシ
　　　　　　(エ) 1　(オ) ヒドロキシ

(3) (カ), (キ), (ク) …順不同

$$\begin{array}{c} \text{O OH O} \\ \text{HO–C–C–C–OH} \\ \text{H–C–H} \\ \text{H} \end{array} \quad \begin{array}{c} \text{O H O} \\ \text{HO–C–C–C–OH} \\ \text{HO–C–H} \\ \text{H} \end{array} \quad \begin{array}{c} \text{H O} \\ \text{H–C–C–OH} \\ \text{HO–C–C–OH} \\ \text{H O} \end{array}$$

(4) Bの構造式

$$\begin{array}{c} \text{H O} \\ \text{H–C–C–O–CH}_2\text{–CH}_3 \\ \text{HO–C–C–O–CH}_2\text{–CH}_3 \\ \text{H O} \end{array}$$

Cの構造式

$$\begin{array}{c} \text{H O} \\ \text{H–C–C–O–CH}_2\text{–CH}_3 \\ \text{CH}_3\text{–C–O–C–C–O–CH}_2\text{–CH}_3 \\ \text{O H O} \end{array}$$

化合物Dの名称　フマル酸

(5)
$$\begin{array}{c} \text{H O} \\ \text{H–C–C–OH} \\ \text{HO–C–C–OH} \\ \text{H O} \end{array}$$

エステル（モノエステル）

問題 9

炭素，水素，酸素だけからなる，分子量 102 の水に溶けにくい液体物質 A がある。この物質を用いて以下の実験を行った。以下の問いに答えよ。必要があれば，原子量として次の値を用いよ。H＝1.0，C＝12.0，O＝16.0

〔実験1〕 物質 A を 5.1 mg とり完全に燃焼させたところ，二酸化炭素 11.0 mg と水 4.5 mg を得た。

〔実験2〕 物質 A に水酸化ナトリウム水溶液を十分に反応させた後，ジエチルエーテルを加え分液ろうとを用いてジエチルエーテル層と水層を分離した。ジエチルエーテル層のジエチルエーテルを蒸発させたところ液体物質 B が得られた。また，水層に希硫酸を加え蒸留したところ，刺激臭を有する物質 C を含む水溶液が得られた。

〔実験3〕 物質 B にヨウ素と水酸化ナトリウム水溶液を加え温めると，特有の臭気をもつ黄色結晶 D が生じた。

〔実験4〕 物質 B に平面偏光を通したとき，偏光面が回転した。

〔実験5〕 物質 B に適量の濃硫酸を加え加熱したところ，3種類のアルケンが生成した。

〔実験6〕 硫酸酸性の過マンガン酸カリウム水溶液に物質 C を含む水層を加えたら，赤紫色が脱色した。

〔実験7〕 蒸留して得た物質 C を含む水溶液に炭酸水素ナトリウムの粉末を加えたら，気体が激しく発生した。

(1) 物質 A の分子式を記せ。
(2) 〔実験3〕で生じた黄色結晶 D の化学式を記せ。
(3) 物質 B の構造式を記せ。
(4) 〔実験5〕で生じる可能性のあるアルケンの名称をすべて記せ。
(5) 物質 C の構造式を記せ。
(6) 物質 A の構造式を記せ。

長崎大

問題 9 の読み方

前文

> 炭素，水素，酸素だけからなる，分子量 102 の水に溶けにくい液体物質 A がある。この物質を用いて以下の実験を行った。

物質 A は炭素，水素，酸素だけからなり，その分子量は 102 である。

実験 1

> 物質 A を 5.1 mg とり完全に燃焼させたところ，二酸化炭素 11.0 mg と水 4.5 mg を得た。

炭素 C の質量 $= 11.0 \times \dfrac{12}{44} = 3.0$ (mg)

水素 H の質量 $= 4.5 \times \dfrac{2}{18} = 0.50$ (mg)

酸素 O の質量 $= 5.1 - (3.0 + 0.50) = 1.6$ (mg)

よって，$C : H : O = \dfrac{3.0}{12.0} : \dfrac{0.50}{1.0} : \dfrac{1.6}{16.0} = 0.25 : 0.50 : 0.10$
$= 2.5 : 5.0 : 1.0$
$= \mathbf{5 : 10 : 2}$

すなわち，化合物 A の組成式は $C_5H_{10}O_2$（式量 $=102$）である。また，【前文】に示された分子量と比較すれば，化合物 A の分子式は $C_5H_{10}O_2$ (1) （分子量 $=102$）であると決定する。

答え 物質 A の分子式は $C_5H_{10}O_2$ (1) である。

エステル（モノエステル）

実験2

> 物質Aに水酸化ナトリウム水溶液を十分に反応させた後，ジエチルエーテルを加え分液ろうとを用いてジエチルエーテル層と水層を分離した。ジエチルエーテル層のジエチルエーテルを蒸発させたところ液体物質Bが得られた。また，水層に希硫酸を加え蒸留したところ，刺激臭を有する物質Cを含む水溶液が得られた。

アルコールとカルボン酸とのエステルに水酸化ナトリウム水溶液を加え，加熱して十分に反応させると，エステルのけん化（塩基による加水分解）によってアルコールとカルボン酸の塩が生成する。 知識 24 を参照し，エステルの合成（エステル化），エステルの加水分解（または，けん化）について，きちんと把握しておこう。

次に，ジエチルエーテルを加え分液ろうとを用いてジエチルエーテル層と水層とを分離すると，ジエチルエーテル層に溶け込んだアルコールと水層に溶け込んだカルボン酸の塩を分別できる。すなわち，ジエチルエーテル層からジエチルエーテルを蒸発させたところ物質が得られたとすれば，その物質は**アルコール**である。また，水層に強酸を加えたところ物質が遊離したとすれば，その物質はカルボン酸の塩から遊離（カルボン酸の塩 ＋ 強酸 ⎯⎯→ カルボン酸 ＋ 強酸の塩）した**カルボン酸**である。 知識 25 を参照し，エステルのけん化後のアルコールとカルボン酸の回収について，その流れをしっかりとまとめておこう。

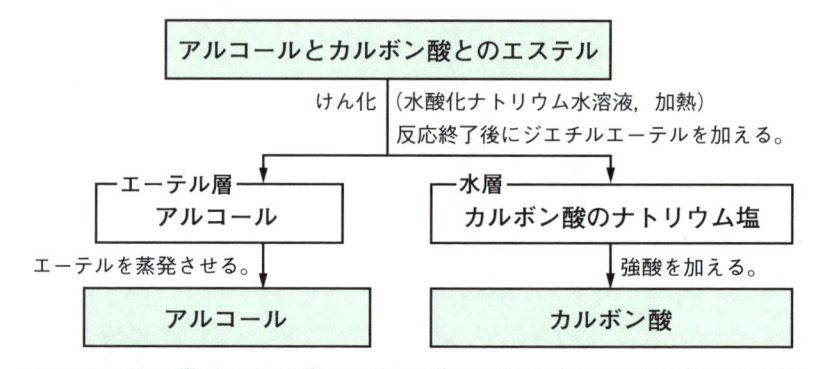

```
        アルコールとカルボン酸とのエステル
                    │
            けん化  │（水酸化ナトリウム水溶液，加熱）
                    │ 反応終了後にジエチルエーテルを加える。
         ┌──────────┴──────────┐
       ┌─エーテル層─┐       ┌─水層──────────┐
       │ アルコール │       │ カルボン酸のナトリウム塩 │
       └─────┬─────┘       └─────┬──────────┘
   エーテルを蒸発させる。        強酸を加える。
       ┌─────▼─────┐       ┌─────▼─────┐
       │  アルコール │       │  カルボン酸 │
       └───────────┘       └───────────┘
```

🧩 わかったこと

液体物質Bはアルコール，刺激臭を有する物質Cはカルボン酸であろう。物質Aは物質Bと物質Cからなるエステルであろう。

実験 3

物質 B にヨウ素と水酸化ナトリウム水溶液を加え温めると、特有の臭気をもつ黄色結晶 D が生じた。

$$R-\underset{OH}{CH}-CH_3$$
という構造のアルコール

$$R-\underset{\|\ O}{C}-CH_3$$
という構造のカルボニル化合物

上記の枠内に示された構造をもつアルコールまたはカルボニル化合物に、ヨウ素 I_2 と水酸化ナトリウム NaOH 水溶液を加えて温めると、特有のにおいをもった黄色の沈殿（ヨードホルム CHI_3）が生成する。ここでは、R は炭化水素基または水素原子である。（知識 17 参照）

わかったこと

液体物質 B は $R-\underset{OH}{CH}-CH_3$ という構造のアルコールであろう。

実験 4

物質 B に平面偏光を通したとき、偏光面が回転した。

『平面偏光を通したとき、偏光面が回転した』ことは、『不斉炭素原子 C^* が存在する』ことを意味する。（知識 7 参照）

生徒「〔実験3〕で推論された構造 $\left(R-\underset{OH}{CH}-CH_3\right)$ において、R＝H や R＝CH_3 である場合には、化合物 B には不斉炭素原子は存在しません」

先生「R＝C_2H_5 である場合には、$CH_3-CH_2-\underset{OH}{C^*H}-CH_3$ （2-ブタノール）となって、化合物 B には不斉炭素原子 C^* が存在する」

生徒「待ってください。化合物 B に炭素原子が 4 個も含まれることは，許されることですか」

先生「物質 C はカルボン酸だから，少なくとも炭素原子を 1 個含む。物質 B （アルコール）と物質 C （カルボン酸）とのエステル A には炭素原子は 5 個含まれる。よって，物質 B は最大で炭素原子を 5－1＝4（個）含む。つまり，ぎりぎり許されるよ」

すなわち，物質 B は 2-ブタノールであると考えられる。

> **答え**
> 物質 B は $CH_3-CH_2-\underset{\underset{OH}{|}}{CH}-CH_3$ である。
> (3) B

実験 5

> 物質 B に適量の濃硫酸を加え加熱したところ，3 種類のアルケンが生成した。

アルコールに適量の濃硫酸を加え加熱すると，条件によっては，脱水（分子内脱水）反応によりアルケンが生成する。（知識 12 参照）

脱水（分子内脱水）反応により上述のアルコール B から生じるアルケンには，次の 2 種類の構造異性体が考えられる。ただし，2-ブテンには，幾何異性体が存在する。

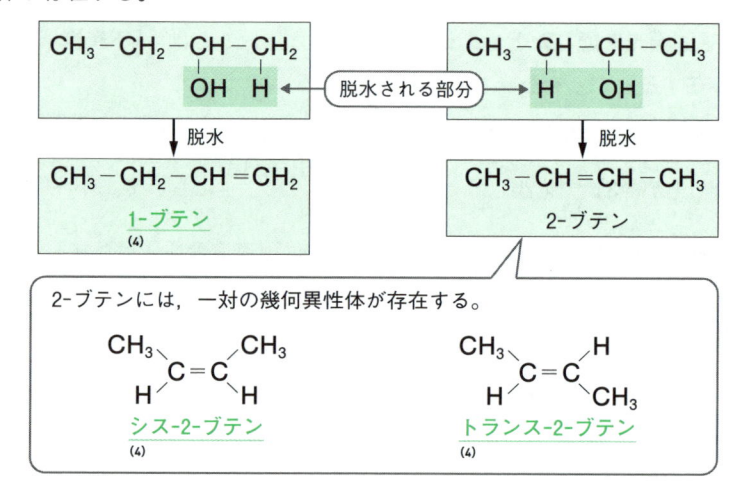

$CH_3-CH_2-\underset{\underset{OH}{|}}{CH}-\underset{\underset{H}{|}}{CH_2}$ ←脱水される部分→ $CH_3-\underset{\underset{H}{|}}{CH}-\underset{\underset{OH}{|}}{CH}-CH_3$

↓脱水　　　　　　　　　　　　　　　　↓脱水

$CH_3-CH_2-CH=CH_2$　　　　　　　$CH_3-CH=CH-CH_3$
1-ブテン　　　　　　　　　　　　　　**2-ブテン**
(4)

2-ブテンには，一対の幾何異性体が存在する。

$\underset{H}{\overset{CH_3}{}}C=C\underset{H}{\overset{CH_3}{}}$　　　　$\underset{H}{\overset{CH_3}{}}C=C\underset{CH_3}{\overset{H}{}}$

シス-2-ブテン　　　　　　**トランス-2-ブテン**
(4)　　　　　　　　　　　　(4)

> **わかったこと**
> 液体物質 B に関する〔実験 5〕の結果には矛盾がない。

実験 6, 実験 7

> 〔実験 6〕 硫酸酸性の過マンガン酸カリウム水溶液に物質 C を含む水層を加えたら，赤紫色が脱色した。
> 〔実験 7〕 蒸留して得た物質 C を含む水溶液に炭酸水素ナトリウムの粉末を加えたら，気体が激しく発生した。

ギ酸は還元性を示し，硫酸酸性の過マンガン酸カリウム水溶液（酸化剤）の赤紫色を脱色する。カルボン酸は，炭酸水素ナトリウム水溶液と反応し，塩となって溶解する。その際には，二酸化炭素が発生する。

知識 **20** を参照し，カルボン酸の酸性の強さについて，強酸との反応を含めて，しっかりとまとめておこう。

生徒「アルコール B は炭素原子を 4 個含む。アルコール B とカルボン酸 C とのエステルには炭素原子は 5 個含まれる。よって，カルボン酸 C は炭素原子を 5−4＝1（個）しか含みません」

先生「つまり，考えられるカルボン酸 C はギ酸 $\underset{\parallel}{\text{H}-\text{C}-\text{OH}}\atop\text{O}$ しかないね」

生徒「物質 C がギ酸だということを決定する根拠は何ですか」

先生「それこそが〔実験 6〕と〔実験 7〕だね。〔実験 7〕でカルボン酸であることが確認でき，〔実験 6〕で（カルボン酸であると同時に）還元性も示すことが確認できる。また，〔実験 2〕の『刺激臭を有する』も根拠の 1 つとなる」

よって，物質 C は還元性を示す 1 価のカルボン酸，すなわち，ギ酸であると考えられる。

> **答え**
> 物質 C は $\underset{\parallel}{\text{H}-\text{C}-\text{OH}}\atop\text{O}$ である。
> (5)

〔実験2〕の読解から明らかに，物質Aは物質B（2-ブタノール）と物質C（ギ酸）とから生成するエステルである。

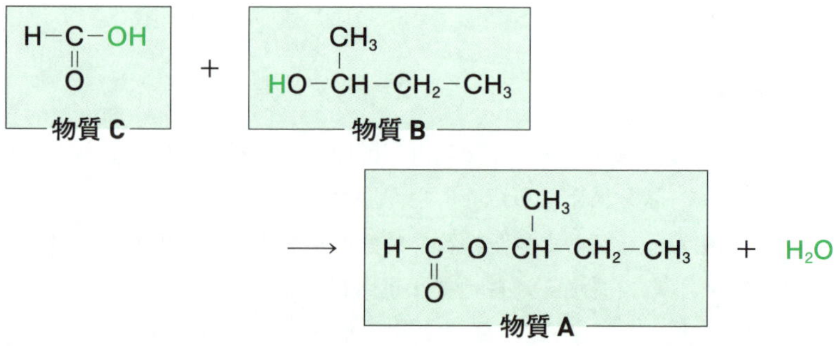

$$\text{H-C(=O)-OH} \;(\text{物質C}) \;+\; \text{HO-CH(CH}_3)\text{-CH}_2\text{-CH}_3 \;(\text{物質B})$$

$$\longrightarrow \text{H-C(=O)-O-CH(CH}_3)\text{-CH}_2\text{-CH}_3 \;(\text{物質A}) \;+\; H_2O$$

答え 物質Aは H-C(=O)-O-CH(CH₃)-CH₂-CH₃ である。
(6)

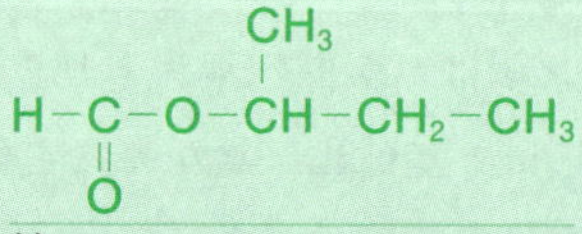

解答
(1) $C_5H_{10}O_2$
(2) CHI_3
(3) $CH_3-CH_2-CH(OH)-CH_3$ 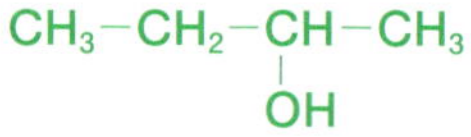
(4) 1-ブテン，シス-2-ブテン，トランス-2-ブテン
(5) 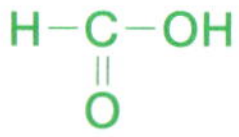 H-C(=O)-OH
(6) 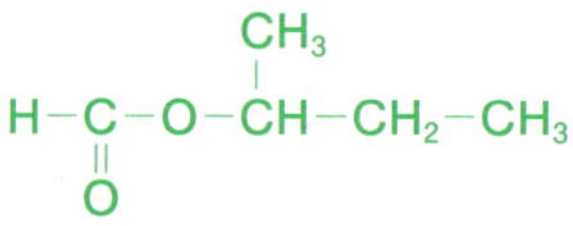 H-C(=O)-O-CH(CH₃)-CH₂-CH₃

エステル（ジエステル）

問題 10

次の文章を読み、以下の問いに答えよ。なお、示性式ならびに構造式は例にならって記せ。必要があれば、原子量として下の値を用いよ。

$H=1.0$, $C=12.0$, $O=16.0$

〈示性式の例〉 CH_3CH_2OH

C, H, O からなる化合物 A 15.00 mg を元素分析したところ、二酸化炭素が 27.5 mg、水が 7.5 mg 得られた。また、化合物 A 360.0 mg をベンゼンに溶かして 10.0 mL とし、凝固点降下度を測定したところ、その溶液のモル濃度は 0.250 mol/L であることがわかった。次に、化合物 A に希塩酸を加えて加熱すると、化合物 B と化合物 C が 1：2 で生じた。この化合物 C を酸化すると、弱酸性とともに還元性を示す化合物 D が生じた。化合物 B にはシス-トランス異性体が存在する。化合物 B を 160℃に加熱すると、有機化合物 E と無機化合物 F が生じた。

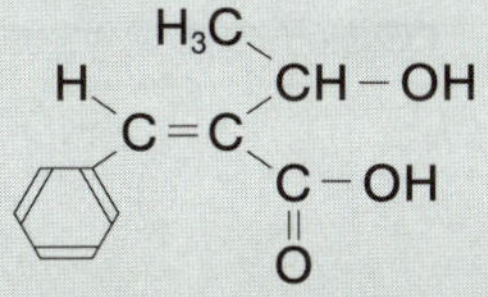

(1) 化合物 A の分子式を示せ。
(2) 化合物 B のシス-トランス異性体の構造式ならびにそれぞれの化合物名を記せ。
(3) 化合物 C と化合物 D の示性式を示せ。
(4) 化合物 E の構造式を示せ。
(5) 化合物 A の構造式を示せ。
(6) 化合物 A の構造異性体のうち、希塩酸を加えて加熱することにより、化合物 B を生じる構造異性体 G の構造式を示せ。

同志社大

問題10 の読み方

1〜4行目

> C, H, O からなる化合物 A 15.00 mg を元素分析したところ, 二酸化炭素が 27.5 mg, 水が 7.5 mg 得られた。

C 原子の質量 $= 27.5 \times \dfrac{12}{44} = 7.50$ (mg)

H 原子の質量 $= 7.5 \times \dfrac{2}{18} = 0.833$ (mg)

O 原子の質量 $= 15.00 - (7.50 + 0.83) = 6.67$ (mg)

$$C : H : O = \dfrac{7.50}{12.0} : \dfrac{0.833}{1.0} : \dfrac{6.67}{16.0} = 0.625 : 0.833 : 0.416$$
$$= 1.50 : 2.00 : 1.00$$
$$= \mathbf{3 : 4 : 2}$$

よって, 化合物 A の組成式は $C_3H_4O_2$ (式量 72) である。

わかったこと

化合物 A の組成式は $C_3H_4O_2$ である。

4〜8行目

> また, 化合物 A 360.0 mg をベンゼンに溶かして 10.0 mL とし, 凝固点降下度を測定したところ, その溶液のモル濃度は 0.250 mol/L であることがわかった。

化合物 A (非電解質と想定) の分子量を M_A とおくと,

$$\text{溶液のモル濃度} = \dfrac{\text{溶質の物質量 (mol)}}{\text{溶液の体積 (L)}} = \dfrac{\dfrac{360.0 \times 10^{-3}}{M_A}}{\dfrac{10.0}{1000}} = 0.250$$

より, $M_A = 144$ と求まる。

【1〜4行目】の読解より,化合物Aの組成式は$C_3H_4O_2$(式量72)であるから,

$(C_3H_4O_2)_n = 72n = 144$　　計算して　$n=2$

よって,化合物Aの分子式は$C_6H_8O_4$である。

> **答え**　化合物Aの**分子式**は$C_6H_8O_4$である。

8, 9行目その①

> 次に,化合物Aに希塩酸を加えて加熱すると,化合物Bと化合物Cが1:2で生じた。

生徒「『化合物Aに希塩酸を加えて加熱すると,化合物Bと化合物Cが生じた』という文章は,『化合物Aは化合物Bと化合物Cとに加水分解された』と解釈していいですよね?」

先生「そうだね。加水分解される構造には,**エステル結合** $-\underset{O}{\overset{\|}{C}}-O-$ や**アミド結合** $-\underset{\overset{\|}{O}}{\overset{}{C}}-\underset{H}{N}-$ などがあるけれど,化合物Aの場合には前者だね。だって,化合物AはN原子をもっていないからね。すなわち,化合物Aはエステルであると考えられる。また,エステルには,アルコールとカルボン酸とのエステルとフェノール類とカルボン酸とのエステルがあるが,化合物Aは,ベンゼン環をもたない(化合物Aの分子式は$C_6H_8O_4$である)ので,フェノール類のエステルであるとは考えられない。よって,化合物Aはアルコールのエステルであり,化合物Bと化合物Cは,どちらか一方がアルコールで,他方がカルボン酸であると考えられる」

> **わかったこと**
>
> 化合物Aは**エステル**である。化合物Bと化合物Cは,どちらか一方が**アルコール**で,他方が**カルボン酸**である。

9, 10 行目

> この化合物 C を酸化すると,弱酸性とともに還元性を示す化合物 D が生じた。

生徒「『**弱酸性とともに還元性を示す化合物**』という文を,ギ酸を示す慣用句と考えて,化合物 D はギ酸であると解釈してもいいですよね」(知識 20 参照)

先生「それでいいと思うよ。ただ,ギ酸だけが『弱酸性とともに還元性を示す化合物』というわけではない。シュウ酸もそうだということは忘れないでおきたいね」

生徒「化合物 C は,【8, 9 行目その①】の解釈から,アルコールかカルボン酸で,ここでは酸化するとギ酸になることがわかりました。すると,化合物 C はメタノールであると考えられますね」

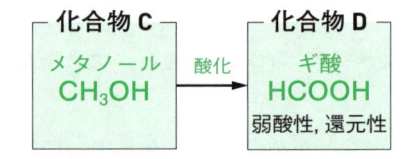

```
┌─ 化合物 C ─┐         ┌─ 化合物 D ─┐
│  メタノール  │  酸化   │    ギ酸    │
│   CH₃OH    │ ──────▶ │   HCOOH   │
└────────────┘         │ 弱酸性, 還元性│
                       └────────────┘
```

答え 化合物 C は**メタノール** CH_3OH である。化合物 D は**ギ酸** $HCOOH$ である。
(3) C   (3) D

8, 9 行目その②

> 次に,化合物 A に希塩酸を加えて加熱すると,化合物 B と化合物 C が 1:2 で生じた。

先生「この文章は,ここまでの読解を総合すると,『**エステル A を加水分解すると,化合物 B とメタノールが 1:2 で生じた**』と読めるね。逆に,『**化合物 B とメタノールが 1:2 で脱水縮合すると,エステル A が生じる**』と言い換えてもいい」

生徒「すると,化合物 B はカルボン酸ですね。しかも,その 1 分子が 2 分子のメタノールと脱水縮合するのですから,化合物 B は 2 価のカルボン酸 $R(COOH)_2$ ですね」

先生「そうだね。では，より詳細に検討するためにも，ここまでにわかったことを整理してみよう。

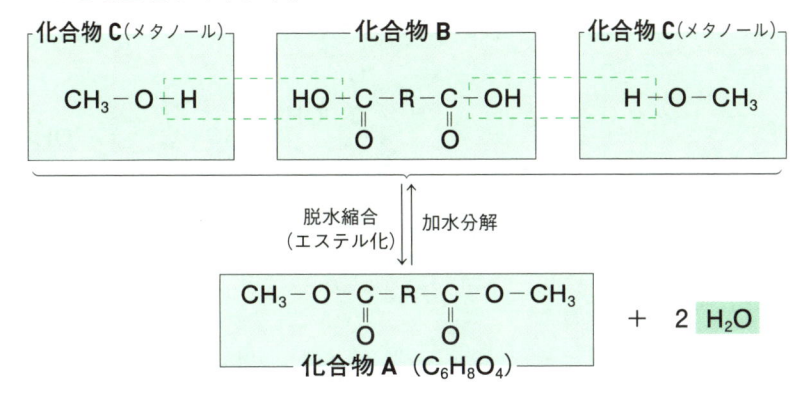

$$\underbrace{CH_3-O-H}_{\text{化合物 C (メタノール)}} \quad \underbrace{HO-\underset{\underset{O}{\|}}{C}-R-\underset{\underset{O}{\|}}{C}-OH}_{\text{化合物 B}} \quad \underbrace{H-O-CH_3}_{\text{化合物 C (メタノール)}}$$

$\updownarrow$ 脱水縮合（エステル化）／加水分解

$$\underbrace{CH_3-O-\underset{\underset{O}{\|}}{C}-R-\underset{\underset{O}{\|}}{C}-O-CH_3}_{\text{化合物 A }(C_6H_8O_4)} + 2\,H_2O$$

という感じかな」

生徒「化合物 A $CH_3-O-\underset{\underset{O}{\|}}{C}-R-\underset{\underset{O}{\|}}{C}-O-CH_3$ の分子式が $C_6H_8O_4$ であるということは，$R=C_2H_2$ であるということですね。すなわち化合物 B は

$HO-\underset{\underset{O}{\|}}{C}-C_2H_2-\underset{\underset{O}{\|}}{C}-OH$ で，可能性のある B の構造は，以下の 3 つだと考えられますね」

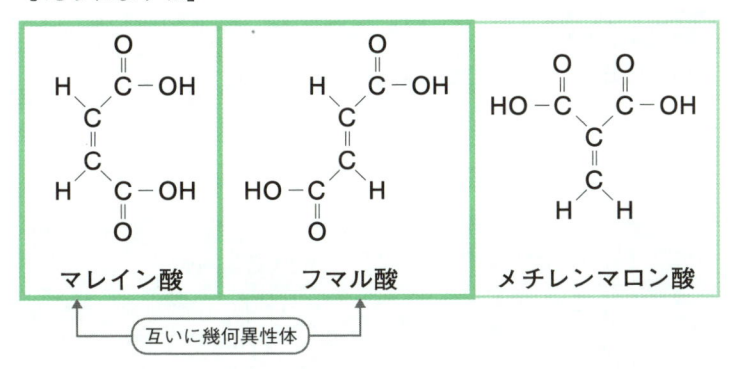

| マレイン酸 | フマル酸 | メチレンマロン酸 |

互いに幾何異性体（マレイン酸・フマル酸）

🧩 わかったこと

化合物 B は次の 3 種類のいずれかである。

$$
\begin{array}{c}
H\\C=C\\H
\end{array}
\begin{array}{c}
C-OH\\\parallel\\O\\C-OH\\\parallel\\O
\end{array}
\qquad
\begin{array}{c}
H\\C=C\\HO
\end{array}
\begin{array}{c}
C-OH\\\parallel\\O\\C-H\\\parallel\\O
\end{array}
\qquad
HO-\overset{O}{\overset{\parallel}{C}}-\underset{\underset{H}{\overset{\parallel}{C}}}{C}-\overset{O}{\overset{\parallel}{C}}-OH
$$

10, 11 行目

化合物 B にはシス–トランス異性体が存在する。

　マレイン酸はシス異性体（シス形），フマル酸はトランス異性体（トランス形）であり，互いに一対のシス–トランス異性体（幾何異性体）である。
（知識 23 参照）

🧩 わかったこと

化合物 B は，次の 2 種類のいずれかである。

$$
\begin{array}{c}
H\\C=C\\H
\end{array}
\begin{array}{c}
C-OH\\\parallel\\O\\C-OH\\\parallel\\O
\end{array}
\qquad\qquad
\begin{array}{c}
H\\C=C\\HO
\end{array}
\begin{array}{c}
C-OH\\\parallel\\O\\C-H\\\parallel\\O
\end{array}
$$

　　　マレイン酸　　　　　　　　　フマル酸
　　　(2) B　　　　　　　　　　　(2) B

> **11, 12 行目**
> 化合物 B を 160℃に加熱すると,有機化合物 E と無機化合物 F が生じた。

マレイン酸を約 160℃に加熱すると,マレイン酸はその**分子内で脱水**されて,無水マレイン酸が生成する。

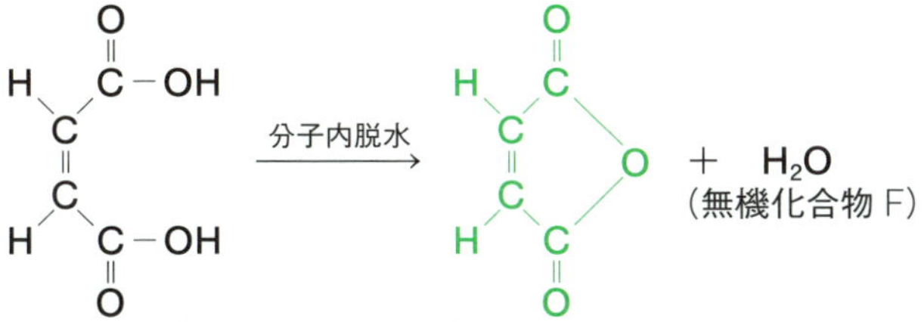

$$\text{マレイン酸(化合物 B)} \xrightarrow{\text{分子内脱水}} \text{無水マレイン酸(有機化合物 E)} + H_2O \text{(無機化合物 F)}$$

マレイン酸はこのように容易に脱水されるが,フマル酸は容易には脱水されない。(知識 23 参照)

化合物 A は,ここまでの読解(化合物 B,C の判明)により,マレイン酸 1 分子とメタノール 2 分子とからなるエステルであることがわかる。

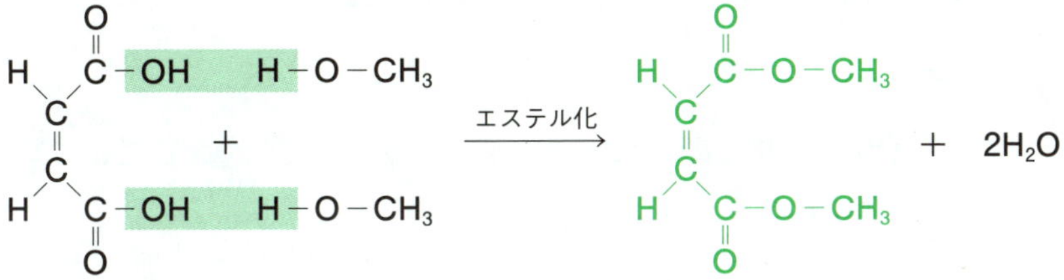

$$\text{マレイン酸} + \text{メタノール} \xrightarrow{\text{エステル化}} \text{マレイン酸ジメチル(化合物 A)} + 2H_2O$$

答え

化合物 B はマレイン酸 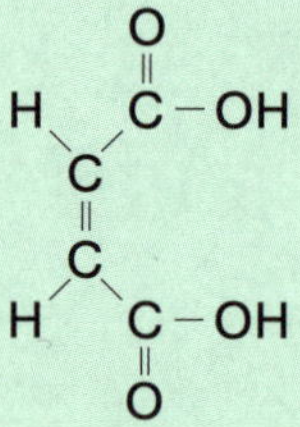
$$\begin{array}{c} H-C-C-OH \\ \parallel \quad \parallel \\ H-C-C-OH \\ \quad \parallel \\ \quad O \end{array}$$
である。

化合物 E は無水マレイン酸 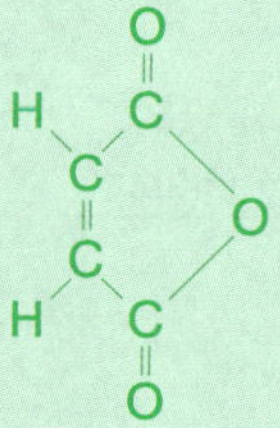
$$\begin{array}{c} H-C-C \\ \parallel \quad \quad \diagdown \\ \quad \quad \quad O \\ H-C-C \diagup \\ \quad \parallel \\ \quad O \end{array}$$
である。

(4) E

化合物 F は水である。

化合物 A はマレイン酸ジメチル 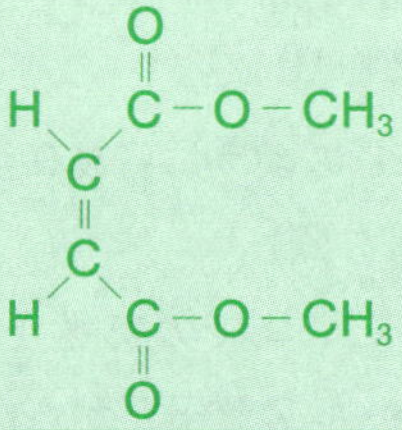
$$\begin{array}{c} H-C-C-O-CH_3 \\ \parallel \quad \parallel \\ H-C-C-O-CH_3 \\ \quad \parallel \\ \quad O \end{array}$$
である。

(5) A

(6)

化合物 A の構造異性体のうち，希塩酸を加えて加熱することにより，化合物 B を生じる構造異性体 G の構造式を示せ。

構造異性体 G は，化合物 B（マレイン酸）のエステルである。ただし，メタノールとのエステルではなく，2 分子のメタノールと等しい炭素原子数をもつアルコール（エタノール）とのエステルであると考えられる。よって，以下のように推論できる。

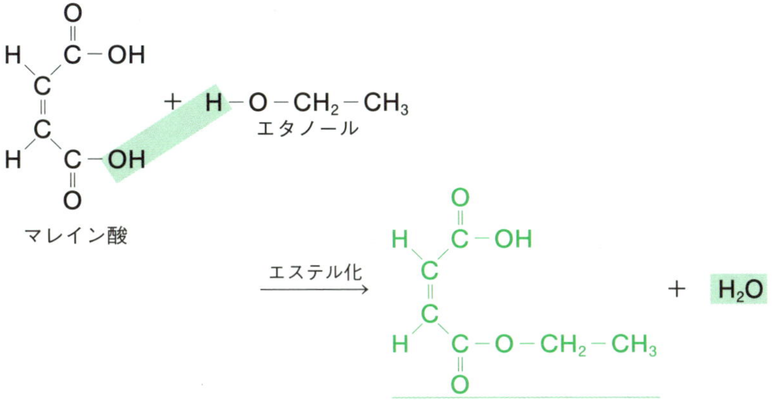
マレイン酸
エタノール
エステル化

(6) G

解答 (1) $C_6H_8O_4$

(2)

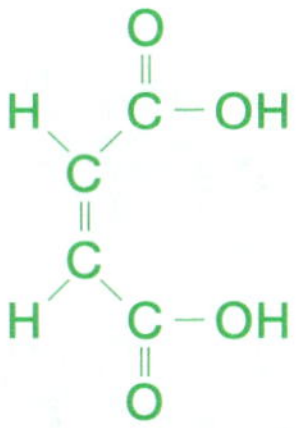

マレイン酸

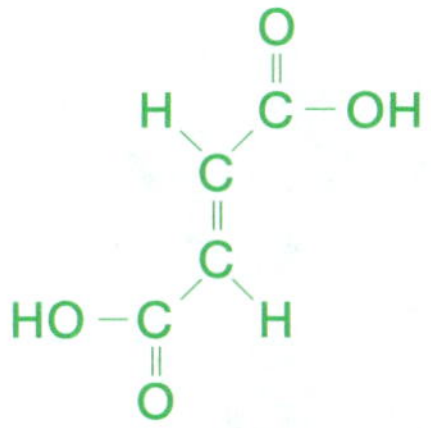

フマル酸

(3) 化合物 C：CH_3OH　化合物 D：HCOOH

(4)

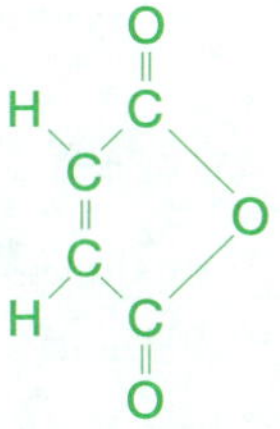

(5)

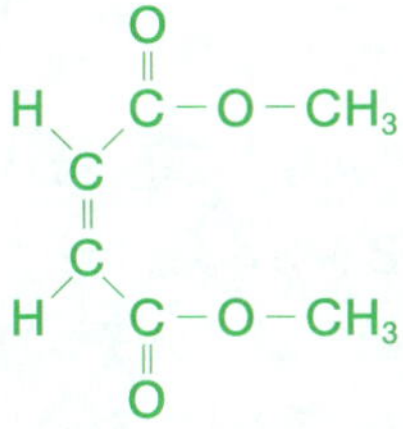

(6)

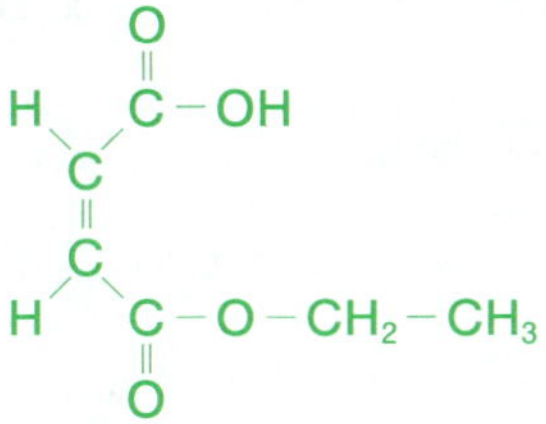

ぬ、ぬけない…

THEME 11 油脂

問題 11

油脂 A の構造式を以下に示す。

CH₂−OCOR′　←── ①位のエステル結合
CH −OCOR″　←── ②位のエステル結合
CH₂−OCOR′　←── ③位のエステル結合

この油脂 A は，2 種類の脂肪酸から構成されており，含まれる不飽和結合は二重結合のみである。この油脂 A について実験 1，実験 2，実験 3 の 3 種類の実験を行った。以下の問いに答えよ。必要ならば，原子量は $H=1.0$，$C=12.0$，$O=16.0$，$K=39.0$ を用いよ。

> **〔実験 1〕** 油脂 A 884 mg を過不足なく加水分解するのに，168 mg の水酸化カリウムを要した。また，その反応生成物として，グリセリンと脂肪酸のカリウム塩が生じた。さらに，反応溶液を酸性にすると，グリセリンと 2 種類の脂肪酸が得られた。
>
> **〔実験 2〕** ニッケル触媒の存在下で 884 mg の油脂 A を水素と反応させると，67.2 cm³（標準状態に換算）の水素を吸収して油脂 B となった。さらに，油脂 B を水酸化ナトリウムで加水分解すると，グリセリンと 1 種類の脂肪酸のナトリウム塩のみが得られた。
>
> **〔実験 3〕** 油脂中の①，③位のエステル結合を特異的に加水分解するリパーゼがある。油脂 A をこのリパーゼ水溶液中で充分に分解したところ，1 分子の油脂 A から 2 分子の脂肪酸が生成した。反応はそれ以上進行しなかった。この脂肪酸をニッケル触媒の存在下で水素と反応させたが，水素は付加されなかった。

(1) 〔実験 1〕の反応にある水酸化カリウムのような塩基によるエステルの加水分解を別名，何と呼ぶか。

(2) 油脂 A の分子量を求めよ。

(3) 油脂 A の構造式中の R″ に含まれる炭素原子間の二重結合の数は何個か。構造式中の R′ の炭素原子数は何個か。

(4) 油脂 A の構造式を示せ。

宮崎大

問題 11 の読み方

実験 3 の前半

> 油脂中の①，③位のエステル結合を特異的に加水分解するリパーゼがある。油脂 A をこのリパーゼ水溶液中で充分に分解したところ，1 分子の油脂 A から 2 分子の脂肪酸が生成した。反応はそれ以上進行しなかった。

リパーゼは油脂の加水分解酵素であり，題意に従えば，ここでの油脂 A の加水分解の反応式は次の通りとなる。

$$\begin{array}{c}CH_2-OCOR' \\ | \\ CH-OCOR'' \\ | \\ CH_2-OCOR'\end{array} + 2H_2O \longrightarrow \begin{array}{c}CH_2-OH \\ | \\ CH-OCOR'' \\ | \\ CH_2-OH\end{array} + 2R'COOH$$

　　　　油脂 A　　　　　　　　　　　　　　　　　　　**脂肪酸**

実験 3 の後半

> この脂肪酸をニッケル触媒の存在下で水素と反応させたが，水素は付加されなかった。

加水分解によって生成した 2 分子の脂肪酸 R′COOH は，水素と付加反応を起こさない。

$$R'COOH + H_2 \longrightarrow \times$$

すなわち，R′COOH は飽和脂肪酸であり，R′ は**飽和炭化水素基**である。よって，R′ は C_nH_{2n+1} とおける。

わかったこと

R′ は飽和炭化水素基であり，C_nH_{2n+1} とおける。 ……読解Ⓐ

実験1の前半

油脂 A 884 mg を過不足なく加水分解するのに，168 mg の水酸化カリウムを要した。また，その反応生成物として，グリセリンと脂肪酸のカリウム塩が生じた。

油脂に水酸化ナトリウムや水酸化カリウムを加えて加熱すると，油脂は加水分解されて，グリセリンと高級脂肪酸のアルカリ金属塩になる。この塩基を用いた加水分解は，けん化と呼ばれる。知識 27 を参照し，油脂のけん化について，各物質の化学式やけん化の化学反応式を中心に，しっかりとまとめておこう。(1)

ここでの油脂 A のけん化の反応式は次の通りである。

$$\begin{array}{c} CH_2-OCOR' \\ | \\ CH-OCOR'' \\ | \\ CH_2-OCOR' \end{array} + 3KOH \longrightarrow \begin{array}{c} CH_2-OH \\ | \\ CH-OH \\ | \\ CH_2-OH \end{array} + \begin{array}{c} R'COOK \\ R''COOK \\ R'COOK \end{array}$$

油脂 A

先生「油脂 A 1 mol をけん化するには，水酸化カリウムが 3 mol 必要だ。より具体的には，油脂 A の分子量を M_A とおけば，油脂 M_A (g) をけん化するには，水酸化カリウム（式量＝56）が $3 \times 56 \times 10^3$ mg 必要だということだ」

生徒「ということは，題意から，次の比例式が成立しますね。

$$\frac{\text{けん化に必要な KOH の質量（mg）}}{\text{油脂の質量（g）}} = \frac{3 \times 56 \times 10^3}{M_A} = \frac{168}{0.884}$$

これを解くと，$M_A = 884$ が求まります」

答え 油脂 A の**分子量は 884** である。
(2)

先生「$\dfrac{\text{けん化に必要な KOH の質量（mg）}}{\text{油脂の質量（g）}}$，すなわち，油脂 1 g をけん化するのに必要な KOH の mg 数をけん化価といい，けん化価の値からは，前述のように，油脂の分子量（平均分子量）を求めることができる。さて，この分子量をさらに詳細に検討すると？」

生徒「はい，油脂 A の化学式 $\begin{array}{l}CH_2-OCOR' \\ CH-OCOR'' \\ CH_2-OCOR'\end{array}$ において，R′ と R″ とを除く部分の式量は 173 なので，R′＋R″＋R′＝884－173＝711 ですね」

> **わかったこと**
> R′＋R″＋R′ の式量は 711 である。……読解Ⓑ

実験 1 の後半

> さらに，反応溶液を酸性にすると，グリセリンと 2 種類の脂肪酸が得られた。

弱酸の塩に強酸を作用させると，弱酸が遊離（析出）する。 知識 26 を参照し，弱酸の遊離について，芳香族化合物を例に，加える試薬や水層－エーテル層間の移動などを含め，しっかりとまとめておこう。

ここでの弱酸遊離の反応式は次の通りである。

$$R'COOK + H^+ \longrightarrow R'COOH + K^+$$
$$R''COOK + H^+ \longrightarrow R''COOH + K^+$$

実験 2 の前半

> ニッケル触媒の存在下で 884 mg の油脂 A を水素と反応させると，67.2 cm^3（標準状態に換算）の水素を吸収して油脂 B となった。

【実験 3 の後半】の読解Ⓐより明らかに，R′（C_nH_{2n+1} とおける）中には炭素原子間の**二重結合はない**。R″中に，炭素原子間の二重結合が a 個あったとすると，ここでの油脂 A への水素付加の反応式は次の通りである。

$$
\begin{array}{c}
\text{CH}_2-\text{OCOC}_n\text{H}_{2n+1} \\
| \\
\text{CH}-\text{OCOR}'' \\
| \\
\text{CH}_2-\text{OCOC}_n\text{H}_{2n+1} \\
\text{油脂 A}
\end{array}
+ a\text{H}_2 \longrightarrow
\begin{array}{c}
\text{CH}_2-\text{OCOC}_n\text{H}_{2n+1} \\
| \\
\text{CH}-\text{OCOC}_m\text{H}_{2m+1} \\
| \\
\text{CH}_2-\text{OCOC}_n\text{H}_{2n+1} \\
\text{油脂 B}
\end{array}
$$

飽和炭化水素基となる！

【実験3の後半】の読解Ⓐより明らかに，元々，飽和炭化水素基である！

先生「油脂A 1 molには a〔mol〕の水素が付加する。より具体的には，油脂Aの分子量は884だから，油脂884 gには $a \times 22.4 \times 10^3$〔cm³〕（標準状態に換算）の水素が付加するということだ」

生徒「ということは，題意から，次の比例式が成立しますね。

$$\frac{\text{付加する H}_2\text{の体積（cm}^3\text{）}}{\text{油脂の質量（g）}} = \frac{a \times 22.4 \times 10^3}{884} = \frac{67.2}{0.884}$$

これを解くと，$a=3$ が求まります」

先生「R″中に含まれる炭素原子間の二重結合の数は**3個**というわけだね。さて，このことから，R″をさらに詳細に検討すると？」

生徒「はい，R″＋3H₂＝$C_m H_{2m+1}$ より，R″＝$C_m H_{2m-5}$ となります」

> 🧩 **わかったこと**
>
> R″中に含まれる炭素原子間の二重結合の数は**3個**である。
> R″は不飽和炭化水素基であり，$C_m H_{2m-5}$ とおける。……読解Ⓒ

実験2の後半

> さらに，油脂Bを水酸化ナトリウムで加水分解すると，グリセリンと1種類の脂肪酸のナトリウム塩のみが得られた。

ここでの油脂Bのけん化の反応式は次の通りである。

$$
\begin{array}{c}
\text{CH}_2-\text{OCOC}_n\text{H}_{2n+1} \\
| \\
\text{CH}-\text{OCOC}_m\text{H}_{2m+1} \\
| \\
\text{CH}_2-\text{OCOC}_n\text{H}_{2n+1} \\
\text{油脂 B}
\end{array}
+ 3\text{NaOH} \longrightarrow
\begin{array}{c}
\text{CH}_2-\text{OH} \\
| \\
\text{CH}-\text{OH} \\
| \\
\text{CH}_2-\text{OH} \\
\text{グリセリン}
\end{array}
+
\begin{array}{c}
C_n H_{2n+1}\text{COONa} \\
C_m H_{2m+1}\text{COONa} \\
C_n H_{2n+1}\text{COONa} \\
\text{脂肪酸のナトリウム塩}
\end{array}
$$

ただし，題意の『**1種類の脂肪酸のナトリウム塩のみが得られた**』より，$C_n H_{2n+1}$COONa と $C_m H_{2m+1}$COONa とは互いに等しい化合物である。つまり，油脂Aを構成する2種類の脂肪酸の炭素原子数は互いに等しい（$n=m$）。

また，$n=m$ より，上述の**読解**ⓒは次のようにも言い換えられる。

　　R″は不飽和炭化水素基であり，C_nH_{2n-5} とおける。

> 🧩 **わかったこと**
>
> 　油脂Aを構成する2種類の脂肪酸の炭素原子数は互いに等しい $(n=m)$。
> 　R″は不飽和炭化水素基であり，C_nH_{2n-5} とおける。……**読解**ⓓ

ここで，**読解**Ⓐ〜**読解**Ⓓを再検討してみよう。

R′は飽和炭化水素基であり，C_nH_{2n+1} とおける。　　　……**読解**Ⓐ

R′＋R″＋R′の式量は711である。　　　　　　　　　　　　……**読解**Ⓑ

R″は不飽和炭化水素基であり，C_nH_{2n-5} とおける。　　　……**読解**Ⓓ

　以上の**読解**Ⓐ，Ⓑ，Ⓓから

$$R' + R'' + R' = C_nH_{2n+1} + C_nH_{2n-5} + C_nH_{2n+1}$$
$$= C_{3n}H_{6n-3} = 42n - 3 = 711$$

より，$\underline{n=17}_{(3)}$ が求まる。

よって，題意の油脂Aは

$$\begin{array}{l} CH_2-OCOR' \\ CH-OCOR'' \\ CH_2-OCOR' \end{array}$$

は，

$$\begin{array}{l} CH_2-OCOC_nH_{2n+1} \\ CH-OCOC_nH_{2n-5} \\ CH_2-OCOC_nH_{2n+1} \end{array}$$

とも表され，$n=17$ であることから

$$\begin{array}{l} CH_2-OCOC_{17}H_{35} \\ CH-OCOC_{17}H_{29} \\ CH_2-OCOC_{17}H_{35} \end{array}$$

と決定する。

> **答え**
>
> 油脂Aは，
> $$\begin{array}{l} CH_2-OCOC_{17}H_{35} \\ CH-OCOC_{17}H_{29} \\ CH_2-OCOC_{17}H_{35} \end{array}$$
> (4)
> である。

解答
(1) けん化
(2) 884
(3) 3個，17個
(4)
$$\begin{array}{l} CH_2-OCOC_{17}H_{35} \\ CH-OCOC_{17}H_{29} \\ CH_2-OCOC_{17}H_{35} \end{array}$$

PART 3 芳香族化合物

生徒 「芳香族化合物における基幹物質はベンゼンですよね」

先生 「もちろんその通りだ。ただ，ベンゼンに比べて反応性に富む，フェノールやアニリン，また，トルエンなどにも注目したいね。ベンゼンは石油から得られるが，アセチレンを三分子重合させることによっても得ることができる。その知識を題材にした芳香族炭化水素の構造異性体（位置異性体）に関する問題12 は，パズルを解くような感覚で，楽しんで解いてほしいものだね。ベンゼンからフェノールを合成する流れ，および，それに続いてフェノールから（サリチル酸を経由して）医薬品を合成する流れに関する問題13，ベンゼンからアニリンを合成する流れ，および，それに続いてアニリンからかつて医薬品として用いられた化合物を合成する流れに関する問題17，または，アニリンの合成に引き続いてアニリンから染料を合成する流れに関する問題18，芳香族炭化水素から芳香族カルボン酸を合成する流れに関する問題13 の一部，問題14，フェノールやトルエンから爆薬を合成する流れに関する問題21 の一部などは頻出だよ」

生徒 「フェノールをはじめとするフェノール類は，カルボン酸とエステル結合して，芳香族エステルを形成しますね」

先生 「そうだね。芳香族のアルコールとカルボン酸や，芳香族カルボン酸とアルコールなども，芳香族エステルを形成する。芳香族カルボン酸とアルコールとの間の芳香族エステルの形成・芳香族エステルの加水分解に関する問題15，フェノール類（および，芳香族のアルコール）とカルボン酸との間の芳香族エステルの形成・芳香族エステルの加水分解に関する問題16 は，頻出であるばかりでなく，その読解には総合的な知識を必要とする。言い換えれば，その十分な理解は強力なアイテムになるので，しっかりと確認しておこう。ちなみに，問題15 の題材はモノエステル，問題16 の題材はジエステルだ。両者の"雰囲気"の違いに慣れておくといいね」

生徒	「また，アニリンなどの芳香族アミンも，カルボン酸とアミド結合して，芳香族アミドを形成しますね」
先生	「そうだね。芳香族アミンとカルボン酸は，芳香族アミドを形成する。芳香族アミンとカルボン酸との間の芳香族アミドの形成・同芳香族アミドの加水分解に関する問題19も頻出であるため，しっかりと理解しよう」
生徒	「芳香族エステルの加水分解や，芳香族アミドの加水分解では，複数の種類の芳香族化合物が生成することがあります。そういった部分の読解が難しく感じられます」
先生	「そのような場合の読解のためには，芳香族化合物の分離に関する問題20をしっかりと確認しておきたいね。塩基性を示す芳香族アミン，炭酸よりも強い酸性を示す芳香族カルボン酸，酸性を示すけれど，一般にその酸性は炭酸よりも弱いフェノール類，そのほかの中性を示す芳香族化合物，これらは，酸や塩基の水溶液に対する溶解性の違いを利用して分離できる。その基本的な概念に，具体的な例を加えて，しっかりと身に付けてしまえば，芳香族エステルの加水分解や，芳香族アミドの加水分解における実験操作の読解などにも自在に応用できるからね」
生徒	「私達が学習する医薬品には，芳香族化合物であるものが多いですね」
先生	「確かにそのようだね。医薬品の合成に関する問題21も確認しておこう。医薬品の合成といっても，特別の知識は必要ない。ベンゼンからフェノールやアニリンを合成する流れ，フェノールやアニリンから医薬品や染料を合成する流れなどで確認した反応（官能基の変化）をさまざまに活用しているだけだからね」

THEME 12 芳香族炭化水素

問題 12 以下の文章を読み，空欄 (A)，(B) に適当な数字（整数）を入れよ。ただし，各炭化水素の構造式は次の通りである。また，位置異性体については，すべて異なる化合物であると考えよ。

アセチレン：H−C≡C−H
プロピン　：H−C≡C−CH₃
1-ブチン　：H−C≡C−CH₂−CH₃

アセチレンは高温にて加熱した場合，あるいは触媒を作用させた場合に，3分子が下式のように重合してベンゼンが得られることが知られている。

同様の反応（三量化反応）は2種類，あるいは3種類のアルキンを混合した場合にも進行する。例えば，アセチレンとプロピンを混合した場合には，上述のベンゼン以外に，アセチレン2分子とプロピン1分子が重合して得られる化合物，アセチレン1分子とプロピン2分子が重合して得られる化合物，プロピン3分子が重合して得られる化合物など，その三量化反応においては最大で (A) 種類の化合物が生成する可能性がある。

上述の三量化反応を参考にして考えると，プロピンと1-ブチンを混合した場合には，その三量化反応においては最大で (B) 種類の化合物が生成する可能性がある。

東京理科大

問題 12 の読み方

1〜10 行目

> アセチレンは〜 [A] 種類の化合物が生成する可能性がある。

ここでは、アセチレンとプロピンを混合した場合の三量化が題材である。

STEP 1 『アセチレンは高温にて加熱した場合、あるいは触媒を作用させた場合に、3分子が下式のように重合してベンゼンが得られることが知られている。』

次のように3分子が重合（三量化）して、ベンゼンが得られる。

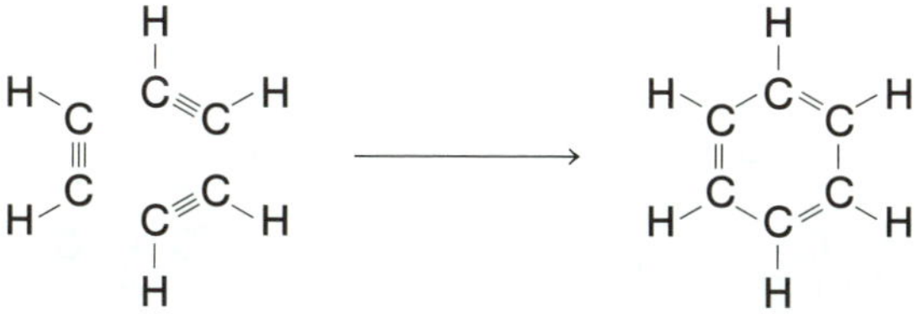

（アセチレン3分子 → ベンゼン の構造式）

STEP 2 『同様の反応（三量化反応）は2種類、あるいは3種類のアルキンを混合した場合にも進行する。例えば、アセチレンとプロピンを混合した場合には、上述のベンゼン以外に、アセチレン2分子とプロピン1分子が重合して得られる化合物、』

アセチレン2分子とプロピン1分子の重合によって、ベンゼンのメチル基による一置換体である、トルエンが生成する。

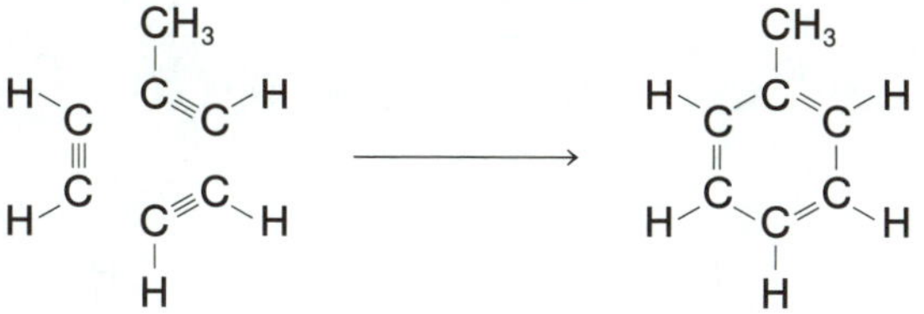

（アセチレン2分子＋プロピン1分子 → トルエン の構造式）

STEP 3 『アセチレン1分子とプロピン2分子が重合して得られる化合物、』

アセチレン1分子とプロピン2分子の重合によって、ベンゼンのメチル基による二置換体である、3種類のキシレン（o-, m-, p-）が生成する。

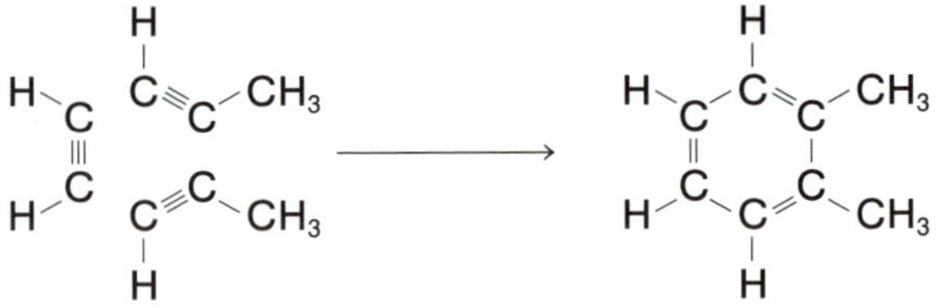

o-キシレン

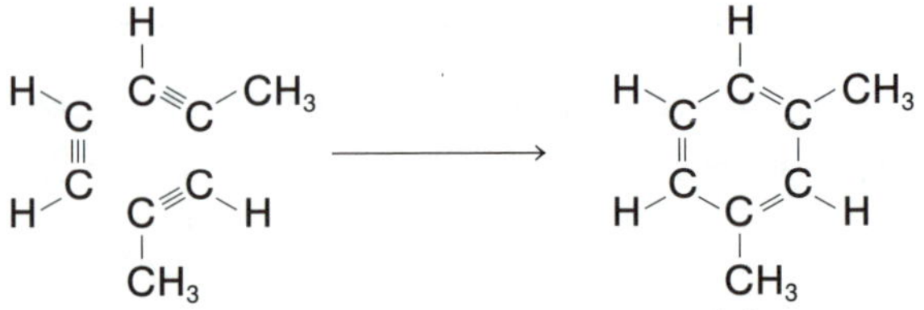

m-キシレン

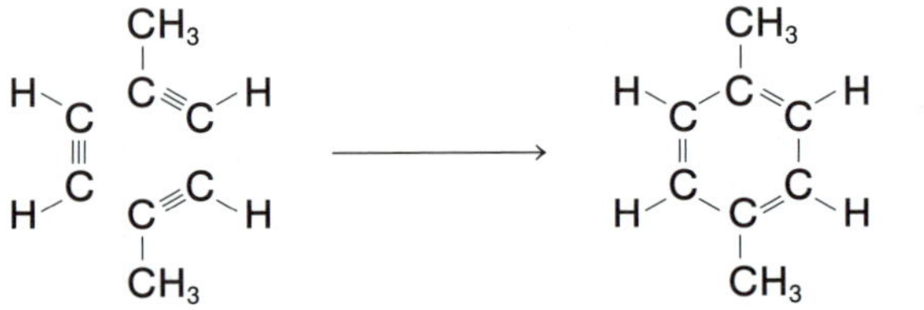

p-キシレン

> [!STEP 4] 『プロピン 3 分子が重合して得られる化合物など，』

プロピンの 3 分子重合によって，ベンゼンのメチル基による三置換体が 2 種類生成する。

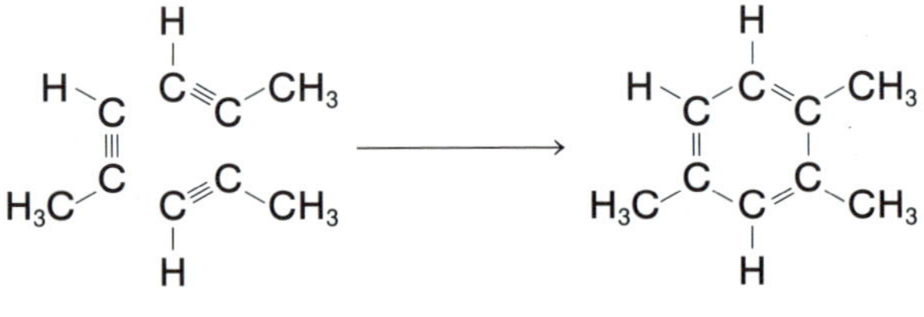

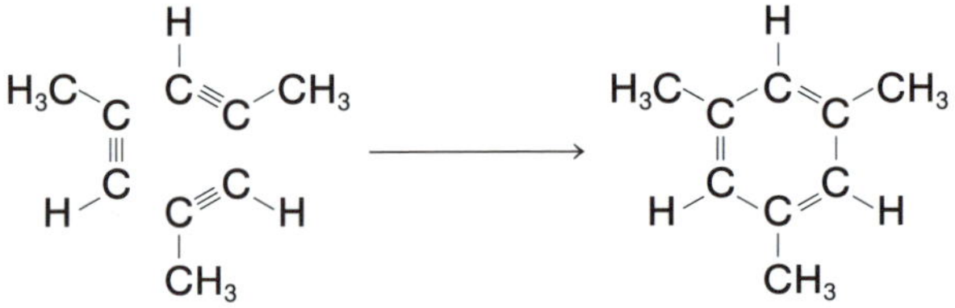

STEP 5 『その三量化反応においては最大で (A) 種類の化合物が生成する可能性がある。』

前述のように，アセチレンとプロピンを混合した場合には，ベンゼン，トルエン，3種類のキシレン（o-，m-，p-），2種類のベンゼンのメチル基による三置換体，合計 **7** 種類の化合物が生成する可能性がある。ちなみに，3つのメチル基がすべて隣り合ったベンゼンのメチル基による三置換体は生成しない。

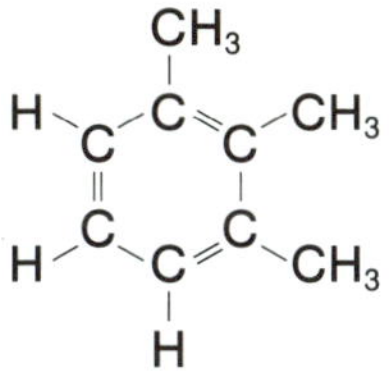

が生成するためには，アセチレン，プロピンに加えて，2-ブチンが必要である。

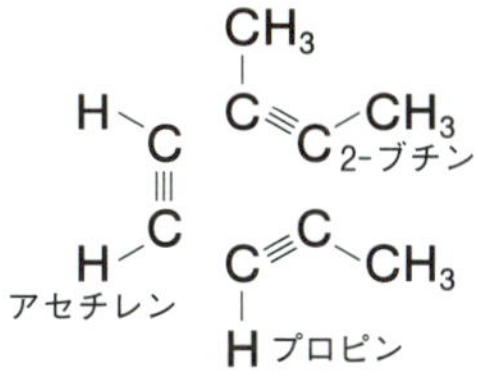

11～13 行目

上述の三量化反応を参考にして考えると，プロピンと 1-ブチンを混合した場合には，その三量化反応においては最大で (B) 種類の化合物が生成する可能性がある。

STEP 1 『上述の三量化反応を参考にして考えると，』

上述の三量化反応（【1～10 行目】の **STEP 5**）を参考にして考えると，H－C≡C－R_n という構造のアルキンの三分子重合（三分子とも R_n≠H である場合）では，R_n が次のように位置した 2 種類の化合物しか得られないことがわかる。

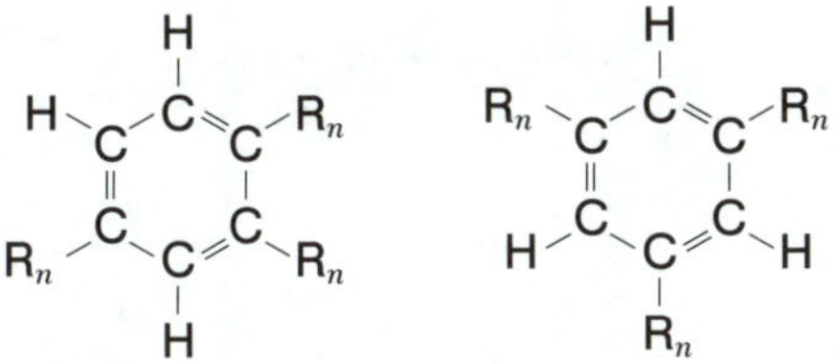

(R_n≠H)

STEP 2 『プロピンと 1-ブチンを混合した場合には，その三量化反応において最大で (B) 種類の化合物が生成する可能性がある。』

プロピンと 1-ブチンを混合した場合には，その三量化反応において，【1～10 行目】の **STEP 4** を参考にして考えた次頁のⅠ，Ⅱの通り，合計 **12** 種類

の化合物が生成する可能性がある。

Ⅰ 左下の構造においては，R_1，R_2，R_3 はそれぞれが異なった位置関係にあるので，可能性のある組み合わせは，右下に示す（①〜⑧）ように，8種類ある。

① $R_1=R_2=R_3=CH_3$
② $R_1=C_2H_5$，$R_2=R_3=CH_3$
③ $R_2=C_2H_5$，$R_1=R_3=CH_3$
④ $R_3=C_2H_5$，$R_1=R_2=CH_3$
⑤ $R_1=CH_3$，$R_2=R_3=C_2H_5$
⑥ $R_2=CH_3$，$R_1=R_3=C_2H_5$
⑦ $R_3=CH_3$，$R_1=R_2=C_2H_5$
⑧ $R_1=R_2=R_3=C_2H_5$

Ⅱ 左下の構造においては，R_4，R_5，R_6 はそれぞれが等価な位置関係にあるので，可能性のある組み合わせは，右下に示す（⑨〜⑫）ように，4種類ある。

⑨ $R_4=R_5=R_6=CH_3$
⑩ R_n の1つのみ $=C_2H_5$，他は $=CH_3$
⑪ R_n の1つのみ $=CH_3$，他は $=C_2H_5$
⑫ $R_4=R_5=R_6=C_2H_5$

以上，合計で12種類ある。以下は，その確認である。

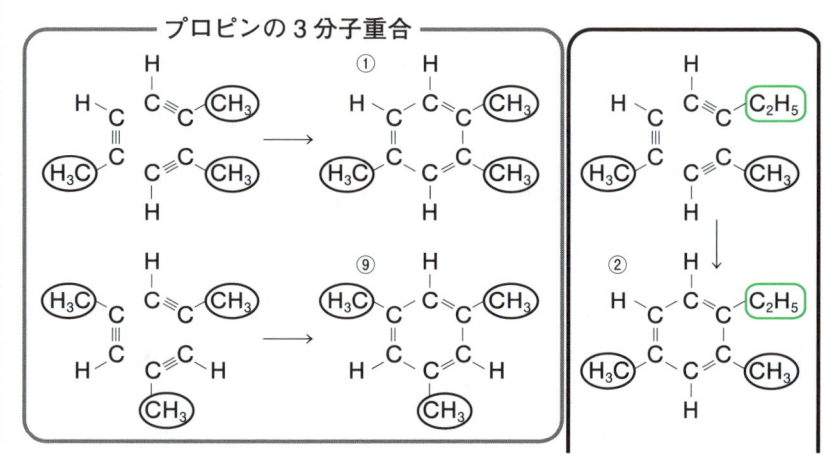

12 芳香族炭化水素

プロピン 2 分子と 1-ブチン 1 分子の重合

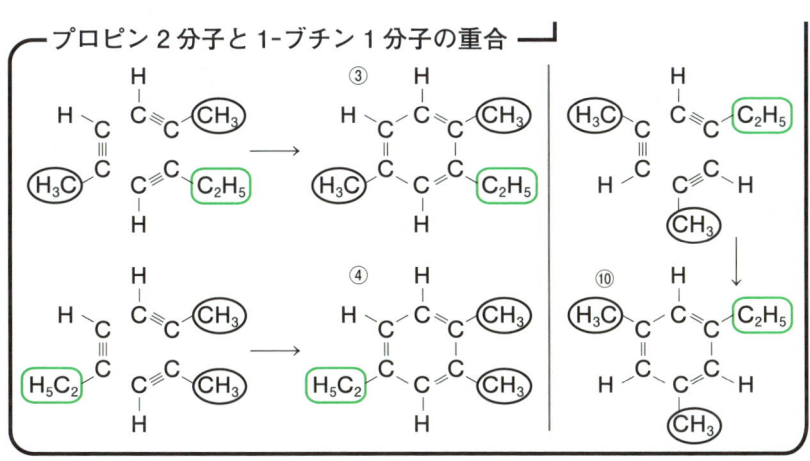

プロピン 1 分子と 1-ブチン 2 分子の重合

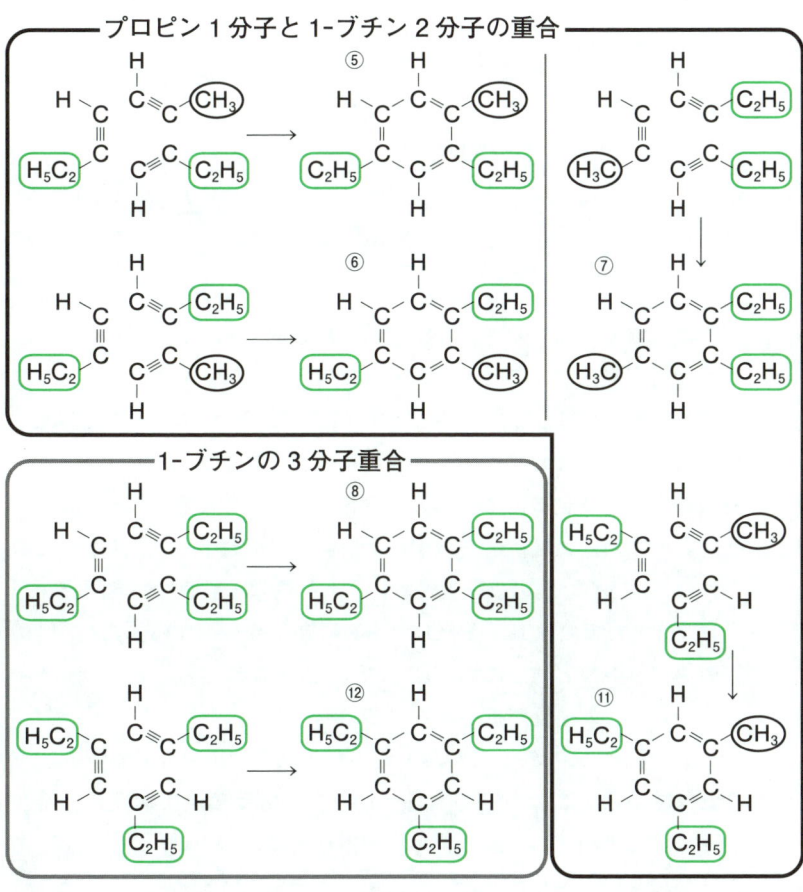

1-ブチンの 3 分子重合

解答 (A) 7　　(B) 12

THEME 13 フェノールとその誘導体

問題 13

次の文章を読み,以下の問いに答えよ。

pH 指示薬であるフェノールフタレイン(図1)は,試験管に化合物 A と B を入れ,よく混ぜ合わせ,数滴の濃硫酸を加えてから,小さい炎でおだやかに加熱することにより得られる。

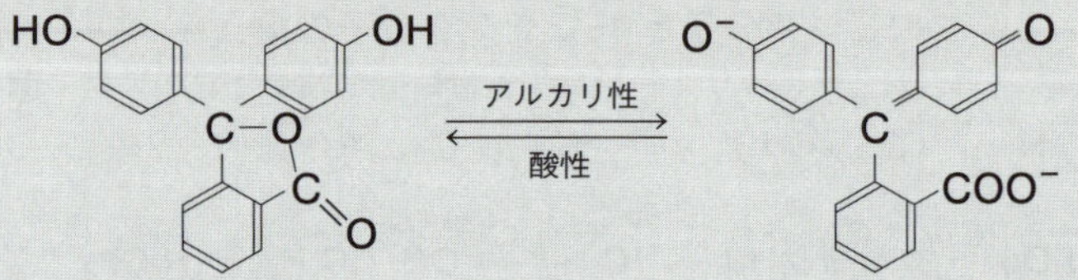

フェノールフタレイン(無色) ⇌(アルカリ性/酸性) 構造 F(赤色)

図1

A は工業的にはベンゼンと ア を原料として,芳香族炭化水素 イ を経由してアセトンとともに製造される。A のナトリウム塩を二酸化炭素の加圧下で加熱し,ついで酸で中和すると,C($C_7H_6O_3$)が得られる。C は分子内に 2 個の異なる官能基をもつ化合物で,それぞれの官能基に選択的に反応を行うことも可能である。例えば,C のメタノール溶液に濃硫酸を数滴加え,よく振り混ぜ,おだやかに加熱した後冷却し,①反応液を炭酸水素ナトリウム水溶液にかき混ぜながら注ぐと,独特の強い芳香をもつ油状物質 D が分離する。また,C に過剰の無水酢酸と数滴の濃硫酸を加え,60℃でかき混ぜた後,氷で冷却すると,E の結晶が析出する。

一方,B は,工業的には V_2O_5 を触媒として,o-キシレンを高温下で酸化することにより得られる。B をアルカリ溶液に加熱して溶かし,塩酸で中和すると固体 ウ が得られる。②固体 ウ を過剰の飽和炭酸水素ナトリウム水溶液に加えると発泡する。

(1) 化合物 A, B, C, D, E の構造式を，構造式の記入例にならって記せ。

〈構造式の記入例〉 Br—〇—NO₂

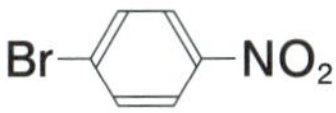

(2) 化合物 ［ア］，［イ］，［ウ］の名称を記せ。

(3) 下線部①の D を得る操作において，炭酸水素ナトリウム水溶液の代わりに，水酸化ナトリウム水溶液を用いるのはよくない。その理由を，50字程度で述べよ。

(4) 下線部②の操作でどのような反応が起きたのかを，反応式の記入例にならって反応式で示せ。

〈反応式の記入例〉

〇—COOC₂H₅ ＋ NaOH ⟶ 〇—COONa ＋ C₂H₅OH

京都大

問題13 の読み方

4, 5行目

> A は工業的にはベンゼンと ［ア］ を原料として，芳香族炭化水素 ［イ］ を経由してアセトンとともに製造される。

『A は工業的にはベンゼンを原料として，アセトンとともに製造される』ことから，この段落が，**クメン法によるフェノールの合成**について述べていることは明らかである。ベンゼンも触媒の存在下で置換反応や付加反応（置換反応＞付加反応）を起こすが，ベンゼンから誘導されるフェノールは，ベンゼンと比較して，より反応性に富む化合物である。知識28 を参照し，ベンゼンの反応性について，その具体例を念頭に，しっかりとまとめておこう。また，知識35 を参照し，フェノールの反応性について，ベンゼンの反応性との比較を念頭に，しっかりとまとめておこう。

フェノールの工業的な製法には，**クメン法，アルカリ融解による方法**（知識33 を参照し，アルカリ融解によってベンゼンからフェノールを合成する流れについて，用いる試薬，反応名を含め，しっかりとまとめておこう），**クロロベンゼンを経由する方法**などがある。そのうち，クメン法の合成経路は次頁の通りである。

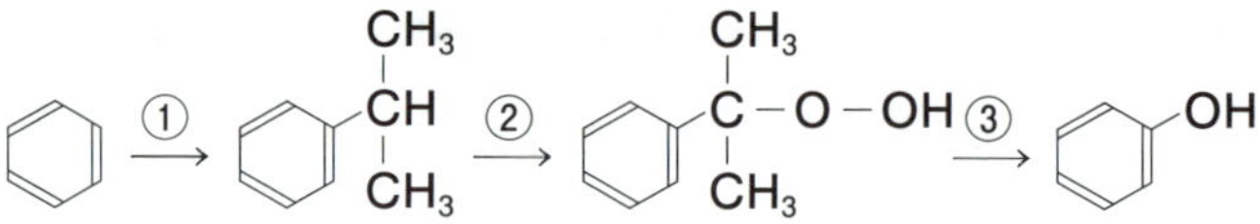

CH3
CH
CH3
CH3
C－O－OH
CH3
OH
①
②
③

ベンゼン　クメン　クメンヒドロペルオキシド　フェノール

①では，ベンゼンに**プロペン**（プロピレン）を作用させ，プロペンへのベンゼンの付加が行われる。

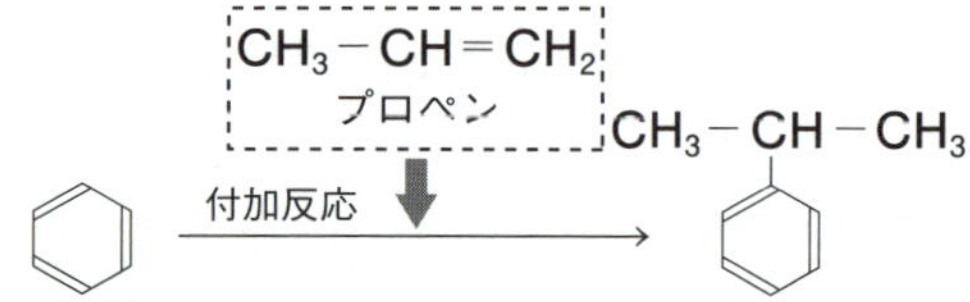

CH3－CH＝CH2
プロペン
CH3－CH－CH3
付加反応

ベンゼン　クメン

③では，フェノールと同時に**アセトン**も生成する。

知識 32 を参照し，クメン法によってベンゼンからフェノールを合成する流れについて，用いる試薬の種類，反応名を含め，しっかりとまとめておこう。

答え

よって，A は**フェノール**
OH
(1) A ，（ア）は**プロペン(プロピレン)**，(2)

（イ）は**クメン**である。(2)

5～7行目

A のナトリウム塩を二酸化炭素の加圧下で加熱し，ついで酸で中和すると，C（$C_7H_6O_3$）が得られる。

『A（フェノール）のナトリウム塩を二酸化炭素の加圧下で加熱し，ついで酸で中和する』ことと，生成物である C の分子式（$C_7H_6O_3$）とから，この部分が，フェノールからのサリチル酸の合成について述べていることは明らかである。

フェノールからの，サリチル酸の合成経路は，次の通りである。知識 36 を参照し，フェノールからサリチル酸を合成する流れについて，用いる試薬の種類，反応名，化学反応式を含め，しっかりとまとめておこう。

OH
ONa
OH
COONa
OH
COOH

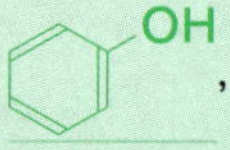

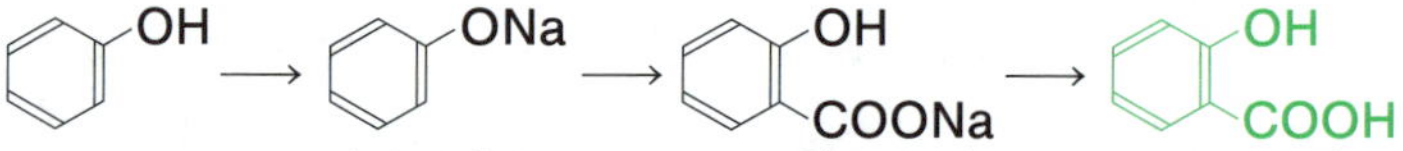

フェノール　ナトリウムフェノキシド　サリチル酸ナトリウム　サリチル酸

答え

よって，C は**サリチル酸** 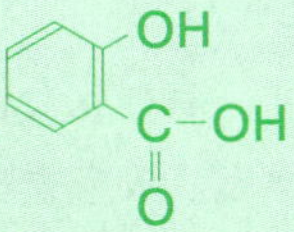 である。

(1) C

7，8 行目

C は分子内に 2 個の異なる官能基をもつ化合物で，それぞれの官能基に選択的に反応を行うことも可能である。

C（サリチル酸）はフェノール性のヒドロキシ基をもち，フェノール類としての性質をもっているので，**カルボン酸との間にエステルを形成する**。また，C（サリチル酸）はカルボキシ基をもち，カルボン酸としての性質をもっているので，**アルコール（またはフェノール類）との間にエステルを形成する。**

8〜11 行目

例えば，C のメタノール溶液に濃硫酸を数滴加え，よく振り混ぜ，おだやかに加熱した後冷却し，①反応液を炭酸水素ナトリウム水溶液にかき混ぜながら注ぐと，独特の強い芳香をもつ油状物質 D が分離する。

C（サリチル酸）に，メタノールと濃硫酸を加え，加熱すると，**サリチル酸メチル**（油状物質）が生成する（エステル化）。（知識 37 参照）

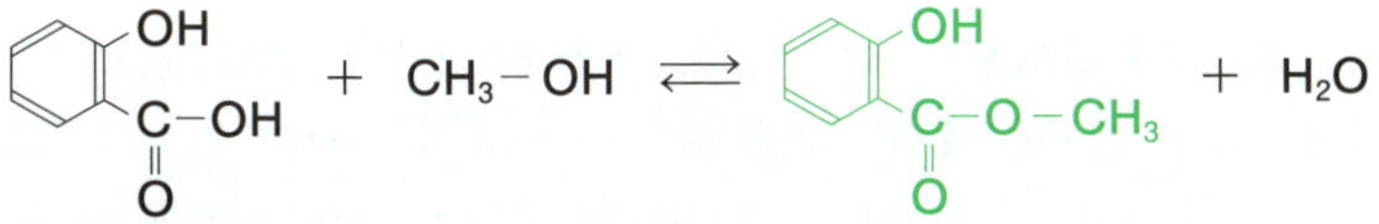
OH
C−OH
O
＋
CH_3-OH
OH
C−O−CH_3
O
＋ H_2O
サリチル酸
メタノール
サリチル酸メチル

答え

よって，D は**サリチル酸メチル** 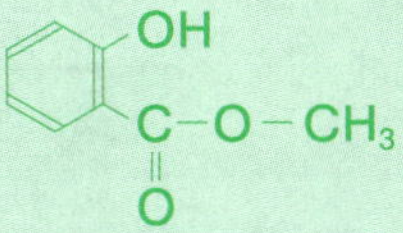 である。

(1) D

生徒「反応液中には未反応のサリチル酸も含まれているはずですよね。どうして D（サリチル酸メチル）だけが『分離』されるのですか」

先生「炭酸水素ナトリウム水溶液を加えているのは何のためだい」

生徒「何のためかはわからないです」

先生「じゃあ説明するよ。まず，有機化合物と炭酸水素ナトリウム水溶液との反応について考えてみよう。安息香酸のように，炭酸よりも強い酸性を示す官能基である**カルボキシ基をもっていれば，炭酸水素ナトリウム水溶液に溶けて二酸化炭素を発生する**。サリチル酸は，カルボキシ基をもっているから，この場合に相当する。

　知識 ③ を参照し，サリチル酸とその誘導体の性質について，互いを判別する方法を念頭に，しっかりとまとめておこう」

生徒「はい，サリチル酸は炭酸水素ナトリウム水溶液に溶けます」

先生「一方で，フェノールのように，(酸性の官能基としては)炭酸よりも弱い酸性を示す官能基である**フェノール性のヒドロキシ基しかもっていなければ，炭酸水素ナトリウム水溶液には溶けない**。サリチル酸メチルは，(酸性の官能基としては)フェノール性のヒドロキシ基しかもっていないから，この場合に相当する」（知識 ③ 参照）

生徒「はい，サリチル酸メチルは炭酸水素ナトリウム水溶液に溶けません。なるほど，『**未反応のサリチル酸は，炭酸水素ナトリウム水溶液と反応して塩となり，水溶液層に移ってしまう。生成したサリチル酸メチルは，炭酸水素ナトリウム水溶液と反応せず，油状に分離する**』ということですね」

先生「では質問だ。この炭酸水素ナトリウム水溶液を水酸化ナトリウム水溶液に代えたらどうなる？」

生徒「カルボキシ基はもとより，フェノール性のヒドロキシ基でも，とにかく酸性の官能基をもっていれば，水酸化ナトリウム水溶液とは反応します。だから，『化合物C（未反応のサリチル酸）も化合物D（生成したサリチル酸メチル）も水酸化ナトリウム水溶液と反応して塩となり，水溶液層に移ってしまい，分離できない』ということになります。だから，よくない！」

	サリチル酸	サリチル酸メチル
	COOH / OH 注目！	COOCH$_3$ / OH ← 注目！
炭酸水素ナトリウム水溶液	溶ける ○	溶けない ×
水酸化ナトリウム水溶液	溶ける ○	溶ける ○

11〜13 行目

> また，C に過剰の無水酢酸と数滴の濃硫酸を加え，60℃でかき混ぜた後，氷で冷却すると，E の結晶が析出する。

C（サリチル酸）に，無水酢酸と濃硫酸を作用させると，アセチルサリチル酸（結晶）が生成する（アセチル化）。（知識 37 参照）

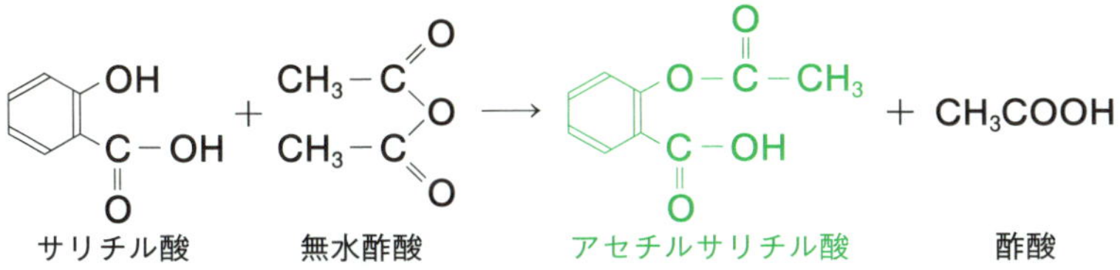

サリチル酸 + 無水酢酸 → アセチルサリチル酸 + CH_3COOH（酢酸）

答え

よって，E は **アセチルサリチル酸** 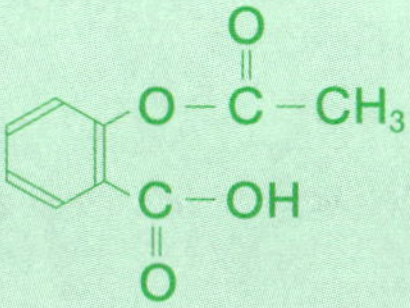 である。

(1) E

14〜17 行目

> 一方，B は，工業的には V_2O_5 を触媒として，o-キシレンを高温下で酸化することにより得られる。B をアルカリ溶液に加熱して溶かし，塩酸で中和すると固体 ウ が得られる。②固体 ウ を過剰の飽和炭酸水素ナトリウム水溶液に加えると発泡する。

先生「o-キシレンを酸化したら，何が得られるかな」
生徒「芳香族化合物の**側鎖の酸化**（知識 30 参照）を考えたら，フタル酸かなあ」
先生「『高温下で』って書いてあるけど」
生徒「フタル酸は，加熱されると，容易に分子内で脱水して無水フタル酸になる。だから，この場合は，無水フタル酸でしょうか」
先生「芳香族炭化水素の側鎖の酸化については，知識 30 を参照し，種々の化合物における場合を，具体的な例を中心に，しっかりとまとめておこう。
　というわけで，ここでは，次のような流れが述べられていると考えられる」

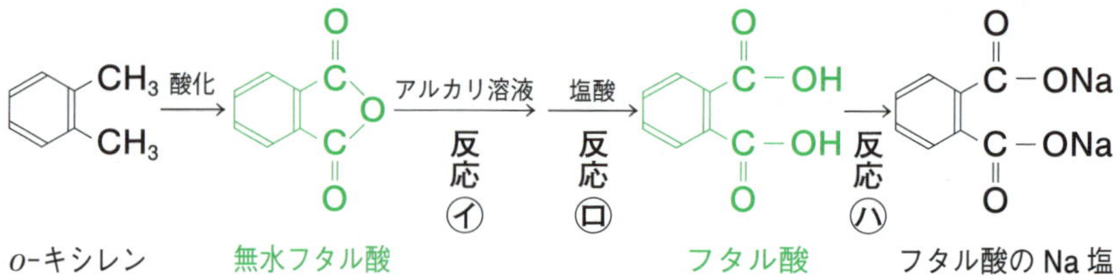

o-キシレン —酸化→ 無水フタル酸 —アルカリ溶液 反応㋑→ —塩酸 反応㋺→ フタル酸 —反応㋩→ フタル酸のNa塩

〈反応㋑〉 無水フタル酸[固体] + 2NaOH ⟶ フタル酸ニナトリウム[溶液中] + H_2O

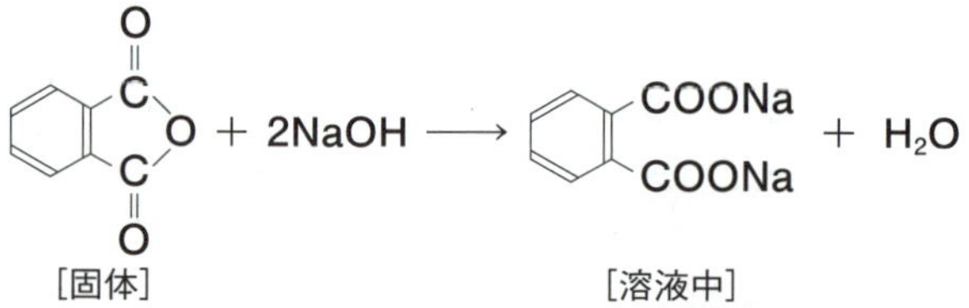

〈反応㋺〉 フタル酸ニナトリウム[溶液中] + 2HCl ⟶ フタル酸[析出] + 2NaCl

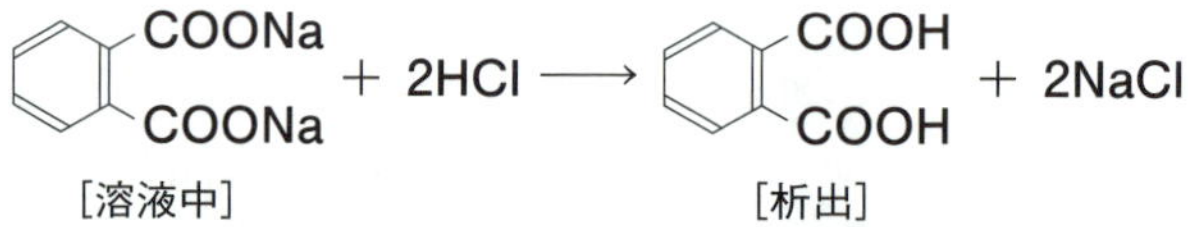

フタル酸を炭酸水素ナトリウム水溶液に加えると、次のような反応となる。(知識20参照)

〈反応㋩〉
$$\text{C}_6\text{H}_4(\text{COOH})_2 + 2\text{NaHCO}_3 \longrightarrow \text{C}_6\text{H}_4(\text{COONa})_2 + 2\text{H}_2\text{O} + 2\text{CO}_2$$

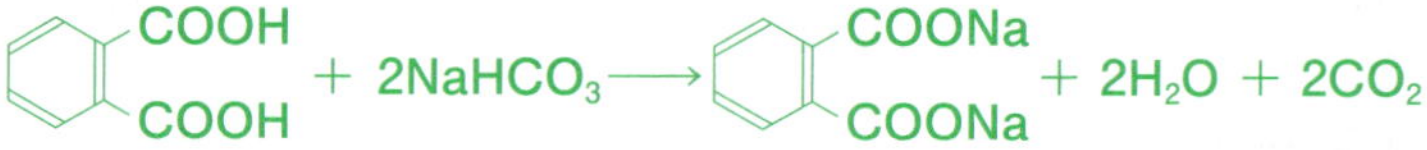

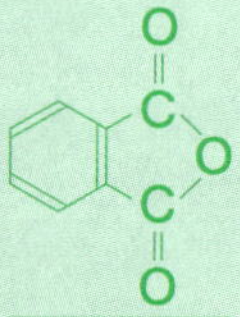

答え

(1) Bは**無水フタル酸**, (2) ㋒は**フタル酸**である。

(4) よって,下線部②の操作で起こる反応は,以下の通りである。

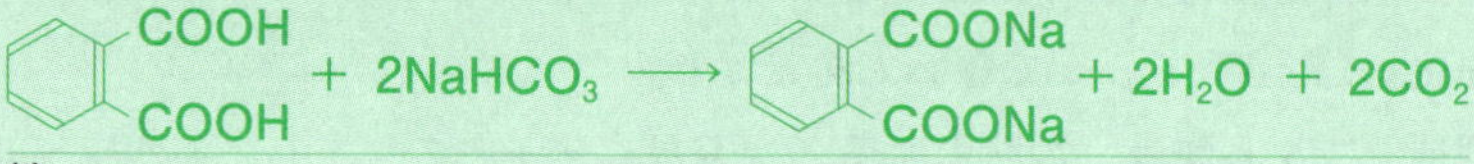

$$\text{C}_6\text{H}_4(\text{COOH})_2 + 2\text{NaHCO}_3 \longrightarrow \text{C}_6\text{H}_4(\text{COONa})_2 + 2\text{H}_2\text{O} + 2\text{CO}_2$$

1〜3行目

> pH指示薬であるフェノールフタレイン（図1）は，試験管に化合物AとBを入れ，よく混ぜ合わせ，数滴の濃硫酸を加えてから，小さい炎でおだやかに加熱することにより得られる。

フェノールフタレインは，そのベンゼン環の数や炭素原子の数などから考えて，化合物B（無水フタル酸）1分子と化合物A（フェノール）2分子とから合成されるものと想像できる。

解答

(1) A: フェノール　B: 無水フタル酸　C: サリチル酸　D: サリチル酸メチル　E: アセチルサリチル酸

(2) (ア) プロペン（プロピレン）　(イ) クメン　(ウ) フタル酸

(3) 化合物Cも化合物Dも水酸化ナトリウム水溶液と反応して塩となり，水溶液層に移ってしまい，分離できない。

(4) C₆H₄(COOH)₂ + 2NaHCO₃ ⟶ C₆H₄(COONa)₂ + 2H₂O + 2CO₂

THEME 14 芳香族カルボン酸

問題 14

次の文章を読み，以下の問いに答えよ。

> 　互いに異なる化合物 A，B，C は全てベンゼン環をもち，いずれも分子式 C_8H_{10} で示される。化合物 A のベンゼン環の水素原子1個をヒドロキシ基で置き換えて得られる化合物は1種類のみである。化合物 B のベンゼン環の水素原子1個をヒドロキシ基で置き換えた化合物には3種類の異性体が存在する。化合物 A と B は過マンガン酸カリウムで酸化すると，同じ分子式の化合物 D と E をそれぞれ与えた。化合物 D とメタノールの混合物に少量の濃硫酸を加えて加熱すると，炭素数10の中性化合物が得られた。一方，化合物 C は，過マンガン酸カリウムで酸化すると化合物 F を与えた。化合物 F のベンゼン環の水素原子1個をヒドロキシ基で置き換えた化合物には<u>3種類の異性体が存在する</u>。

(1) 化合物 A，B の構造式を記せ。

(2) 化合物 F の構造式を記せ。

(3) 下線部の異性体の1つは，ナトリウムフェノキシドを二酸化炭素の加圧下で加熱し，その後，希硫酸を作用させると得られる。この異性体の化合物名を書け。

北海道大

問題 14 の読み方

1，2行目

> 　互いに異なる化合物 A，B，C は全てベンゼン環をもち，いずれも分子式 C_8H_{10} で示される。

考えられる構造異性体を列挙してみよう。**ベンゼン環の一置換体が1種類，二置換体が3種類存在する。**

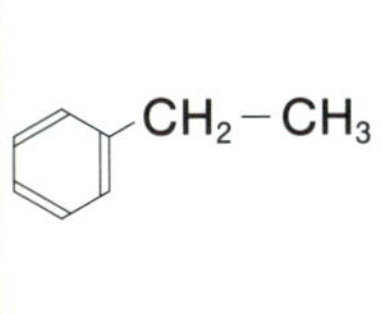 エチルベンゼン	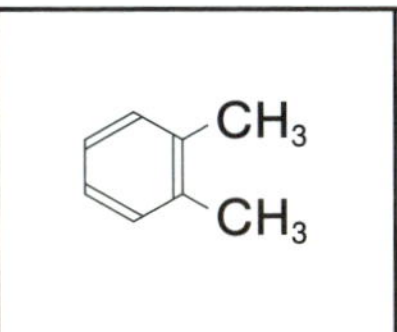 o-キシレン	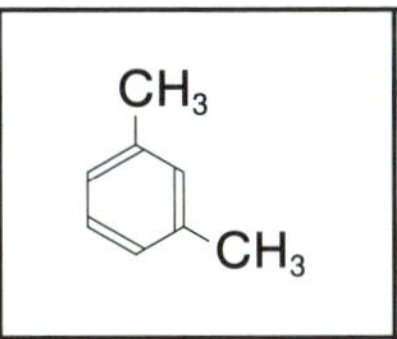 m-キシレン	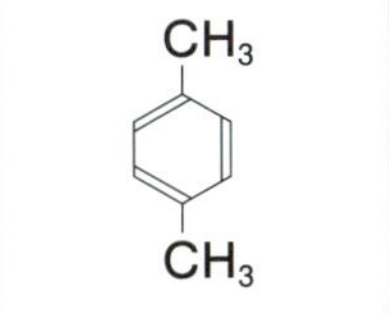 p-キシレン
ベンゼン環に CH_2-CH_3	ベンゼン環に CH_3, CH_3（隣接）	ベンゼン環に CH_3, CH_3（メタ）	ベンゼン環に CH_3, CH_3（パラ）

すなわち，化合物 A，B，C にはこの 4 種類の候補がある。

🧩 わかったこと

化合物 A，B，C は，エチルベンゼン，o-キシレン，m-キシレン，p-キシレンのいずれかである。

2～5 行目

化合物 A のベンゼン環の水素原子 1 個をヒドロキシ基で置き換えて得られる化合物は 1 種類のみである。化合物 B のベンゼン環の水素原子 1 個をヒドロキシ基で置き換えた化合物には 3 種類の異性体が存在する。

【1, 2 行目】の読解で列挙した 4 種類の化合物のそれぞれについて，『ベンゼン環の水素原子 1 個をヒドロキシ基で置き換えて得られる化合物』を検討してみよう。**エチルベンゼンと m-キシレンからは 3 種類の化合物が得られるが，o-キシレンからは 2 種類，p-キシレンからは 1 種類の化合物しか得られない。**

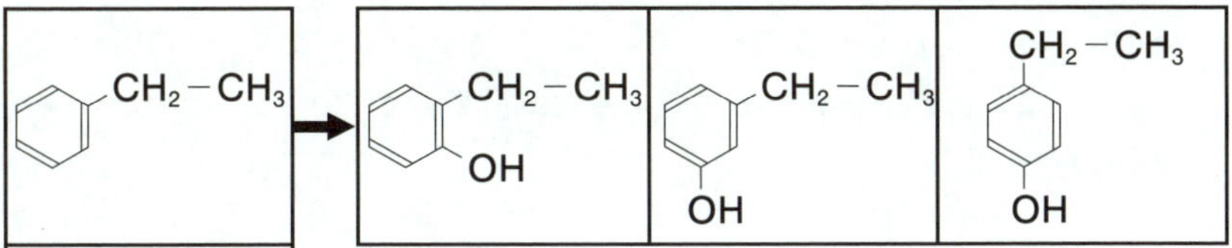

エチルベンゼン →	オルト-OH	メタ-OH	パラ-OH
CH_2-CH_3	CH_2-CH_3, OH（オルト）	CH_2-CH_3, OH（メタ）	CH_2-CH_3, OH（パラ）

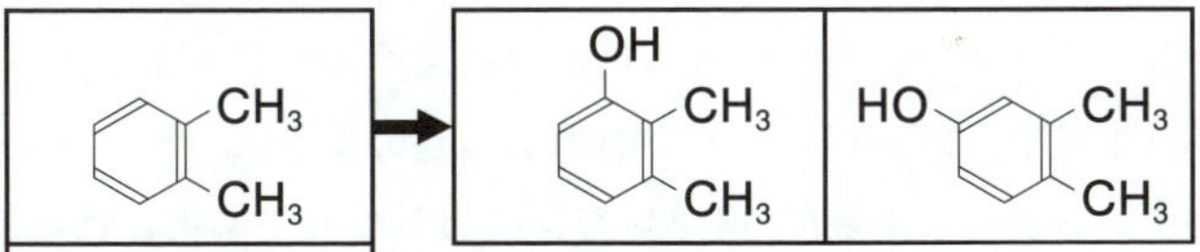

o-キシレン →		
CH_3, CH_3	OH, CH_3, CH_3	HO, CH_3, CH_3

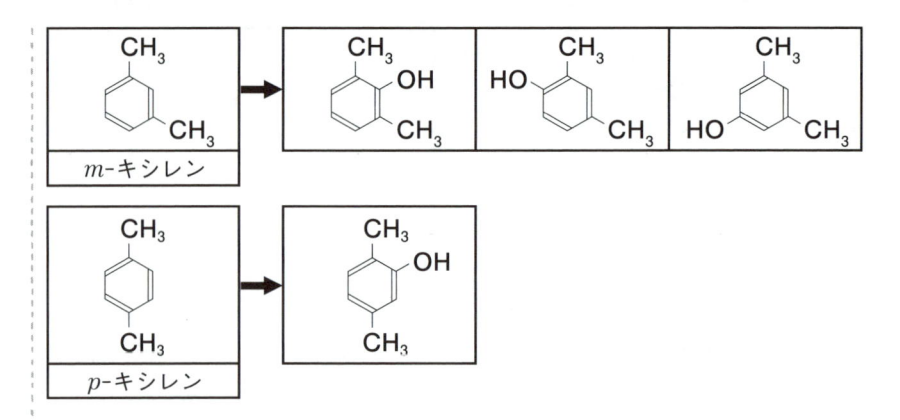

すなわち，1種類の化合物しか得られない化合物 A は，p-キシレンと決定する。3種類の化合物が得られる化合物 B には，エチルベンゼンと m-キシレンの2種類の候補がある。知識 44 を参照し，芳香族二置換体の判別法について，その具体例を念頭に，しっかりとまとめておこう。

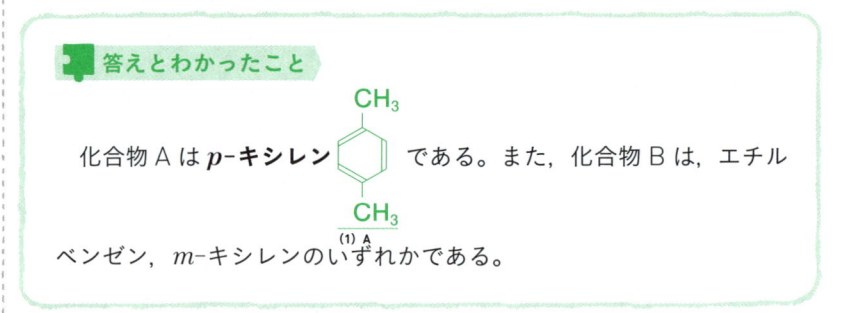

> **答えとわかったこと**
>
> 化合物 A は **p-キシレン** である。また，化合物 B は，エチルベンゼン，m-キシレンのいずれかである。

5〜8行目

> 化合物 A と B は過マンガン酸カリウムで酸化すると，同じ分子式の化合物 D と E をそれぞれ与えた。化合物 D とメタノールの混合物に少量の濃硫酸を加えて加熱すると，炭素数 10 の中性化合物が得られた。

【1, 2行目】の読解で列挙した4種類の化合物のそれぞれについて，『過マンガン酸カリウムで酸化すると与えられる化合物』を検討してみよう。

トルエンのメチル基や，エチルベンゼンのエチル基のように，ベンゼン環に直接に結合している炭化水素基は，過マンガン酸カリウムで酸化されると，カルボキシ基に変わってしまう。

知識 29 を参照し，芳香族炭化水素の側鎖の酸化について，その基本を，具体的な例を念頭に，しっかりとまとめておこう。

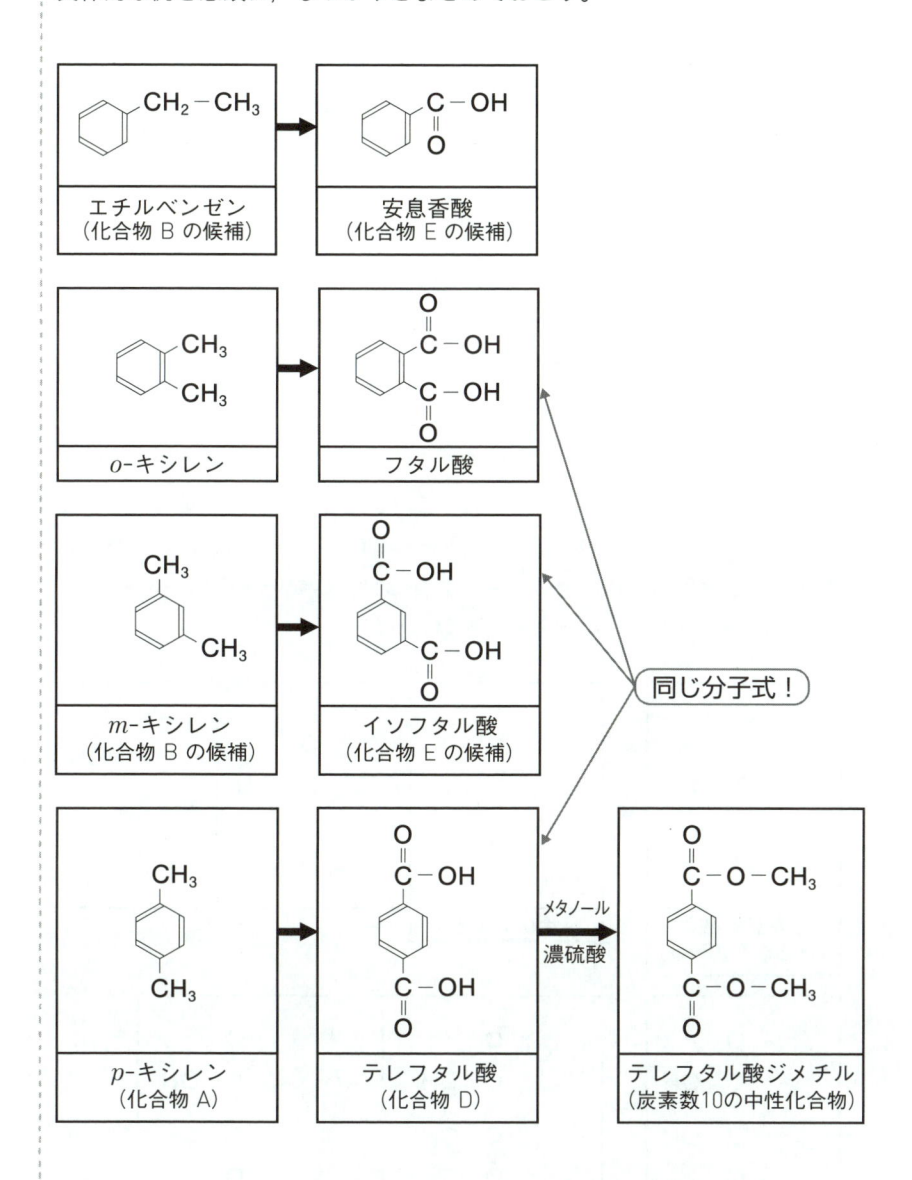

エチルベンゼン（化合物 B の候補）	安息香酸（化合物 E の候補）
o-キシレン	フタル酸
m-キシレン（化合物 B の候補）	イソフタル酸（化合物 E の候補）
p-キシレン（化合物 A）	テレフタル酸（化合物 D） → メタノール／濃硫酸 → テレフタル酸ジメチル（炭素数10の中性化合物）

同じ分子式！

すなわち，化合物 B の酸化生成物（E）が，化合物 A の酸化生成物（D）と同じ分子式をもつためには，化合物 B は **m-キシレン**でなければならない。

> **答え**
>
> 化合物 B は *m*-キシレン（CH₃基が1,3位に付いたベンゼン環の構造）である。また，化合物 D は**テレフタル酸**，化合物 E は**イソフタル酸**である。

8〜11行目

> 一方，化合物 C は，過マンガン酸カリウムで酸化すると化合物 F を与えた。化合物 F のベンゼン環の水素原子1個をヒドロキシ基で置き換えた化合物には<u>3種類の異性体が存在する</u>。

　以上の読解より，残る化合物 C の候補はエチルベンゼンと *o*-キシレン，化合物 F の候補は安息香酸とフタル酸となる。そこで，安息香酸とフタル酸について，『ベンゼン環の水素原子1個をヒドロキシ基で置き換えて得られる化合物』を検討してみよう。安息香酸からは3種類の化合物が得られるが，フタル酸からは2種類の化合物しか得られない。

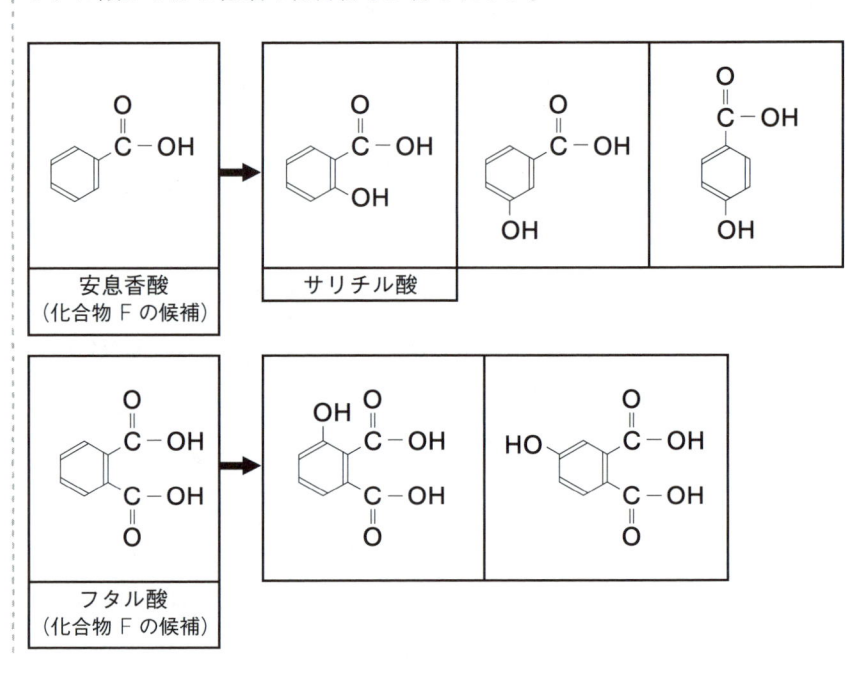

| 安息香酸（化合物 F の候補） | → | サリチル酸 | | |

| フタル酸（化合物 F の候補） | → | | |

すなわち，3種類の化合物が得られる化合物 F は，**安息香酸**と決定する。同時に，化合物 C は**エチルベンゼン**と決定する。

> **答え** 化合物 C は**エチルベンゼン**である。また，化合物 F は**安息香酸** 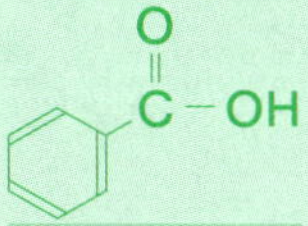
>
> (2) F: [ベンゼン環に -C(=O)-OH が結合した構造式] である。

> **(3)**
>
> 下線部の異性体の 1 つは，ナトリウムフェノキシドを二酸化炭素の加圧下で加熱し，その後，希硫酸を作用させると得られる。この異性体の化合物名を書け。

『ナトリウムフェノキシドを二酸化炭素の加圧下で加熱し，その後，希硫酸を作用させると得られる』化合物は，**サリチル酸**である。（知識 36 参照）確かにサリチル酸は，【8～11 行目】の読解で，下線部の異性体の 1 つとして列挙されている。

> **答え** (3)の解答は**サリチル酸**である。

解答 (1) A: [1,4-ジメチルベンゼン（p-キシレン）の構造式]　B: [1,3-ジメチルベンゼン（m-キシレン）の構造式]　(2) F: [安息香酸の構造式]

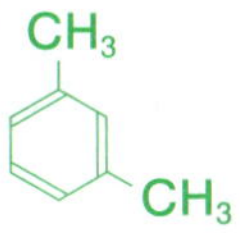

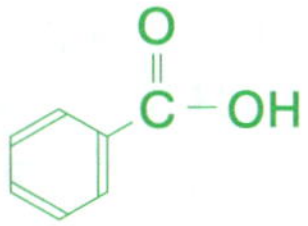

(3) **サリチル酸**

PART3 芳香族化合物

THEME 15 芳香族エステル①

問題 15

次の文章を読み，以下の問いに答えよ。必要があれば，原子量として次の値を用いよ。H＝1.0, C＝12.0, O＝16.0

化合物 A は炭素，水素，酸素からなる中性の芳香族化合物で分子量は 206 である。化合物 A 3.09 mg を完全燃焼させたところ，二酸化炭素 8.58 mg と水 2.43 mg を得た。化合物 A を水酸化ナトリウム水溶液とともに加熱し加水分解した。ついで反応物を冷却後，ジエチルエーテルを加えて激しく振り混ぜてから静置すると，エーテル層と水層とに分かれた。水層を希塩酸で酸性にしたところ，1 価のカルボン酸である化合物 B が得られた。水 100 mL に 89.8 mg の化合物 B を溶かし，それを 0.10 mol/L の水酸化ナトリウム水溶液で中和したところ 6.6 mL を要した。化合物 B は低温では過マンガン酸カリウム水溶液を脱色しないが，この混合液にアルカリを加えて加熱し，酸性にすると化合物 C が沈殿した。化合物 C を 160〜170℃で加熱すると容易に脱水して化合物 D となった。

エーテル層からは光学活性な化合物 E が得られた。これを酸性条件下で脱水したところ 2 種類のアルケン F, G を与えた。化合物 F, G をそれぞれオゾン分解すると，F からは 2 種類のアルデヒドが，G からはアルデヒドとケトンが得られた。なおここでのオゾン分解では，例に示すように二重結合が開裂し 2 つのカルボニル化合物を与える条件を用いている。

〈例〉 $\mathrm{CH_3-CH_2}$ C=C $\mathrm{CH_3}$ $\xrightarrow{\text{オゾン分解}}$ $\mathrm{CH_3-CH_2}$ C=O + O=C $\mathrm{CH_3}$
  　　　　　H 　　　CH₃ 　　　　　　　　　　H 　　　　　CH₃

(1) 化合物 A の分子式を求めよ。

(2) 化合物 B の分子量を求め，整数で答えよ。

(3) 化合物 A〜G の構造式を書け。

横浜市立大

問題15 の読み方

1～3行目

> 化合物Aは炭素，水素，酸素からなる中性の芳香族化合物で分子量は206である。化合物A 3.09 mgを完全燃焼させたところ，二酸化炭素8.58 mgと水2.43 mgを得た。

各原子の質量は，**炭素原子Cの質量** $= 8.58 \times \dfrac{12}{44} = 2.34$ (mg)

水素原子Hの質量 $= 2.43 \times \dfrac{2}{18} = 0.27$ (mg)

酸素原子Oの質量 $= 3.09 - (2.34 + 0.27) = 0.48$ (mg)

である。よって，各原子の原子数の比は，

$$C : H : O = \dfrac{2.34}{12} : \dfrac{0.27}{1} : \dfrac{0.48}{16} = 0.195 : 0.27 : 0.030$$

$$= \dfrac{0.195}{0.030} : \dfrac{0.27}{0.030} : \dfrac{0.030}{0.030} = 6.5 : 9.0 : 1.0 = \mathbf{13 : 18 : 2}$$

比の求め方：まず割り算を行う。
次に，一番小さい値ですべてを割り，最後に整数倍などして整数比に直す。

となる。すなわち，化合物Aの組成式は $C_{13}H_{18}O_2$（式量206）である。

また，化合物Aにおいては，組成式の式量と分子量とが等しい。すなわち，化合物Aの分子式も $\underset{(1)\ A}{C_{13}H_{18}O_2}$ である

答え 化合物Aの**分子式**は $\underset{(1)\ A}{C_{13}H_{18}O_2}$ である。

3～7行目

> 化合物Aを水酸化ナトリウム水溶液とともに加熱し加水分解した。ついで反応物を冷却後，ジエチルエーテルを加えて激しく振り混ぜてから静置すると，エーテル層と水層とに分かれた。水層を希塩酸で酸性にしたところ，1価のカルボン酸である化合物Bが得られた。

加水分解される構造には，**エステル結合** $-\underset{\underset{O}{\|}}{C}-O-$ や**アミド結合** $-\underset{\underset{O}{\|}}{C}-\underset{\underset{H}{|}}{N}-$ などがある。化合物 A は，『炭素，水素，酸素からなる中性の芳香族化合物』であり，**窒素を含まないから，エステル結合をもつと考えられる**。

> 🧩 **わかったこと**
> 化合物 A はエステル（化合物 B は 1 価のカルボン酸）である。

7～9 行目

> 水 100 mL に 89.8 mg の化合物 B を溶かし，それを 0.10 mol/L の水酸化ナトリウム水溶液で中和したところ 6.6 mL を要した。

化合物 B は 1 価のカルボン酸 RCOOH であり，水酸化ナトリウムと 1:1 で反応する。

  RCOOH ＋ NaOH ⟶ RCOONa ＋ H₂O

よって，化合物 B の分子量を M_B とおくと，
 化合物 B の物質量（mol）：NaOH の物質量（mol）
$= \dfrac{89.8 \times 10^{-3}}{M_B} : 0.10 \times \dfrac{6.6}{1000} = 1 : 1$

より，$M_B = 136.0$ と求まる。

🟢 **答え** 化合物 B の分子量は **136** である。
(2)

9～12 行目

> 化合物 B は低温では過マンガン酸カリウム水溶液を脱色しないが，この混合液にアルカリを加えて加熱し，酸性にすると化合物 C が沈殿した。化合物 C を 160～170℃で加熱すると容易に脱水して化合物 D となった。

文章を流れ図にしてみると，

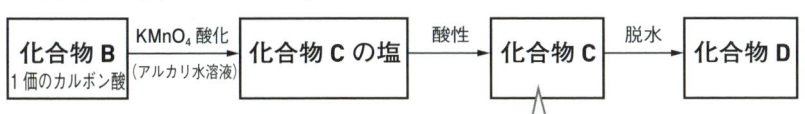

化合物 B（1価のカルボン酸） →[KMnO₄酸化（アルカリ水溶液）]→ 化合物 C の塩 →[酸性]→ 化合物 C →[脱水]→ 化合物 D

> カルボキシ基は，酸化によって失われることはないと考えられるので，化合物 C もまたカルボキシ基をもつであろう。

となる。カルボン酸（化合物 B）の酸化生成物（化合物 C）はやはりカルボン酸であり，『化合物 C を～加熱すると～脱水して化合物 D となった。』という部分からは，化合物 C の脱水による**酸無水物**（化合物 D）の生成が連想される。

●**酸無水物とは？**

構造の一部に，2 個のカルボキシ基から 1 分子の水が失われた形をもつ化合物を，酸無水物と呼ぶ。

$$R-\underset{O}{\overset{O}{C}}-OH \atop R-\underset{O}{\overset{O}{C}}-OH \longrightarrow R-\underset{O}{\overset{O}{C}}\!\!\diagdown_{\!\!O}\!\!\diagup\!\!\underset{O}{\overset{O}{C}}-R + H_2O$$

化合物 C の可能性　　　酸無水物　化合物 D の可能性

上述の連想からは，化合物 C は 2 価のカルボン酸であることが予想される。すると，化合物 A は題意に『芳香族化合物』とあるので，化合物 B が芳香族化合物であることは考え得ることであるから，"1 価のカルボン酸（化合物 B）から 2 価のカルボン酸（化合物 C）が生成した"という流れは，芳香族化合物の**側鎖の酸化**（知識 29 参照）を連想させる。

●**側鎖の酸化**

ベンゼン環に直接に結合している炭化水素基（または炭素原子から始まる官能基）は，過マンガン酸カリウムで酸化されると，カルボキシ基に変わってしまう。

これらの連想・予想をもとに推論して，再度文章を流れ図にしてみる。

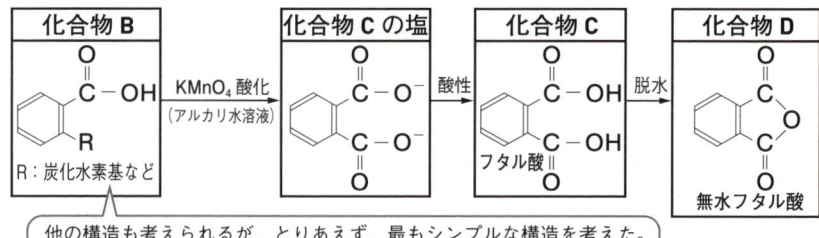

```
化合物B           KMnO₄酸化      化合物Cの塩      酸性     化合物C          脱水    化合物D
C₆H₄(COOH)R    (アルカリ水溶液)  C₆H₄(COO⁻)₂            C₆H₄(COOH)₂           無水フタル酸
R:炭化水素基など                                       フタル酸
```

（他の構造も考えられるが，とりあえず，最もシンプルな構造を考えた。）

化合物 B の構造は，一例として，$C_6H_4(COOH)R$ と推論した。ただし，R は炭化水素基または炭素原子から始まる官能基である。

また，化合物 B, C の 2 つの置換基はオルト位（o-位）に存在していると考えられる。化合物 C において 2 つのカルボキシ基が隣接した位置（o-位）になければ，酸無水物（化合物 D）が生成しないからである。言うまでもなく，化合物 C がオルト置換体であれば化合物 B も同様である。

さらに，R の部分の式量を M_R とおいて，化合物 B の分子量が 136 であることを考慮すると，

$$121 + M_R = 136 \quad \text{よって} \quad M_R = 15 \longleftrightarrow M_R \text{ は } CH_3$$

となる。

すなわち，化合物 B の構造を $C_6H_4(COOH)CH_3$（オルト置換体／分子式は $C_8H_8O_2$）であると考えると，以上の読解に矛盾しない。

上述のように，**大胆に推論し，その推論を検証する（題意に矛盾しないことを確認する）ことによって解答を導くことも，重要な解法の 1 つであろう。**

答え

化合物 B の構造は o-CH_3-C_6H_4-COOH である。

化合物 C の構造は o-$C_6H_4(COOH)_2$（フタル酸），化合物 D の構造は無水フタル酸である。

13 行目

> エーテル層からは光学活性な化合物 E が得られた。

エステルを水酸化ナトリウム水溶液とともに加熱し加水分解（塩基による加水分解⇒けん化）した後，ジエチルエーテルを加えて，エーテル層と水層とを分離する。エーテル層から物質が得られたとすれば，その物質はアルコールである。(知識 25 参照)

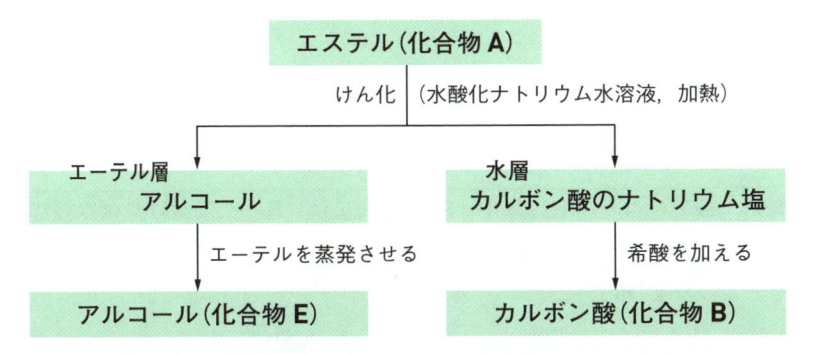

```
              エステル（化合物 A）
                    │
          けん化（水酸化ナトリウム水溶液，加熱）
                    │
      ┌─────────────┴─────────────┐
   エーテル層                    水層
   アルコール            カルボン酸のナトリウム塩
      │                           │
  エーテルを蒸発させる         希酸を加える
      │                           │
  アルコール（化合物 E）     カルボン酸（化合物 B）
```

注：エーテル層中のアルコールは，水に溶けにくいアルコールであると予想される。

化合物 A（エステル）を加水分解したところ，化合物 B（1 価のカルボン酸）と化合物 E（アルコール）とが得られた。

  化合物 A ＋ H_2O ⟶ 化合物 B ＋ 化合物 E ……（Ⅰ式）

ところで，【1～3 行目】の読解より，化合物 A（エステル）の分子式は $C_{13}H_{18}O_2$ である。また，【9～12 行目】の読解より，化合物 B（カルボン酸）の分子式は $C_8H_8O_2$ である。よって，（Ⅰ式）は以下のようにも記述できる。

  $C_{13}H_{18}O_2$ ＋ H_2O ⟶ $C_8H_8O_2$ ＋ 化合物 E の分子式

これより，化合物 E の分子式は，$C_5H_{12}O$ であることが明らかとなる。

化合物 E は，題意より『光学活性な化合物』である。すなわち，不斉炭素原子をもつ。(知識 7 参照)

分子式が $C_5H_{12}O$ で不斉炭素原子をもつアルコールには，次の 3 種類の候補がある。

【化合物 E の候補①】

> この炭素原子は不斉炭素原子ではない！

第一級アルコール R−CH$_2$−OH の場合には，R の部分に不斉炭素原子がなくてはならない。そのような C$_5$H$_{12}$O は，CH$_3$−CH$_2$−C*H(CH$_3$)−CH$_2$−OH だけである。

← 不斉炭素原子 （知識⑪参照）

【化合物 E の候補②，③】

> R≠R′ であれば，この炭素原子が不斉炭素原子となる！

第二級アルコール R−C*H(OH)−R′ の場合には，R≠R′ でなければならない。

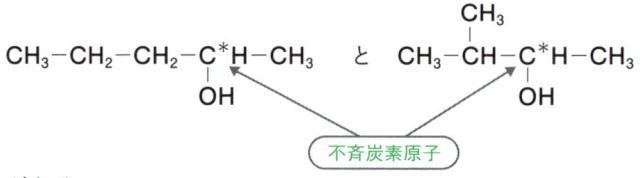

そのような C$_5$H$_{12}$O には，

CH$_3$−CH$_2$−CH$_2$−C*H(OH)−CH$_3$ と   CH$_3$−CH(CH$_3$)−C*H(OH)−CH$_3$

↑ 不斉炭素原子

とがある。（知識⑪参照）

参考

第三級アルコール R−C(R′)(OH)−R″ の場合には，そのような C$_5$H$_{12}$O には，**不斉炭素原子をもつものはない**。

（知識⑪参照）

推論

化合物 E には，次の**候補①〜③**が考えられる。

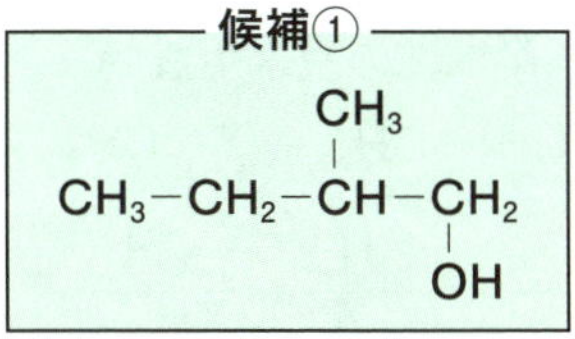
候補①

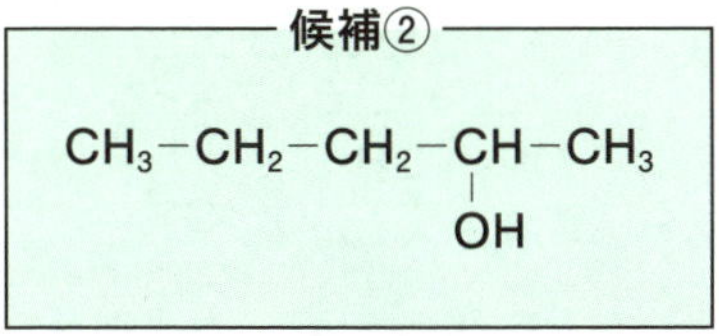
候補②

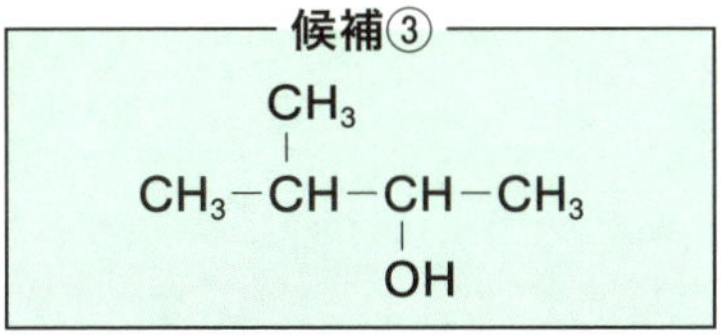
候補③

13，14 行目

これを酸性条件下で脱水したところ 2 種類のアルケン F，G を与えた。

化合物 E の候補①〜候補③の脱水生成物は次の通り。

【(化合物Eの)候補①の脱水生成物】

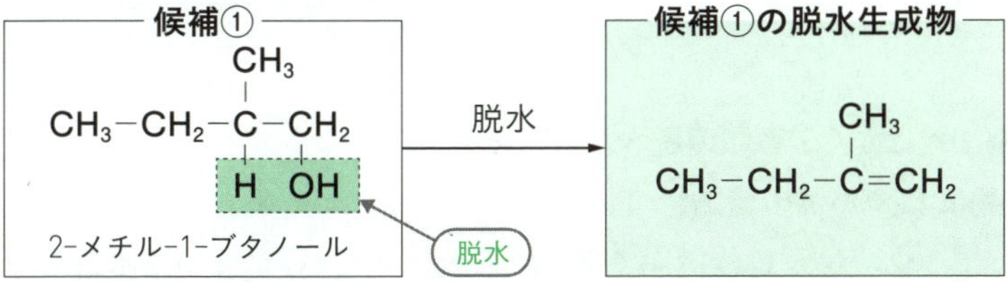
候補①
2-メチル-1-ブタノール
脱水
脱水
候補①の脱水生成物

幾何異性体なし

候補①には，1 種類の脱水生成物しかない。

【候補②の脱水生成物】(化合物Eの)

候補②:
$CH_3-CH_2-CH-CH-CH_2$
       H OH H

2-ペンタノール

ⓐ部の脱水 → 候補②の脱水生成物:
$CH_3-CH_2-CH_2-CH=CH_2$
幾何異性体なし

ⓑ部の脱水 → 候補②の脱水生成物:
$CH_3-CH_2\underset{H}{\overset{}{C}}=\underset{H}{\overset{CH_3}{C}}$ シス形

⇅ 互いに幾何異性体

候補②の脱水生成物:
$CH_3-CH_2\underset{H}{\overset{}{C}}=\underset{CH_3}{\overset{H}{C}}$ トランス形

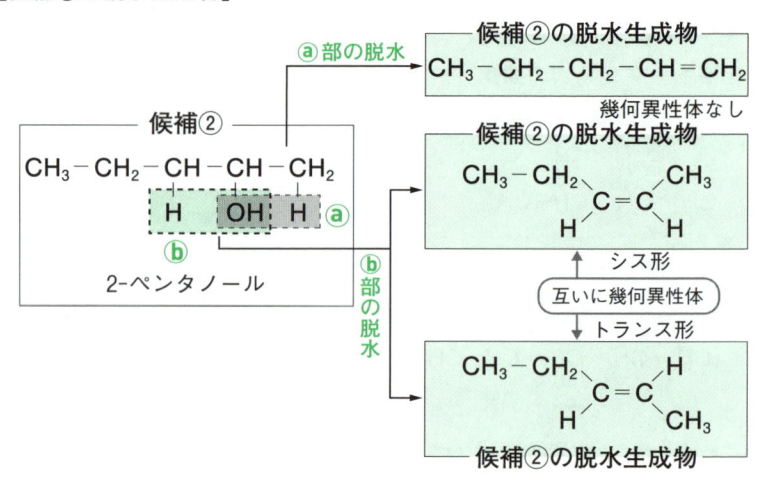

候補②には，3種類の脱水生成物がある。

【候補③の脱水生成物】(化合物Eの)

候補③:
$CH_3-\underset{}{\overset{CH_3}{C}}-CH-CH_2$
         H OH H

3-メチル-2-ブタノール

ⓐ部の脱水 → 候補③の脱水生成物:
$CH_3-\underset{}{\overset{CH_3}{CH}}-CH=CH_2$
3-メチル-1-ブテン
幾何異性体なし

ⓑ部の脱水 → 候補③の脱水生成物:
$CH_3-\underset{}{\overset{CH_3}{C}}=CH-CH_3$
2-メチル-2-ブテン
幾何異性体なし

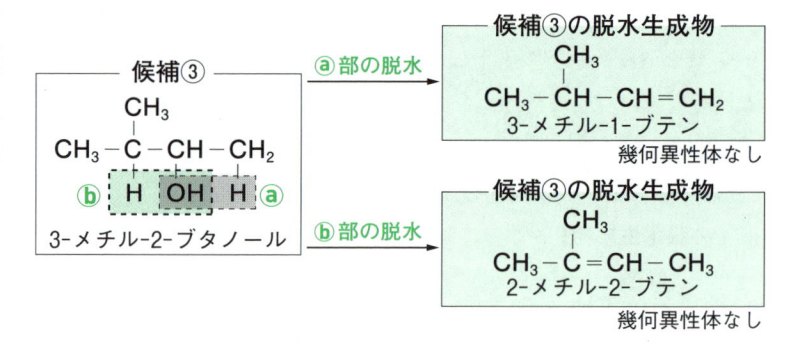

候補③だけが，2種類の脱水生成物をもつ。

【化合物Eについての結論】

よって，化合物Eは**候補③**であり，アルケンF，Gはその**脱水生成物**である。

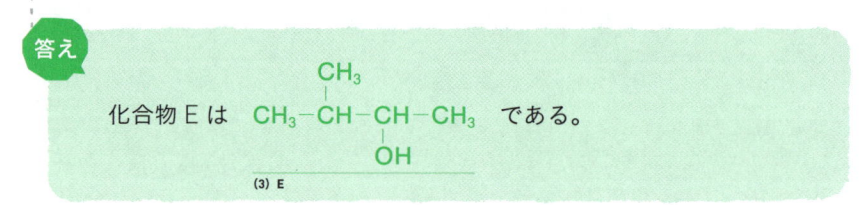

> **答え**
>
> 化合物Eは $CH_3-\underset{}{\overset{CH_3}{CH}}-\underset{OH}{CH}-CH_3$ である。
>
> (3) E

> **推論**
>
> 化合物 F または G は，
>
> $$\underset{\text{候補④}}{\text{CH}_3-\underset{\overset{|}{\text{CH}_3}}{\text{CH}}-\text{CH}=\text{CH}_2} \quad \text{または} \quad \underset{\text{候補⑤}}{\text{CH}_3-\underset{\overset{|}{\text{CH}_3}}{\text{C}}=\text{CH}-\text{CH}_3}$$
>
> である。

14～18行目

> 化合物 F，G をそれぞれオゾン分解すると，F からは 2 種類のアルデヒドが，G からはアルデヒドとケトンが得られた。なおここでのオゾン分解では，例に示すように二重結合が開裂し 2 つのカルボニル化合物を与える条件を用いている。

化合物 F と G の **2 つの候補（候補④と候補⑤とする）**を，それぞれ**オゾン分解**（知識 3 参照）してみよう。

候補④
3-メチル-1-ブテン → アルデヒド + アルデヒド

候補⑤
2-メチル-2-ブテン → ケトン + アルデヒド

候補④からは 2 種類のアルデヒドが得られ，候補⑤からはアルデヒドとケトンが得られる。よって，化合物 F は**候補④**であり，化合物 G は**候補⑤**である。

答え

化合物Fは

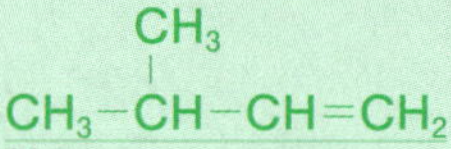

である。

(3) F

化合物Gは

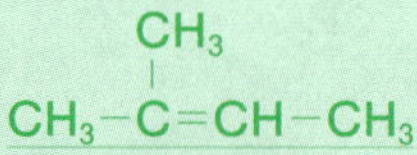

である。

(3) G

また，化合物Aは，化合物Bと化合物Eとのエステルである。よって，以下の通り。

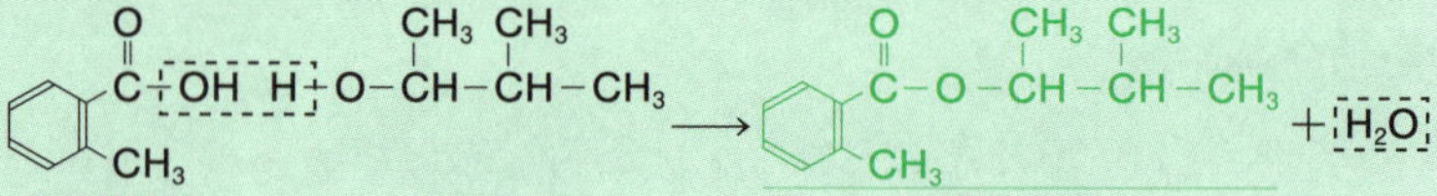

化合物B　　化合物E　　(3)　化合物A

解答　(1) $C_{13}H_{18}O_2$　　(2) 136

(3) 化合物A：

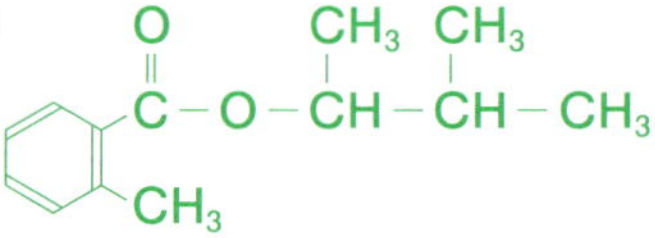

化合物B：

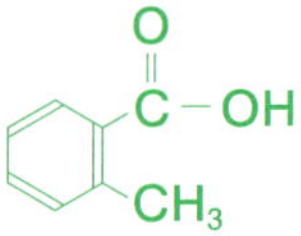

化合物C：

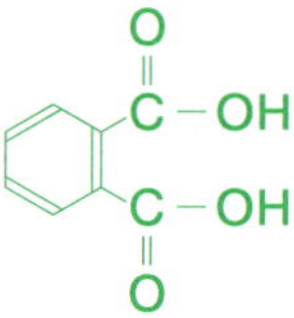

化合物D：

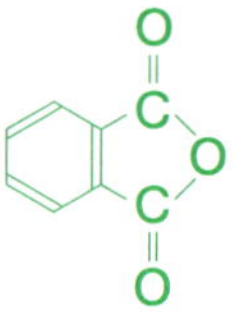

化合物E：

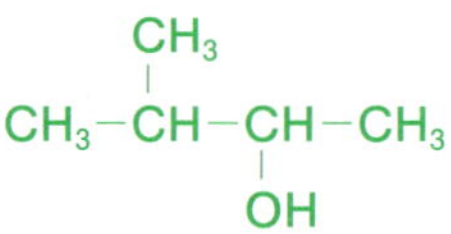

化合物F：

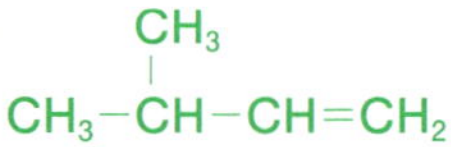

化合物G：

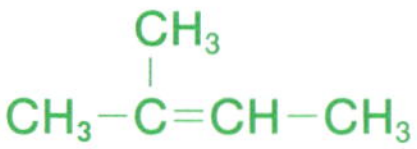

PART3 芳香族化合物

THEME 16 芳香族エステル②

問題 16

次の文章1～文章6を読み，以下の問いに答えよ。

(文章1) 分子式 $C_{19}H_{18}O_4$ の化合物Aを水酸化ナトリウム水溶液を用いて完全にけん化した後，反応液にエーテルを加えてよく振り混ぜ，水層とエーテル層を分離した。分離したエーテル溶液からエーテルを蒸発させたところ，ベンゼン環をもつ化合物Bが得られた。水層に二酸化炭素を十分に通じた後，エーテルを加え上と同様の操作を行ったところ，エーテル層からベンゼン環をもつ化合物Cが得られた。さらに，残りの水層を塩酸で酸性にしたところ，化合物Dが結晶として析出した。

(文章2) Dは炭素原子の数が4個の不飽和2価カルボン酸であり，(イ)とは互いに幾何異性体の関係にある。(イ)は約160℃に急熱すると，分子内で(ロ)反応が起こり，酸無水物を生成することから(ハ)体である。

(文章3) Cの水溶液に(a)の水溶液を加えると紫色を呈する。

(文章4) Cのナトリウム塩を(b)の加圧下で加熱すると，反応が起こる。生成物を水に溶かし，希硫酸を加えて酸性にすると化合物Eが析出する。

Eに(ニ)を作用させて得られるアセチルサリチル酸（化合物F）は，解熱鎮痛剤として広く使われている。

(文章5) Bを(c)の希硫酸溶液で酸化すると化合物Gが生成する。Gにヨウ素と水酸化ナトリウム水溶液を加えて加熱すると，特有の臭気をもつ(d)の黄色沈殿が生成する。この沈殿を除いた反応液に塩酸を加えて酸性にしたところ，化合物Hが結晶として析出した。Hを過マンガン酸カリウムで酸化して得られる化合物Iと(ホ)とを反応させると，合成繊維の一種であるポリエチレンテレフタラートが得られる。

(文章6) Bには不斉炭素原子があり，一対の(ヘ)異性体が存在する。

(1) 空欄 (イ)～(ヘ) にあてはまる適切な化合物名または語句を記せ。

(2) 空欄 (a)～(d) に相当する化合物の化学式を記せ。

(3) 化合物 C および D の名称を記せ。

(4) 化合物 B，F および H の構造式を記入例にならって記せ。不斉炭素原子が含まれる場合には，その右肩に＊印を付けよ。

〈記入例〉 HO—〈ベンゼン環〉—CH_2—C(=O)—O—CH_2—CH_3

北海道大

問題 16 の読み方

文章 1 の前半

> 分子式 $C_{19}H_{18}O_4$ の化合物 A を水酸化ナトリウム水溶液を用いて完全にけん化した後，反応液にエーテルを加えてよく振り混ぜ，水層とエーテル層を分離した。分離したエーテル溶液からエーテルを蒸発させたところ，ベンゼン環をもつ化合物 B が得られた。

『エステルをけん化した後（エステルに水酸化ナトリウム水溶液を加え，加熱して十分に反応させた後），エーテルを加え，分液ろうとを用いてエーテル層と水層とを分離する。エーテル層からエーテルを蒸発させたところ物質が得られたとすれば，その物質はアルコールである。』（知識 25 参照）

上記の知識と照らし合わせると，この段落からは，**化合物 A がエステルであること，化合物 B がアルコールであること**が読みとれる。

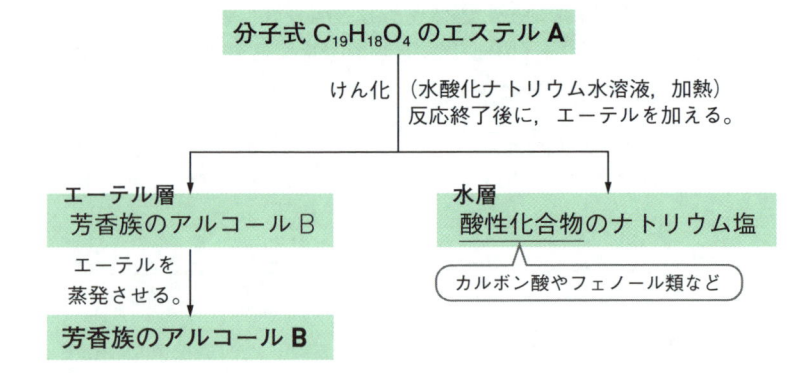

```
        分子式 C19H18O4 のエステル A
                │
           けん化 （水酸化ナトリウム水溶液，加熱）
                │  反応終了後に，エーテルを加える。
        ┌───────┴────────┐
    エーテル層              水層
    芳香族のアルコール B    酸性化合物のナトリウム塩
        │                      │
    エーテルを             カルボン酸やフェノール類など
    蒸発させる。
        │
    芳香族のアルコール B
```

> **わかったこと**
> 化合物 A は分子式 $C_{19}H_{18}O_4$ のエステル，化合物 B は芳香族のアルコールである。

文章1の後半

> 水層に二酸化炭素を十分に通じた後，エーテルを加え上と同様の操作を行ったところ，エーテル層からベンゼン環をもつ化合物 C が得られた。さらに，残りの水層を塩酸で酸性にしたところ，化合物 D が結晶として析出した。

『エステルをけん化した後（エステルに水酸化ナトリウム水溶液を加え，加熱して十分に反応させた後），エーテルを加え，分液ろうとを用いてエーテル層と水層とを分離する。水層に二酸化炭素を通じてから，エーテルを加え，分液ろうとを用いてエーテル層と水層とを分離する。エーテル層からエーテルを蒸発させたところ物質が得られたとすれば，その物質はフェノール類である。また，水層に強酸を加えると得られる物質はカルボン酸である。』

知識 43 を参照し，エステルのけん化後のフェノール類とカルボン酸の回収について，その流れをしっかりとまとめておこう。

上記の知識と照らし合わせると，この段落からは，**化合物 C がフェノール類であること，化合物 D がカルボン酸であることが読みとれる。**

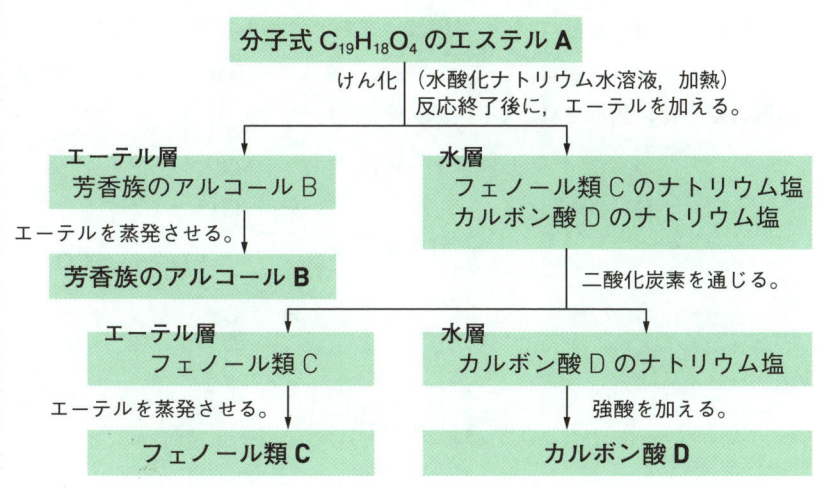

```
         分子式 C19H18O4 のエステル A
              │ けん化（水酸化ナトリウム水溶液，加熱）
              │      反応終了後に，エーテルを加える。
       ┌──────┴──────┐
   エーテル層              水層
  芳香族のアルコール B    フェノール類 C のナトリウム塩
                         カルボン酸 D のナトリウム塩
   │ エーテルを蒸発させる。
   ▼                              │ 二酸化炭素を通じる。
  芳香族のアルコール B              │
                         ┌────────┴────────┐
                    エーテル層              水層
                   フェノール類 C      カルボン酸 D のナトリウム塩
                    │ エーテルを            │ 強酸を加える。
                    │  蒸発させる。         ▼
                    ▼                   カルボン酸 D
                 フェノール類 C
```

> **わかったこと**
>
> 化合物 C はフェノール類，化合物 D はカルボン酸である。

文章 2

> D は炭素原子の数が 4 個の不飽和 2 価カルボン酸であり，(イ) とは互いに幾何異性体の関係にある。(イ) は約 160℃ に急熱すると，分子内で (ロ) 反応が起こり，酸無水物を生成することから (ハ) 体である。

『炭素原子の数が 4 個の不飽和 2 価カルボン酸』で『幾何異性体の関係にある』とくれば，すぐに，**マレイン酸**と**フマル酸**が思い浮かぶようにしたい。

マレイン酸とフマル酸は互いに幾何異性体である。シス形のマレイン酸を約 160℃ に急熱すると，マレイン酸は分子内で脱水されて，無水マレイン酸が生成する。マレイン酸はこのように容易に脱水されるが，トランス形のフマル酸は容易には脱水されない。（知識 23 参照）

よって，その幾何異性体がマレイン酸であることから，化合物 D はフマル酸であることがわかる。この結果は，**【文章 1 の後半】の読解**（『化合物 D はカルボン酸である』）と矛盾しない。

> **答え**
>
> 化合物 D は **フマル酸** である。
> (3) D

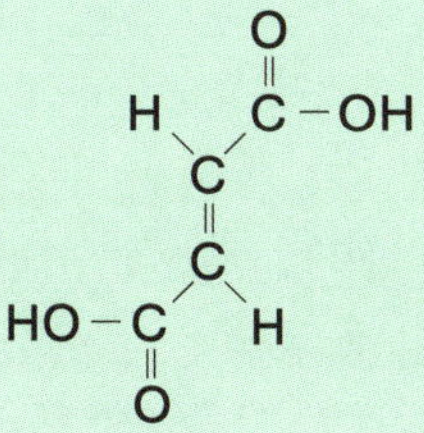

文章 3

> C の水溶液に (a) の水溶液を加えると紫色を呈する。

一般に，フェノール類は，塩化鉄(Ⅲ) $FeCl_3$ 水溶液を加えると，**青紫～赤紫に呈色する**。知識 34 を参照し，フェノールの性質について，芳香族のカルボン酸との分離法，芳香族のアルコールやエーテルとの判別法などを念頭に，しっかりとまとめておこう。

『化合物 C はフェノール類である』とした**【文章 1 の後半】の読解**から判断すれば，" (a) の水溶液 " とは " **塩化鉄(Ⅲ)** $FeCl_3$ **の水溶液** " であるとわかる。
(2) (a)

文章 4 の後半

> E に (=) を作用させて得られるアセチルサリチル酸（化合物 F）は，解熱鎮痛剤として広く使われている。

アセチルサリチル酸（化合物 F）は，サリチル酸に**無水酢酸**と濃硫酸を作用させると得られる。（知識 37 参照）
(1) (=)

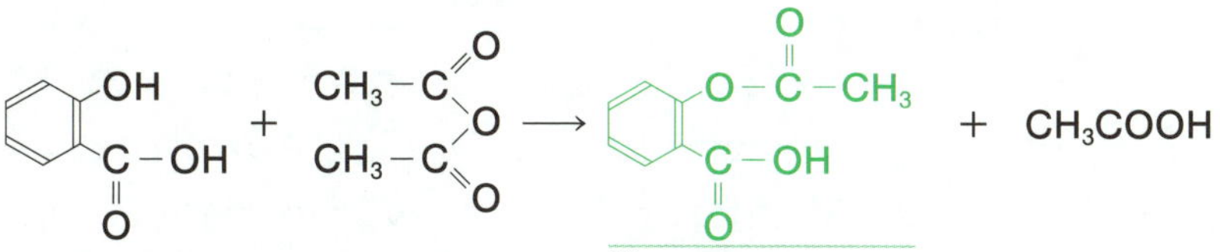

サリチル酸 ＋ 無水酢酸 → アセチルサリチル酸（化合物F） ＋ CH_3COOH
(4) 酢酸

よって，化合物 E はサリチル酸であることがわかる。

> 🧩 **わかったこと**
> 化合物 E はサリチル酸 $C_6H_4(OH)COOH$ である。

文章 4 の前半

> C のナトリウム塩を (b) の加圧下で加熱すると，反応が起こる。生成物を水に溶かし，希硫酸を加えて酸性にすると化合物 E が析出する。

化合物 E は【文章 4 の後半】の読解からサリチル酸である。サリチル酸は，サリチル酸ナトリウムに希硫酸を作用させると得られる。また，サリチル酸ナトリウムは，フェノールのナトリウム塩に**二酸化炭素 CO_2** を加温・加圧下で作用させると得られる。（知識 36 参照）
(2) (b)

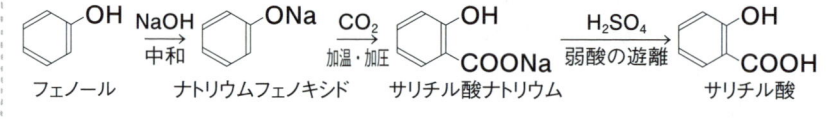

フェノール　→(NaOH 中和)　ナトリウムフェノキシド　→(CO_2 加温・加圧)　サリチル酸ナトリウム　→(H_2SO_4 弱酸の遊離)　サリチル酸

よって，化合物 C は**フェノール**であることがわかる。この結果は，【文章 1 の後半】の読解（『化合物 C はフェノール類である』）と矛盾しない。
(3) C

> 💬 **答え**
> 化合物 C は**フェノール** C_6H_5OH である。
> (3) C

> 🧩 **ここまでの再整理**
> ここまでで，化合物 A，B，C，D のうち，B を除くすべての化合物（A，C，D）の化学式が明らかになった。すなわちここで，次のように，アルコール B の構成原子数が明らかとなる。

エステル A が 3 つの化合物（B，C，D）から構成されているということは，1 分子ずつの 3 つの化合物（B，C，D）から 2 分子の水がとれるとエステル A が生成する，言い換えれば，1 分子ずつの 3 つの化合物（B，C，D）から 1 分子のエステル A と 2 分子の水が生成すると推定できる。

すなわち，次式の通りである。

化合物B　　　　化合物C　　　　化合物D
$ROH + C_6H_5OH + C_2H_2(COOH)_2$

　　　エステルA　　　水
$\longrightarrow C_{19}H_{18}O_4 + 2H_2O$

化学反応式においては，例えば左辺のある原子の総数と右辺の同じ原子の総数とは等しい。よって，上式より，化合物BのRにはどのような原子がいくつ含まれるかが明らかとなる。

明らかとなった結果は，$R = C_9H_{11}$ である。

> **これまでにわかったこと**
> 化合物Aは分子式 $C_{19}H_{18}O_4$ のエステルである。このエステルは，
> 　化合物B：芳香族のアルコール $C_9H_{11}OH$　[Rはベンゼン環を含む]
> 　化合物C：フェノール C_6H_5OH
> 　化合物D：フマル酸 $C_2H_2(COOH)_2$　[トランス体]
> の3つの化合物から構成されている。

文章5の前段

Bを [(c)] の希硫酸溶液で酸化すると化合物Gが生成する。Gにヨウ素と水酸化ナトリウム水溶液を加えて加熱すると，特有の臭気をもつ [(d)] の黄色沈殿が生成する。

（化合物Bに相当する！）

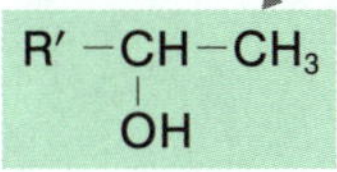

$R'-CH-CH_3$
　　$|$
　　OH

という構造のアルコールや，それを**ニクロム酸カリウム** $K_2Cr_2O_7$ の希硫酸溶液で酸化して得られる

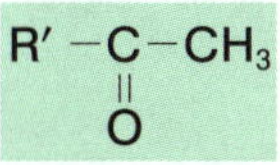

$R'-C-CH_3$
　　$\|$
　　O

という構造のカルボニル化合物に，ヨウ素と水酸化ナトリウム水溶液を加えて温めると，特有のにおいをもった**黄色の沈殿**（**ヨードホルム** CHI_3）が生成する。この反応は，**ヨードホルム反応**と呼ばれる。（知識 17 参照）

すなわち，化合物 B は $\underset{\text{OH}}{\text{R}' -\text{CH}-\text{CH}_3}$ という構造をもつ。これと，すでに明らかになっている化合物 B の化学式 $C_9H_{11}OH$ とを照らし合わせると，$R' = C_9H_{11} - C_2H_4 = C_7H_7$ であることがわかる。

なお，化合物 B は不斉炭素原子（C^*）をもつ。

> **■ わかったこと**
>
> 化合物 B は芳香族のアルコール $\underset{\text{OH}}{C_7H_7-\overset{*}{C}H-CH_3}$ である。

文章5の中段

> この沈殿を除いた反応液に塩酸を加えて酸性にしたところ，化合物 H が結晶として析出した。

$\underset{\text{OH}}{\text{R}'-\text{CH}-\text{CH}_3}$ 〔化合物 B に相当！〕という構造のアルコールや，それを二クロム酸カリウム $K_2Cr_2O_7$ の希硫酸溶液で酸化して得られる $\underset{\text{O}}{\text{R}'-\overset{\|}{\text{C}}-\text{CH}_3}$ 〔化合物 G に相当！〕という構造のカルボニル化合物に**ヨードホルム反応**を行い，沈殿を除いた後に反応液を酸性にすると，$\underset{\text{O}}{\text{R}'-\overset{\|}{\text{C}}-\text{OH}}$ 〔化合物 H に相当！〕という構造の**カルボン酸**が得られる（THEME 7 の『ヨードホルム反応の反応式について』（p.58）を参照）。

すなわち，化合物 H は $\underset{\text{O}}{\text{R}'-\overset{\|}{\text{C}}-\text{OH}}$ という構造をもつ。これに【文章5の前段】の読解（『$R' = C_7H_7$』）を加味すれば，化合物 G, H の構造は次の通りであるとわかる。

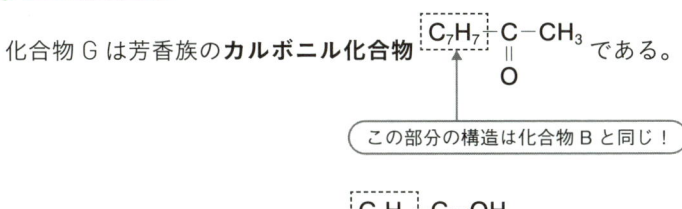

> **わかったこと**
>
> 化合物 G は芳香族の**カルボニル化合物** $\boxed{C_7H_7}\!-\!\underset{\underset{O}{\|}}{C}\!-\!CH_3$ である。
>
> この部分の構造は化合物 B と同じ！
>
> 化合物 H は芳香族の**カルボン酸** $\boxed{C_7H_7}\!-\!\underset{\underset{O}{\|}}{C}\!-\!OH$ である。
>
> この部分の構造は化合物 B と同じ！

文章5の後段

> H を過マンガン酸カリウムで酸化して得られる化合物 I と (ホ) とを反応させると，合成繊維の一種であるポリエチレンテレフタラートが得られる。

ポリエチレンテレフタラートは，テレフタル酸とエチレングリコール（1,2-エタンジオール）とから合成される。

$n\text{HO}-\underset{\underset{O}{\|}}{C}-\text{C}_6\text{H}_4-\underset{\underset{O}{\|}}{C}-\text{OH}\ +\ n\text{H}-\text{O}-\text{CH}_2-\text{CH}_2-\text{O}-\text{H}$

テレフタル酸　　　　　　　　エチレングリコール

$\xrightarrow{\text{縮合重合}} \left[\underset{\underset{O}{\|}}{C}-\text{C}_6\text{H}_4-\underset{\underset{O}{\|}}{C}-\text{O}-\text{CH}_2-\text{CH}_2-\text{O} \right]_n\ +\ 2n\text{H}_2\text{O}$

ポリエチレンテレフタラート　　　　　水

H は芳香族化合物であるから，『H を過マンガン酸カリウムで酸化して得られる化合物 I 』も芳香族化合物であるに違いない。すなわち，化合物 I は**テレフタル酸**であり，(ホ) は**エチレングリコール（1,2-エタンジオール）** である。
(1)(ホ)

さて，『H を過マンガン酸カリウムで酸化』すると**パラ置換体であるテレフタル酸が得られるという事実は，化合物 H もまたベンゼンのパラ置換体であることを意味する。**

すなわち，化合物 H がベンゼンのパラ置換体であることを，【文章 5 の中段】の読解（『化合物 H は $C_7H_7-\underset{\underset{O}{\|}}{C}-OH$ である』）と照らし合わせると，化合物 H は，

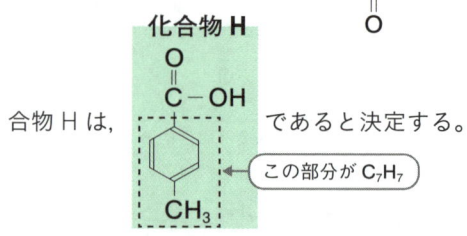

化合物 H

（構造式：パラ位に CH_3 と $-\underset{\underset{O}{\|}}{C}-OH$ をもつベンゼン環。この部分が C_7H_7）

であると決定する。

よって，化合物 H と共通の部分構造（C_7H_7，すなわち，$CH_3-\langle\bigcirc\rangle-$）をもつ化合物 B，G の構造も，次のように決定される。

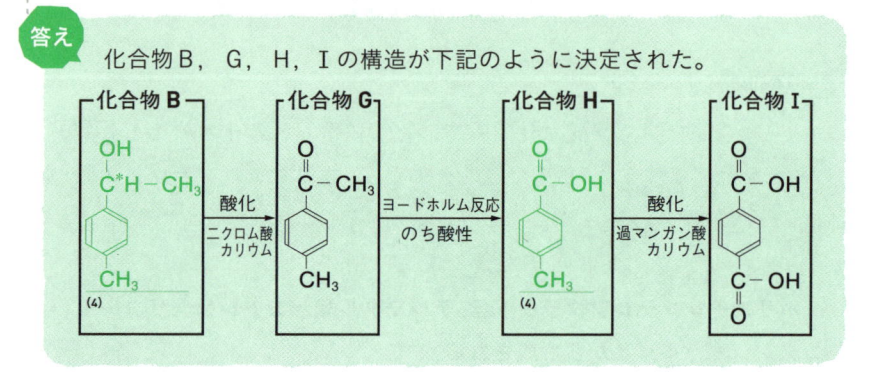

答え 化合物 B，G，H，I の構造が下記のように決定された。

化合物 B: パラ位に CH_3 と $C^*H(OH)-CH_3$ をもつベンゼン (4)
　↓ 酸化　ニクロム酸カリウム
化合物 G: パラ位に CH_3 と $\underset{\underset{O}{\|}}{C}-CH_3$ をもつベンゼン
　↓ ヨードホルム反応　のち酸性
化合物 H: パラ位に CH_3 と $\underset{\underset{O}{\|}}{C}-OH$ をもつベンゼン (4)
　↓ 酸化　過マンガン酸カリウム
化合物 I: パラ位に $\underset{\underset{O}{\|}}{C}-OH$ を二つもつベンゼン

文章 6

B には不斉炭素原子があり，一対の □(へ)□ 異性体が存在する。

立体異性体のうち，不斉炭素原子をもち，互いに重ね合わせることができない異性体を，**光学**異性体と呼ぶ。（知識 7 参照）
(1)(へ)
化合物 B が不斉炭素原子をもつことは，【文章 5 の前段】の読解（『化合物 B には不斉炭素原子 C^* がある』）と矛盾しない。

参考

化合物 A の構造は以下の通りである。

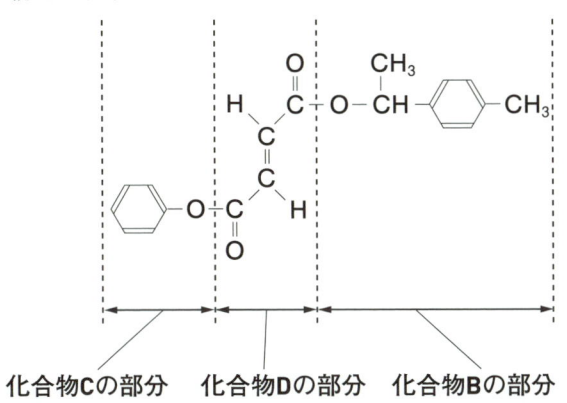

（化合物Cの部分：フェニル-O-C(=O)-／化合物Dの部分：-C(H)=C(H)-C(=O)-O-／化合物Bの部分：-CH(CH₃)-C₆H₄-CH₃）

解答
(1) （イ）マレイン酸　（ロ）脱水　（ハ）シス
　（ニ）無水酢酸
　（ホ）エチレングリコール(1,2-エタンジオール)　（ヘ）光学
(2) （a）FeCl$_3$　（b）CO$_2$　（c）K$_2$Cr$_2$O$_7$
　（d）CHI$_3$
(3) 化合物 C：フェノール　化合物 D：フマル酸
(4) B：4-CH₃-C₆H₄-C*H(OH)-CH₃
　　F：2-(CH₃-C(=O)-O)-C₆H₄-COOH
　　H：4-CH₃-C₆H₄-COOH

アニリンとその誘導体 ①

問題 17

次の文章を読んで，以下の問いに答えよ。

濃硝酸と濃硫酸の混合液（混酸）を含む丸底フラスコに，ベンゼンを加えた。(a)丸底フラスコをたえず振りながら，60℃で反応させ，化合物Aを合成した。(b)反応液の一部を蒸留水を含むビーカーに落とし，化合物Aの合成を確認した。

充分に反応させた後，反応液（ここでは，有機化合物としては，ニトロベンゼンのみを含むものとする）を分液ろうとに移し，エーテルを加えて，化合物Aをエーテル層に抽出した。次に，このエーテル層に炭酸ナトリウム水溶液を加えて酸を中和したのち，(c)無水硫酸ナトリウムを加えてしばらく放置した。ろ過して得られたエーテル層を蒸発させたところ，油状の化合物Aが得られた。

(d)精製した化合物Aを新しい試験管に移し，粒状のSnと濃塩酸を加えておだやかに加熱することにより化合物Bを合成した。(e)この反応液に水酸化ナトリウム水溶液を加え始めると，化合物Cが遊離し，沈殿が析出し始め，さらに水酸化ナトリウム水溶液を加えると沈殿は溶解した。

次に，この溶液にエーテルを加えて化合物Cを抽出した。化合物Cは，エーテル層を蒸発させて単離した。

(f)単離・精製した化合物Cを無水酢酸と充分に反応させたのち，水中にそそぐと，化合物Dが析出した。

(1) 下線部(a)の実験で丸底フラスコを静置すると，混酸，ベンゼン，化合物Aは，どのように分布するか。次の(ア)〜(エ)の中より適当なものを選べ。
　（ア）混酸の上層に，ベンゼンと化合物Aが分離する。
　（イ）化合物Aは混酸に混じるが，混酸の下層にベンゼンが分離する。
　（ウ）混酸の上層にベンゼンが，混酸の下層に化合物Aが分離する。
　（エ）混酸の下層に，ベンゼンと化合物Aが分離する。

(2) 下線部(b)で，化合物 A が合成されていると判断するには，どのような結果が得られればよいか。次の(ア)～(エ)の中より適当なものを選べ。
  (ア) 淡黄色の液体が，ビーカーの底に沈む。
  (イ) 淡黄色の針状の結晶が，ビーカーの底に沈む。
  (ウ) 淡黄色の液体が，ビーカーに浮く。
  (エ) 淡黄色の針状の結晶が，ビーカーに浮く。
(3) 下線部(c)で，無水硫酸ナトリウムを加えた目的を述べよ。
(4) 下線部(d)を化学反応式で示せ。なお，Sn は，反応後 Sn^{4+} になる。
(5) 下線部(e)の沈殿の析出と沈殿の溶解をイオン反応式で示せ。なお，錯イオン $[Sn(OH)_6]^{2-}$ の水溶液に塩酸（H^+）を加えると，水酸化スズ（Ⅳ）$Sn(OH)_4$ のコロイド状白色沈殿が得られる。この沈殿は塩酸（H^+）に溶けてスズ（Ⅳ）イオン Sn^{4+} の水溶液となる。
(6) 下線部(f)を化学反応式で示せ。

名城大

問題17 の読み方

1～3行目

> 濃硝酸と濃硫酸の混合液（混酸）を含む丸底フラスコに，ベンゼンを加えた。(a)丸底フラスコをたえず振りながら，60℃で反応させ，化合物 A を合成した。

ここでは，ニトロベンゼンの合成が述べられている。

ベンゼンに濃硝酸と濃硫酸との混酸を作用させて，60℃でベンゼンのニトロ化を行うと，ニトロベンゼンが生成する。知識39 を参照し，ベンゼンからアニリンを合成する流れについて，用いる試薬の種類，反応名，化学反応式を含め，しっかりとまとめておこう。

$$\underset{\text{ベンゼン}}{\text{C}_6\text{H}_6} + HNO_3 \xrightarrow{\text{ニトロ化}} \underset{\text{ニトロベンゼン}}{\text{C}_6\text{H}_5\text{NO}_2} + H_2O$$

> **答え**
>
> すなわち，化合物 A は**ニトロベンゼン**である。
>
> ちなみに，混酸はベンゼンやニトロベンゼンと混じり合わず，その密度はベンゼンやニトロベンゼンの密度よりも大きいので，下線部(a)の実験で丸底フラスコを静置すると，『(ア)　混酸の上層に，ベンゼンと化合物 A（ニトロベンゼン）が分離する』ことになる。

3，4 行目

> (b)反応液の一部を蒸留水を含むビーカーに落とし，化合物 A の合成を確認した。

化合物 A（ニトロベンゼン）は，黄色の油状物質で，**水よりも重く**，いくぶんか甘い芳香をもつ。（知識 31 参照）

> **答え**
>
> 『(ア)　淡黄色の液体が，ビーカーの底に沈む』という結果が得られれば，化合物 A が合成されていると判断できる。

5〜10 行目

> 充分に反応させた後，反応液（ここでは，有機化合物としては，ニトロベンゼンのみを含むものとする）を分液ろうとに移し，エーテルを加えて，化合物 A をエーテル層に抽出した。次に，このエーテル層に炭酸ナトリウム水溶液を加えて酸を中和したのち，(c)無水硫酸ナトリウムを加えてしばらく放置した。ろ過して得られたエーテル層を蒸発させたところ，油状の化合物 A が得られた。

ここでは，化合物 A（ニトロベンゼン）の回収が述べられている。

ニトロベンゼンは，**エーテルには可溶**であるが，**水には難溶**である。よって，エーテルを加えると，反応溶液中のニトロベンゼンはエーテル中に溶出する（エーテル層に抽出される）。エーテル層を分液した後，エーテル分を蒸発させれば，ニトロベンゼンが回収できる。

> **答え** 炭酸ナトリウム水溶液は酸成分の除去のために，無水硫酸ナトリウムは<u>水分の除去のために加えられた</u>。
> (3)

11，12行目

> (d)精製した化合物 A を新しい試験管に移し，粒状の Sn と濃塩酸を加えておだやかに加熱することにより化合物 B を合成した。

ここでは，アニリン塩酸塩の合成が述べられている。

化合物 A（ニトロベンゼン）にスズと塩酸を作用させて，ニトロベンゼンの還元を行うと，アニリン塩酸塩が生成する。アニリン塩酸塩は水溶性の塩なので，この段階における反応の完了は，黄色い油状物質（ニトロベンゼン）が消失し，反応液が透明で均一な状態になることで確認できる。（知識 31 参照）

$$2\ C_6H_5NO_2 + 3Sn + 14HCl \xrightarrow{還元} 2\ C_6H_5NH_3Cl + 3SnCl_4 + 4H_2O$$
ニトロベンゼン　　　　　　　　　　　アニリン塩酸塩

> **答え** 下線部(d)の反応式は以下の通りである。
> $2C_6H_5NO_2 + 3Sn + 14HCl \longrightarrow 2C_6H_5NH_3Cl + 3SnCl_4 + 4H_2O$
> (4)
> よって，化合物 B は**アニリン塩酸塩**である。

12〜15行目

> (e)この反応液に水酸化ナトリウム水溶液を加え始めると，化合物 C が遊離し，沈殿が析出し始め，さらに水酸化ナトリウム水溶液を加えると沈殿は溶解した。

ここでは，**アニリンの遊離**が述べられている。ベンゼンから誘導されるアニリンは，ベンゼンと比較して，より反応性に富む化合物である。知識 40 を参照し，アニリンの反応性について，ベンゼンの反応性との比較を中心に，しっかりとまとめておこう。

反応液中のアニリン塩酸塩に，水酸化ナトリウムを作用させて，弱塩基の遊離を行うと，アニリンが生成する。**アニリン塩酸塩は，弱塩基であるアニリンと塩酸との中和によって得られる塩である。これに強塩基である水酸化ナトリウムを加えると，弱塩基であるアニリンが遊離する。**（知識 39 参照）

$$\text{C}_6\text{H}_5\text{NH}_3\text{Cl} + \text{NaOH} \xrightarrow{\text{弱塩基の遊離}} \text{C}_6\text{H}_5\text{NH}_2 + \text{NaCl} + \text{H}_2\text{O}$$
（アニリン塩酸塩） （アニリン）

また，この反応液中には，**スズ(Ⅳ)イオン**（Sn^{4+}）が含まれている。同イオンは，水酸化ナトリウム水溶液がある程度しか加えられなかったときには，水に溶けにくい水酸化物 $Sn(OH)_4$ になると考えられる。

しかし，水酸化ナトリウム水溶液がさらに十分に加えられたときには，水溶性の錯イオン $[Sn(OH)_6]^{2-}$ となって，沈殿は再溶解すると考えられる。

$$Sn^{4+} \underset{H^+}{\overset{OH^-}{\rightleftarrows}} Sn(OH)_4 \underset{H^+}{\overset{OH^-}{\rightleftarrows}} [Sn(OH)_6]^{2-}$$
（水溶液） （沈殿） （水溶液）

下側・左向きの矢印は，(5)の設問文中の『錯イオン $[Sn(OH)_6]^{2-}$ の水溶液に塩酸（H^+）を加えると，水酸化スズ(Ⅳ) $Sn(OH)_4$ のコロイド状白色沈殿が得られる。この沈殿は塩酸（H^+）に溶けてスズ(Ⅳ)イオン Sn^{4+} の水溶液となる。』という説明に対応している。

> **答え**
> すなわち，化合物 C は**アニリン**である。
> また，下線部(e)の沈殿の析出と沈殿の溶解をイオン反応式で示すと，以下の通りとなる。
>
> $Sn^{4+} + 4OH^- \longrightarrow Sn(OH)_4$ (5)
> $Sn(OH)_4 + 2OH^- \longrightarrow [Sn(OH)_6]^{2-}$ (5)

16，17 行目

> 次に，この溶液にエーテルを加えて化合物 C を抽出した。化合物 C は，エーテル層を蒸発させて単離した。

ここでは，化合物 C（アニリン）の回収が述べられている。

アニリンは，**エーテルには可溶**であるが，**水には微溶**である。よって，エーテルを加えると，反応溶液中のアニリンはエーテル中に溶出する（エーテル層に抽出される）。エーテル層を分液した後，エーテル分を蒸発させれば，アニリンが回収できる。

18, 19 行目

> (f)単離・精製した化合物 C を無水酢酸と充分に反応させたのち，水中にそそぐと，化合物 D が析出した。

ここでは，アセトアニリドの合成が述べられている。

化合物 C（アニリン）に無水酢酸を作用させて，アニリンのアセチル化を行うと，アセトアニリドが生成する。（知識 41 参照）

$$C_6H_5-NH_2 + (CH_3CO)_2O \longrightarrow C_6H_5-NHCOCH_3 + CH_3COOH$$

アニリン　　　無水酢酸　　　　　　アセトアニリド

答え

下線部(f)の反応式は以下の通りである。

(6) $C_6H_5NH_2 + (CH_3CO)_2O \longrightarrow C_6H_5NHCOCH_3 + CH_3COOH$

よって，化合物 D は**アセトアニリド**である。

解答
(1) （ア）
(2) （ア）
(3) 水分の除去のために加えられた。
(4) $2C_6H_5NO_2 + 3Sn + 14HCl \longrightarrow 2C_6H_5NH_3Cl + 3SnCl_4 + 4H_2O$
(5) （沈殿の析出）$Sn^{4+} + 4OH^- \longrightarrow Sn(OH)_4$
　　（沈殿の溶解）$Sn(OH)_4 + 2OH^- \longrightarrow [Sn(OH)_6]^{2-}$
(6) $C_6H_5NH_2 + (CH_3CO)_2O \longrightarrow C_6H_5NHCOCH_3 + CH_3COOH$

THEME 18 アニリンとその誘導体②

問題 18 次の文章を読み,以下の問いに答えよ。なお,化合物の構造式は以下のメチルレッドの構造式にならって記せ。

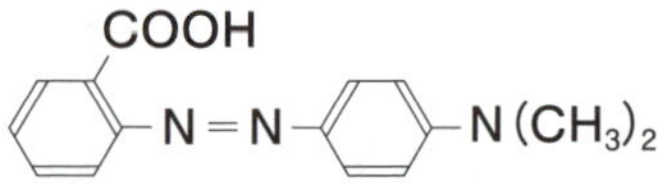

$$\underset{}{\text{〈ベンゼン環〉}-N=N-\text{〈ベンゼン環(COOH)〉}-\text{〈ベンゼン環〉}-N(CH_3)_2}$$

> 近代有機化学工業の歴史はアニリンの歴史でもあり,パーキンがアニリンに二クロム酸カリウムを反応させて偶然に得た合成染料に始まるとされる。アニリンはベンゼンをニトロ化し,得られたニトロベンゼンを還元することで合成される。また①アニリンを低温において希塩酸中で亜硝酸ナトリウム水溶液を加えてジアゾ化することにより,塩化ベンゼンジアゾニウムが得られる。この塩化ベンゼンジアゾニウムと （ア） とのカップリング反応によって合成される p-ヒドロキシアゾベンゼン（p-フェニルアゾフェノールともいう）は,アゾ染料として知られている。
>
> 同様に,pH 指示薬として用いられるメチルレッドは, （イ） をジアゾ化し,その後 （ウ） とカップリング反応することにより合成される。このようなアゾ基を有するアゾ化合物は,合成染料の大半を占めている。

(1) 下線部①の反応を化学反応式で記せ。なお,ベンゼン環は構造式を用いて示せ。

(2) （ア） にあてはまる化合物の名称を記せ。

(3) メチルレッドの構造式から推定して, （イ） と （ウ） にあてはまる化合物の構造式を記せ。

山形大

問題 18 の読み方

1～3行目

　近代有機化学工業の歴史はアニリンの歴史でもあり、パーキンがアニリンに二クロム酸カリウムを反応させて偶然に得た合成染料に始まるとされる。

　アニリンは酸化されやすく、二クロム酸カリウムによって酸化されると、アニリンブラックとなる。アニリンブラックは、黒色染料として用いられる。

> **わかったこと**
> アニリンは酸化されやすい。

3, 4行目

　アニリンはベンゼンをニトロ化し、得られたニトロベンゼンを還元することで合成される。

ベンゼンからのアニリンの合成経路は次の通りである。（知識 31 参照）

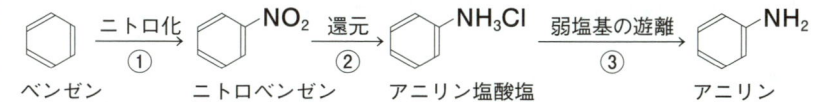

ベンゼン →[ニトロ化 ①] ニトロベンゼン(NO_2) →[還元 ②] アニリン塩酸塩(NH_3Cl) →[弱塩基の遊離 ③] アニリン(NH_2)

②と③とをまとめて、次のような反応式で表すこともある。

$$2C_6H_5NO_2 + 3Sn + 12HCl \longrightarrow 2C_6H_5NH_2 + 3SnCl_4 + 4H_2O$$

> **わかったこと**
> アニリンはニトロベンゼンの還元によって得られる。

4〜6行目

> また①アニリンを低温において希塩酸中で亜硝酸ナトリウム水溶液を加えてジアゾ化することにより，塩化ベンゼンジアゾニウムが得られる。

　アニリンに亜硝酸ナトリウムを塩酸溶液中で作用させると，塩化ベンゼンジアゾニウムが生成する。知識42を参照し，アニリンからアゾ染料を合成する流れについて，用いる試薬の種類，反応名，化学反応式，反応条件などを含め，しっかりとまとめておこう。

$$\underset{\text{アニリン}}{\text{C}_6\text{H}_5\text{NH}_2} + \text{NaNO}_2 + 2\text{HCl} \longrightarrow \underset{\text{塩化ベンゼンジアゾニウム}}{\text{C}_6\text{H}_5\text{N}_2\text{Cl}} + \text{NaCl} + 2\text{H}_2\text{O}$$

(1)

　塩化ベンゼンジアゾニウムは，5℃以下の水溶液中では安定に存在するが，水溶液の温度がそれよりも上昇すると，加水分解してしまう。そのため，このジアゾ化の反応は，氷で冷やしながら，0〜5℃の範囲内で行う必要がある。ちなみに，塩化ベンゼンジアゾニウムは，加水分解すると，窒素を発生しながらフェノールに変化する。

$$[\text{C}_6\text{H}_5\text{-N}\equiv\text{N}]^+\text{Cl}^- + \text{H}_2\text{O} \xrightarrow[\text{5℃以上}]{\text{(加水分解)}} \text{C}_6\text{H}_5\text{OH} + \text{HCl} + \text{N}_2 \uparrow$$

6〜9行目

> この塩化ベンゼンジアゾニウムと (ア) とのカップリング反応によって合成される p-ヒドロキシアゾベンゼン（p-フェニルアゾフェノールともいう）は，アゾ染料として知られている。

　塩化ベンゼンジアゾニウムに**ナトリウムフェノキシド**を作用させると，p-ヒドロキシアゾベンゼン（p-フェニルアゾフェノール）が生成する。(知識42参照)
(2)(ア)

$$\underset{\text{塩化ベンゼンジアゾニウム}}{\text{C}_6\text{H}_5\text{N}_2\text{Cl}} + \underset{\text{ナトリウムフェノキシド}}{\text{C}_6\text{H}_5\text{ONa}} \longrightarrow \underset{p\text{-ヒドロキシアゾベンゼン}}{\text{C}_6\text{H}_5\text{-N}=\text{N-C}_6\text{H}_4\text{-OH}} + \text{NaCl}$$

10, 12行目

> 同様に, pH指示薬として用いられるメチルレッドは, (イ) をジアゾ化し, その後 (ウ) とカップリング反応することにより合成される。

先生「題意のメチルレッド

$$\underset{}{\text{（COOH基をもつベンゼン環）}}-N=N-\underset{}{\text{（ベンゼン環）}}-N(CH_3)_2$$

は, **アゾ基**$-N=N-$をもつ, **アゾ化合物**だ」

生徒「アゾ化合物は, "カップリング(アゾカップリング, または, ジアゾカップリングとも呼ばれる)"によって合成されるのですよね。でも, "カップリング"って?」

先生「**カップリングは,『(芳香族)ジアゾニウム塩 RN_2X(ここでは, Xはハロゲン原子など, Rにはベンゼン環が含まれる)にフェノール類または芳香族アミンを作用させることによって, アゾ化合物をつくること』**だよ」

生徒「では, 題意のメチルレッドの場合には, (COOH, N_2X をもつベンゼン環) のようなジアゾニウム塩に (ベンゼン環)$-N(CH_3)_2$ という芳香族アミン(N,N-ジメチルアニリン)(3)(ウ) を作用させたと考えてよさそうですね。で, ジアゾニウム塩は, "ジアゾ化"によって合成されるのですよね。でも, "ジアゾ化"って?」

先生「**ジアゾ化は,『芳香族アミン RNH_2(Rにはベンゼン環が含まれる)に亜硝酸を作用させることによって, (芳香族)ジアゾニウム塩 RN_2X をつくること』**だよ」

生徒「では, (COOH, N_2X をもつベンゼン環) のようなジアゾニウム塩の場合には, (COOH, NH_2 をもつベンゼン環)(3)(イ) という化合物(o-アミノ安息香酸)に亜硝酸を作用させたと考えてよさそうですね」

18 アニリンとその誘導体②

12，13行目

このようなアゾ基を有するアゾ化合物は，合成染料の大半を占めている。

アゾ化合物の例には，赤橙色の染料である1-フェニルアゾ-2-ナフトールや，黄色の染料であるp-アミノアゾベンゼンなどがある。

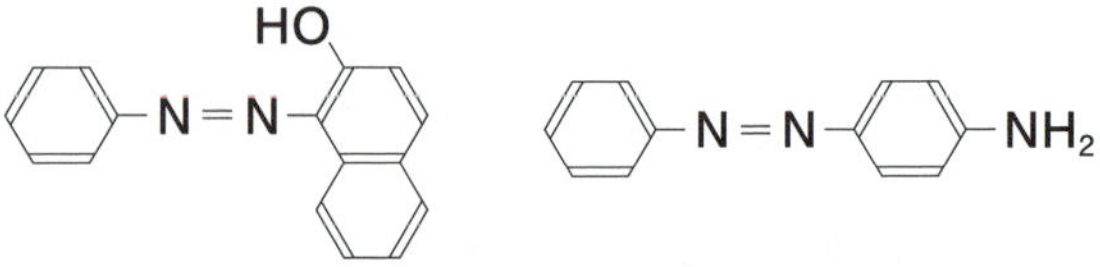

1-フェニルアゾ-2-ナフトール　　p-アミノアゾベンゼン

解答　(1)

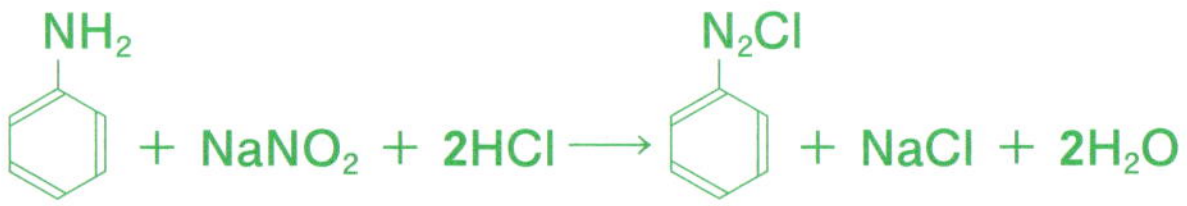

(2)（ア）ナトリウムフェノキシド

(3)（イ）

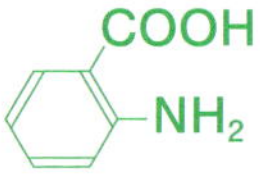

（ウ）

PART3 芳香族化合物

THEME 19 芳香族アミド

問題 19

次の文章を読み，以下の問いに答えよ。必要があれば，原子量として下の値を用いよ。

H＝1.0, C＝12.0, N＝14.0, O＝16.0

> 　炭素，水素，窒素，酸素からなる中性物質A（分子量211）があり，その元素分析値は，炭素79.6％，水素6.2％，窒素6.6％であった。この化合物に濃硝酸と濃硫酸との混合物を作用させたところ，化合物Bが得られた。Bを加水分解すると，ともにパラ二置換ベンゼン化合物であるCとDが得られた。元素分析から，Dは窒素を含まないことがわかった。一方，化合物Bを過マンガン酸カリウム水溶液中で加熱したのち，得られた酸性物質にスズと塩酸を作用させると，化合物Eが得られた。Eは重合して高分子化合物Fになった。

(1) 化合物Aの分子式を書け。
(2) 化合物A〜Eの構造式を示せ。

横浜市立大

問題 19 の読み方

1, 2行目

> 　炭素，水素，窒素，酸素からなる中性物質A（分子量211）があり，その元素分析値は，炭素79.6％，水素6.2％，窒素6.6％であった。

分子量と元素分析値とから，分子式中の各原子の個数を計算すると，

分子式中の炭素C原子数 $= \dfrac{211 \times \dfrac{79.6}{100}}{12} \fallingdotseq 14$（個）

$$\text{分子式中の水素 H 原子数} = \frac{211 \times \frac{6.2}{100}}{1} \fallingdotseq 13 \text{（個）}$$

$$\text{分子式中の窒素 N 原子数} = \frac{211 \times \frac{6.6}{100}}{14} \fallingdotseq 1 \text{（個）}$$

$$\text{分子式中の酸素 O 原子数} = \frac{211 - (12 \times 14 + 1 \times 13 + 14 \times 1)}{16}$$

$$= 1 \text{（個）}$$

となる。よって，化合物 A の**分子式**は $\underset{(1)\ A}{C_{14}H_{13}NO}$ と求められる。

> **答え** 化合物 A の分子式は $\underset{(1)\ A}{C_{14}H_{13}NO}$ である。

3, 4 行目

> この化合物に濃硝酸と濃硫酸との混合物を作用させたところ，化合物 B が得られた。

生徒「『濃硝酸と濃硫酸との混合物を作用させたところ〜が得られた』という文章は，**ヒドロキシ基の硝酸エステル化**（$-OH \rightarrow -ONO_2$）を意味しているのでしょうか。それとも，**ベンゼン環のニトロ化**を意味しているのでしょうか」

先生「大胆に推論してみないか。推論して，推論が問題文全体と矛盾しなければ，その推論は正しいということだ。推論が問題文の一部とでも矛盾したなら，推論をやり直せばいいじゃないか」

生徒「それもそうですね。【4, 5 行目】に『B を加水分解すると，ともにパラ二置換ベンゼン化合物である C と D が得られた』という文章がありますから，化合物 A からの誘導体である化合物 B がベンゼン環をもつことは確実ですね。ならば，化合物 A がベンゼン環をもつことも間違いないですね。ここでは，**ベンゼン環のニトロ化を考えてみる**ことにします」

●ここでは，次のような反応が起こったと推論する。

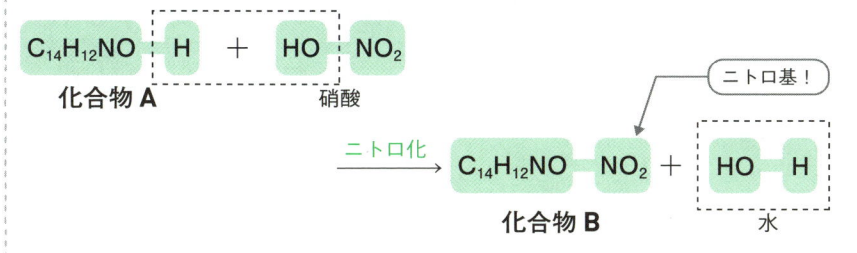

$C_{14}H_{12}NO$ ─ H ＋ HO ─ NO_2
化合物 A　　　　　　　硝酸

　→(ニトロ化)　$C_{14}H_{12}NO$ ─ NO_2 ＋ HO ─ H
　　　　　　　　　　化合物 B　　　　　　　水

（ニトロ基！）

> **推論**
> 化合物 B を $C_{14}H_{12}NO-NO_2$ と，つまり，**ニトロ基をもつ**と推論する。

4, 5 行目

　B を加水分解すると，ともにパラ二置換ベンゼン化合物である C と D が得られた。

生徒「加水分解される構造には，**エステル結合** $-\underset{\underset{O}{\|}}{C}-O-$ や**アミド結合** $-\underset{\underset{O}{\|}}{C}-\underset{H}{N}-$ がありますね」

先生「B にはエステル結合はないね。だって，A のニトロ化合物である B にエステル結合があるなら，A にもエステル結合があるはずだろ。しかし，A の分子式中には酸素原子が 1 個しかないから，A はエステル結合をもつことはできないよ」

生徒「そうですね。ならば，B は**アミド結合をもつと考える**ことにします」

> **推論**
> 化合物 B は**アミド結合をもつ**と推論する。

　B はアミド結合をもつと推論した。すると，**加水分解によって 2 つのパラ二置換ベンゼン化合物が得られる**ことと，推論した B の化学式（ニトロ基をもつ）から，さらに，具体的な B の構造として次の 2 つの構造（**候補①，候補②**）が推論される。

── 化合物 B の候補① ──

CH₃─◯─C(=O)─N(H)─◯─NO₂

候補①は、『ニトロ基をもち、その化学式は C₁₄H₁₂NO—NO₂ である』、『アミド結合をもち、加水分解によって2つのパラ二置換ベンゼン化合物となる』を満たしている。

加水分解 →

── C または D ──
CH₃─◯─C(=O)─OH

＋

── D または C ──
H₂N─◯─NO₂

── 化合物 B の候補② ──

CH₃─◯─N(H)─C(=O)─◯─NO₂

候補②も、『ニトロ基をもち、その化学式は C₁₄H₁₂NO—NO₂ である』、『アミド結合をもち、加水分解によって2つのパラ二置換ベンゼン化合物となる』を満たしている。

加水分解 →

── C または D ──
CH₃─◯─NH₂

＋

── D または C ──
HO─C(=O)─◯─NO₂

推論

化合物 B の候補には

候補①：CH₃─◯─C(=O)─N(H)─◯─NO₂ と

候補②：CH₃─◯─N(H)─C(=O)─◯─NO₂ とがある。

> **5，6行目**
> 元素分析から，Dは窒素を含まないことがわかった。

先生「化合物Bの可能性として，**候補②は適さない**。なぜならば，2つの加水分解生成物の両方に窒素原子が含まれているので，『**Dは窒素を含まない**』**に矛盾する**からね」

生徒「では，化合物Bは**候補①**なのですね」

先生「そうだね。ここまでのいくつかの推論のもとでは，化合物A，化合物B，化合物C，化合物Dは次のように決定される。これらの決定は，問題文と何の矛盾もない」

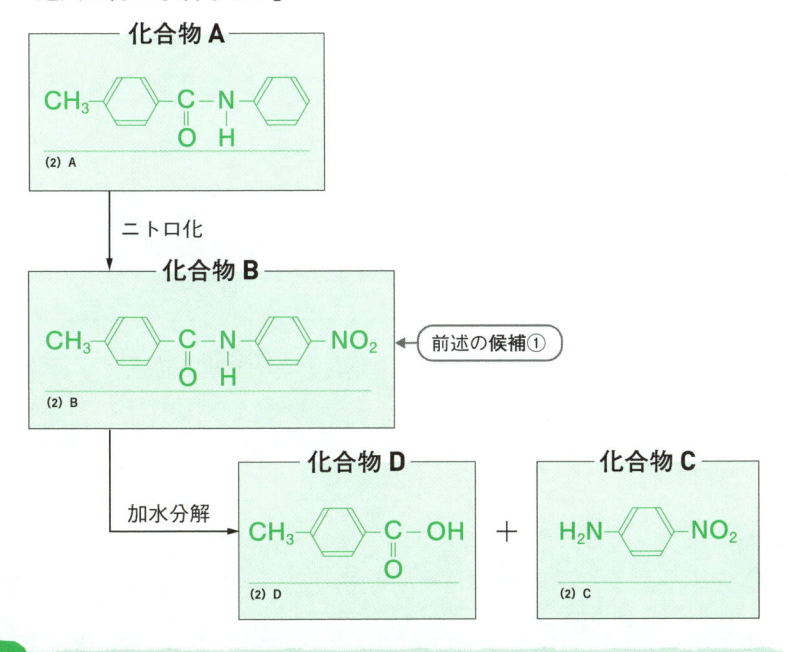

―― 化合物A ――
CH_3–⟨benzene⟩–C(=O)–N(H)–⟨benzene⟩
(2) A

↓ ニトロ化

―― 化合物B ――
CH_3–⟨benzene⟩–C(=O)–N(H)–⟨benzene⟩–NO_2 （前述の候補①）
(2) B

↓ 加水分解

―― 化合物D ――
CH_3–⟨benzene⟩–C(=O)–OH
(2) D

＋

―― 化合物C ――
H_2N–⟨benzene⟩–NO_2
(2) C

> **答え**
> 化合物Bは前述の**候補①**である。
> また，化合物A～Dは上記の通りである。

19 芳香族アミド

6〜8行目

> 一方，化合物 B を過マンガン酸カリウム水溶液中で加熱したのち，得られた酸性物質にスズと塩酸を作用させると，化合物 E が得られた。

先生「過マンガン酸カリウムとの反応によって，**側鎖の酸化**（$-CH_3 \rightarrow -COOH$）が起こったと考えられる（知識29参照）」

生徒「さらに，スズと塩酸との反応によって，**ニトロ基の還元**（$-NO_2 \rightarrow -NH_2$）が起こったと考えられますね（知識31参照）」

化合物 B:
$CH_3-\text{[ベンゼン環]}-\underset{\underset{O}{\|}}{C}-\underset{H}{N}-\text{[ベンゼン環]}-NO_2$

$\xrightarrow[KMnO_4]{側鎖の酸化}$　$-CH_3 \rightarrow -COOH$

$HO-\underset{\underset{O}{\|}}{C}-\text{[ベンゼン環]}-\underset{\underset{O}{\|}}{C}-\underset{H}{N}-\text{[ベンゼン環]}-NO_2$

$\xrightarrow[Sn, HCl]{ニトロ基の還元}$　$-NO_2 \rightarrow -NH_2$

化合物 E:
$HO-\underset{\underset{O}{\|}}{C}-\text{[ベンゼン環]}-\underset{\underset{O}{\|}}{C}-\underset{H}{N}-\text{[ベンゼン環]}-NH_2$

(2) E

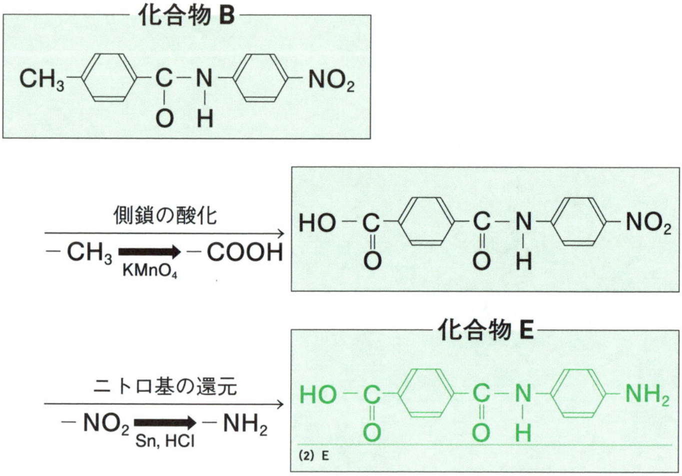

答え 化合物 E は上記の通りである。

8 行目

> E は重合して高分子化合物 F になった。

生徒「化合物 E は両端にカルボキシ基とアミノ基とをもっているから，たしかに，縮合重合によって，高分子化合物になれますね」

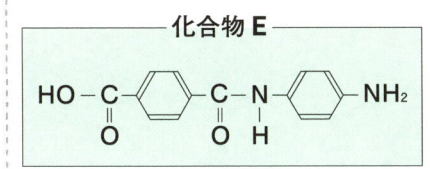

化合物 E：

HO−C(=O)−⟨ベンゼン環⟩−C(=O)−N(H)−⟨ベンゼン環⟩−NH$_2$

→ 縮合重合 →

化合物 F：

[−C(=O)−⟨ベンゼン環⟩−C(=O)−N(H)−⟨ベンゼン環⟩−N(H)−]$_n$

この化合物は，ナイロンのメチレン基 −CH$_2$− の連鎖をベンゼン環で置換した構造をもっている。このような構造をもつ繊維（芳香族ポリアミド繊維）を**アラミド繊維**と呼ぶ。ナイロンなど脂肪族のポリアミド繊維に比べて，より引っ張り強度や弾力に富む。

THEME 19 芳香族アミド

解答
(1) $C_{14}H_{13}NO$

(2)
A：CH$_3$−⟨C$_6$H$_4$⟩−C(=O)−N(H)−⟨C$_6$H$_5$⟩

B：CH$_3$−⟨C$_6$H$_4$⟩−C(=O)−N(H)−⟨C$_6$H$_4$⟩−NO$_2$

C：H$_2$N−⟨C$_6$H$_4$⟩−NO$_2$

D：CH$_3$−⟨C$_6$H$_4$⟩−C(=O)−OH

E：HO−C(=O)−⟨C$_6$H$_4$⟩−C(=O)−N(H)−⟨C$_6$H$_4$⟩−NH$_2$

THEME 20 芳香族化合物の分離

問題 20
次の文章を読み，以下の問いに答えよ。

芳香族化合物 A〜E の混合物を溶かしたジエチルエーテル溶液がある。これに対し，次図に示すような分離あるいは反応操作を行った。ただし，化合物 F は次図に示した操作により，化合物 B が変化したものである。

〔文章1〕 化合物 A を $FeCl_3$ 水溶液に加えると，青紫色を呈した。また，化合物 A 713 mg をベンゼン 25 g に溶解させて沸点上昇度を測定したところ，0.77 K の沸点上昇が観察された。ただし，ベンゼンのモル沸点上昇は，2.54 K·kg/mol である。

〔文章2〕 化合物 B はナフタレンを V_2O_5 を触媒として空気酸化することにより合成できる。

〔文章3〕 分子を構成する原子の質量数の和を，分子質量数と呼ぶものとする。化合物 C には，分子質量数 M のものと $M+2$ のものがほぼ 3：1 の比で存在する。また，化合物 C に高温・高圧下で NaOH を作用させると，化合物 A が生じることが知られている。

〔文章4〕 化合物 E に無水酢酸を作用させて得られる化合物 G は，かつて解熱鎮痛剤として用いられた。

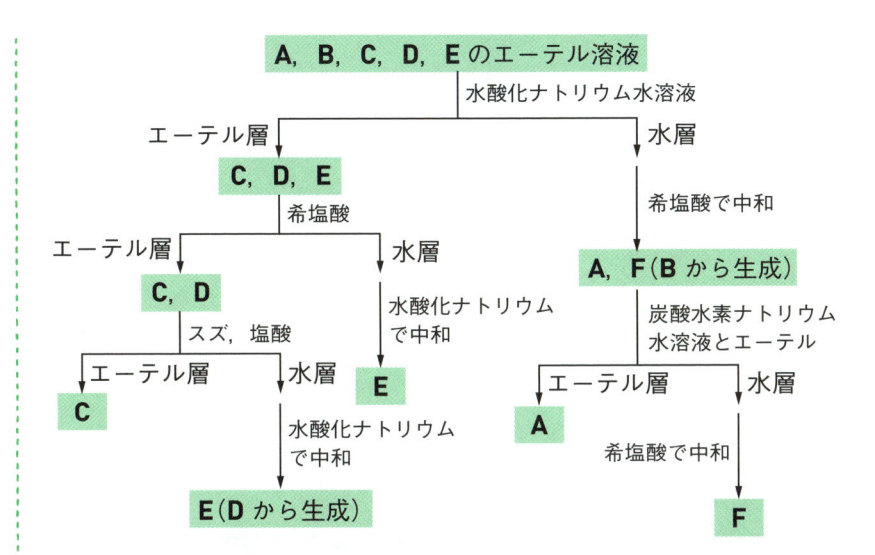

```
                    A, B, C, D, E のエーテル溶液
                              │
                              │ 水酸化ナトリウム水溶液
                    ┌─────────┴─────────┐
                  エーテル層              水層
                    │                     │
                  C, D, E                 │ 希塩酸で中和
                    │                     │
                    │ 希塩酸           A, F (B から生成)
          ┌─────────┴─────────┐           │
        エーテル層            水層          │ 炭酸水素ナトリウム
          │                    │           │ 水溶液とエーテル
        C, D               水酸化ナトリウム ┌─┴─────────┐
          │                  で中和      エーテル層   水層
          │ スズ，塩酸          │           │          │
      ┌───┴───┐                E            A          │ 希塩酸で中和
    エーテル層 水層                                      │
      │        │                                         F
      C        │ 水酸化ナトリウム
               で中和
               │
           E (D から生成)
```

化合物 A, B, C, D, E, F の構造式を示せ。

東京大

問題 20 の読み方

文章 1 の前半

> 化合物 A を $FeCl_3$ 水溶液に加えると，青紫色を呈した。

一般に，フェノール類は，塩化鉄(Ⅲ)水溶液を加えられると，**青紫～赤紫に呈色する。**（知識 34 参照）

すなわち，化合物 A がフェノール類であることは明らかである。

わかったこと

化合物 A はフェノール類である。

文章1の後半

また，化合物 A 713 mg をベンゼン 25 g に溶解させて沸点上昇度を測定したところ，0.77 K の沸点上昇が観察された。ただし，ベンゼンのモル沸点上昇は，2.54 K・kg/mol である。

沸点上昇や凝固点降下については，次の式を知っておきたい。

> **沸点上昇度(K)＝モル沸点上昇(K・kg/mol)×溶液の質量モル濃度(mol/kg)**
>
> $\qquad$ ＝モル沸点上昇(K・kg/mol)×$\dfrac{\text{溶質の物質量(mol)}}{\text{溶媒の質量(kg)}}$
>
> ただし，溶質が電離も会合もしない場合。

> **凝固点降下度(K)**
>
> $\qquad$ ＝モル凝固点降下(K・kg/mol)×溶液の質量モル濃度(mol/kg)
>
> $\qquad$ ＝モル凝固点降下(K・kg/mol)×$\dfrac{\text{溶質の物質量(mol)}}{\text{溶媒の質量(kg)}}$
>
> ただし，溶質が電離も会合もしない場合。

化合物 A の分子量を M_A とおくと，

$\qquad$ 沸点上昇度 (K)＝モル沸点上昇(K・kg/mol)×$\dfrac{\text{溶質の物質量 (mol)}}{\text{溶媒の質量 (kg)}}$

より，溶質は化合物 A，溶媒はベンゼンであるから，

$$0.77 = 2.54 \times \dfrac{\dfrac{713 \times 10^{-3}}{M_A}}{\dfrac{25}{1000}}$$

となり，これを解くと $M_A \fallingdotseq 94$ と求まる。

すなわち，化合物 A は分子量が 94 のフェノール類である。このような条件を満たす化合物は，フェノール C_6H_5OH 以外にはない。

答え　化合物 A はフェノール（OH）である。

文章2

化合物 B はナフタレンを V_2O_5 を触媒として空気酸化することにより合成できる。

ナフタレンや o-キシレンを適当な触媒（酸化バナジウム（V）V_2O_5 など）の存在下で空気酸化すると，工業的に，無水フタル酸が合成できる。（知識30 参照）

o-キシレン　ナフタレン　　　　　　　　　無水フタル酸

【文章2】は，次のように，内容的には 知識30 と同一である。

ナフタレン　　　　　　　　フタル酸　　　　　　　無水フタル酸

よって，【文章2】からは，化合物 B は無水フタル酸であろうと推論できる。

答え

化合物 B は**無水フタル酸**である。

前文の後半

ただし，化合物 F は次図に示した操作により，化合物 B が変化したものである。

生徒「図の

B
　│水酸化ナトリウム水溶液
　↓　水層
　　　│希塩酸で中和
　　　↓
　　　F

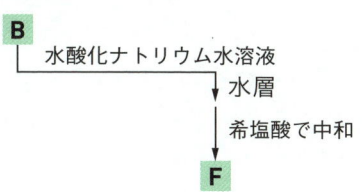

において，「水層」という部分までが示しているのは，化合物 B が水酸化ナトリウム水溶液に溶けたということですね」

先生「そうだね。化合物 B（無水フタル酸）は水酸化ナトリウム水溶液と

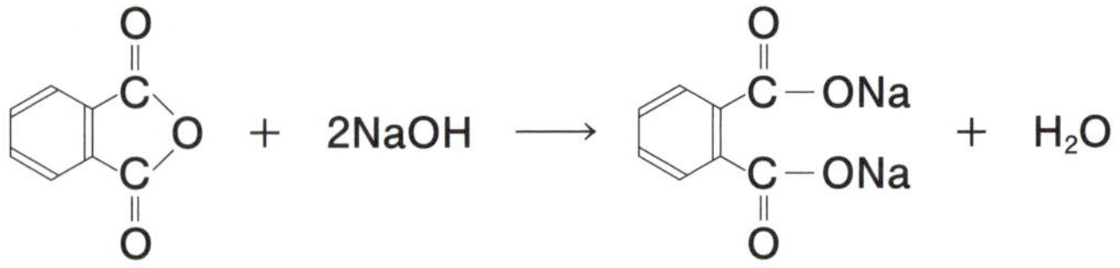

無水フタル酸(化合物 B) + 2NaOH ⟶ フタル酸のナトリウム塩 + H₂O

のように反応して，ナトリウム塩になって水層に溶解しているんだ」

生徒「問題文で示された図によれば，水層に溶解しているナトリウム塩を希塩酸で中和すると化合物 F が得られます。そこで，上述のフタル酸のナトリウム塩（弱酸の塩）に希塩酸（強酸）を作用させることを考えてみたいと思います。**弱酸の遊離**（「弱酸の塩」に「強酸」を作用させると，「強酸の塩」が生成して「弱酸」が遊離するという反応（知識 26 参照））が起こり，

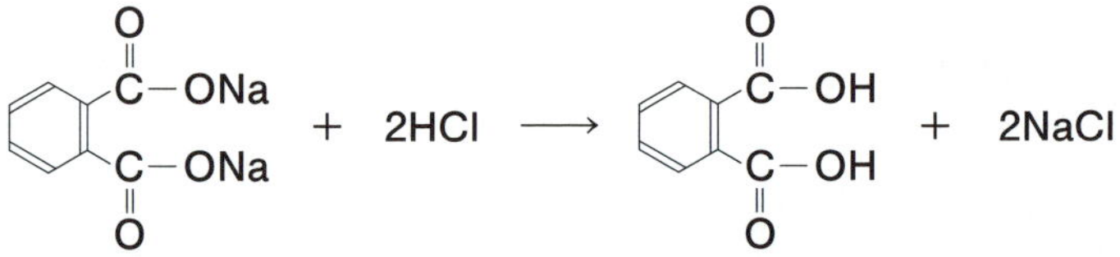

弱酸の塩 + 2HCl ⟶ 弱酸 フタル酸(化合物 F) + 2NaCl
　　　　　強酸　　　　　　　　　　　　　　　　　強酸の塩

のようにフタル酸が得られます。そうか，化合物 F はフタル酸ですね」

> **答え**
>
> **化合物 F は フタル酸** 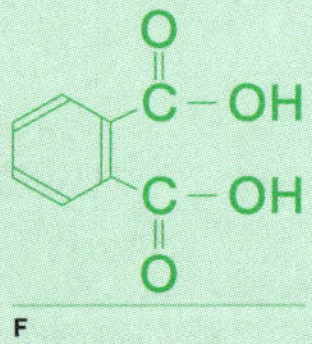 である。
> F

文章 3 の後半

　また，化合物 C に高温・高圧下で NaOH を作用させると，化合物 A が生じることが知られている。

クロロベンゼンに高温・高圧下で水酸化ナトリウムを作用させると、加水分解が起こり、ナトリウムフェノキシドが生成する。さらに、ナトリウムフェノキシドの水溶液に二酸化炭素を通じたり、塩酸を加えたりすると、フェノールが遊離する。 知識 31 を参照し、ベンゼンからフェノールを合成する種々の流れについて、用いる試薬の種類、反応名を含め、しっかりとまとめておこう。

【文章1の後半】の読解より、化合物Aはフェノールである。よって、【文章3の後半】からは、化合物Cはクロロベンゼンであろうと推論できる。

> 推論
>
> 化合物Cはクロロベンゼン C_6H_5Cl であると推論される。

文章3の前半

> 分子を構成する原子の質量数の和を、分子質量数と呼ぶものとする。化合物Cには、分子質量数Mのものと$M+2$のものがほぼ3:1の比で存在する。

生徒「化合物Cはクロロベンゼンであると推論しましたが、クロロベンゼンの分子質量数は2種類あるのですか」

先生「塩素原子Clには、質量数が35のものと、質量数が37のものが、ほぼ3:1の割合で存在する。そのことに注意しなければね」

生徒「水素原子の質量数を1、炭素原子の質量数を12とすれば、クロロベンゼン C_6H_5Cl には、分子質量数が112のものと、分子質量数が114 (= 112+2) のものが、ほぼ3:1の割合で存在することになるわけですね」

よって、【文章3の前半】の内容は、【文章3の後半】の読解(『化合物Cはクロロベンゼンであろう』)に矛盾しない。

> 答え
>
> 化合物Cは**クロロベンゼン**である。

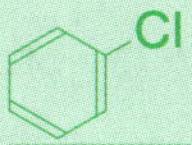

文章4

化合物 E に無水酢酸を作用させて得られる化合物 G は，かつて解熱鎮痛剤として用いられた。

生徒「"無水酢酸を作用させて得られる解熱鎮痛剤" って何がありますか」

先生「サリチル酸に無水酢酸を作用させると，アセチルサリチル酸が得られる。あるいは，アニリンに無水酢酸を作用させると，アセトアニリドが得られる。どちらも解熱鎮痛作用をもっている。（知識 37 参照）

だから，"無水酢酸を作用させて得られる解熱鎮痛剤" という情報だけからだと，化合物 E にはサリチル酸やアニリンという複数の候補が，化合物 G にはアセチルサリチル酸やアセトアニリドという複数の候補が考えられるね」

推論

化合物 E の候補には，サリチル酸，アニリンなどがある。化合物 G の候補には，アセチルサリチル酸，アセトアニリドなどがある。

生徒「化合物 E については，問題で示された図中にも情報があります。その情報から，候補を絞り込もうと思います」

前文の前半

芳香族化合物 A～E の混合物を溶かしたジエチルエーテル溶液がある。これに対し，次図に示すような分離あるいは反応操作を行った。

生徒「化合物 E は，最初に，水酸化ナトリウム水溶液を加えてもエーテル層にとどまる。つまり，**水酸化ナトリウム水溶液とは反応しない**。すなわち，**酸性の化合物ではない**ってことですね。どうやら化合物 E は，サリチル酸ではなさそうです（←サリチル酸は酸性の化合物である！）」

先生「化合物 E は，次に，希塩酸を加えると水層に移動する。つまり，**希塩酸と反応して水溶性の塩となる**。すなわち，**塩基性の化合物である**ってことだ。どうやら化合物 E は，アニリンのようだね（←アニリンは塩基性の化合物である！）」

生徒「図中の

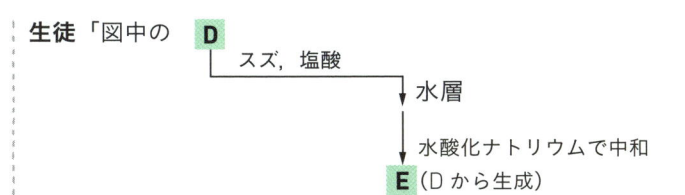

```
 D
 └─ スズ，塩酸
        ↓ 水層
        ↓ 水酸化ナトリウムで中和
        E （D から生成）
```

という部分はどう解釈するのでしょう」

先生「ニトロベンゼンにスズと塩酸を作用させて，ニトロベンゼンの還元を行うと，水溶性のアニリン塩酸塩が生成する。アニリン塩酸塩に水酸化ナトリウムを作用させると，アニリンが遊離する。（知識 31 参照）

　この流れは図の流れとぴったり一致するね。化合物 E は推論した通りのアニリンに間違いなく，また，化合物 D はニトロベンゼンだと考えていいんじゃないかな」

生徒「化合物 D がニトロベンゼンだという根拠は，他にもありますか」

先生「化合物 D は，最初，水酸化ナトリウム水溶液を加えてもエーテル層にとどまる。次に，希塩酸を加えてもエーテル層にとどまる。つまり，**水酸化ナトリウムとも希塩酸とも反応しない**。すなわち，**中性の化合物**だ。これも化合物 D がニトロベンゼンである根拠になるね（←ニトロベンゼンは中性の化合物である！）」

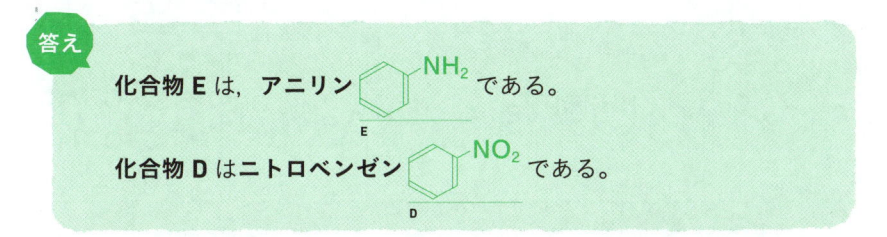

> **答え**
>
> 化合物 E は，アニリン（ベンゼン環-NH_2）である。
>
> 化合物 D はニトロベンゼン（ベンゼン環-NO_2）である。

以上の通り，化合物 A～F が明らかになった。最後に，問題文に示された図中に各化合物の構造式を書き込み，矛盾がないことを確認しよう。次頁に示す通り，矛盾はない。

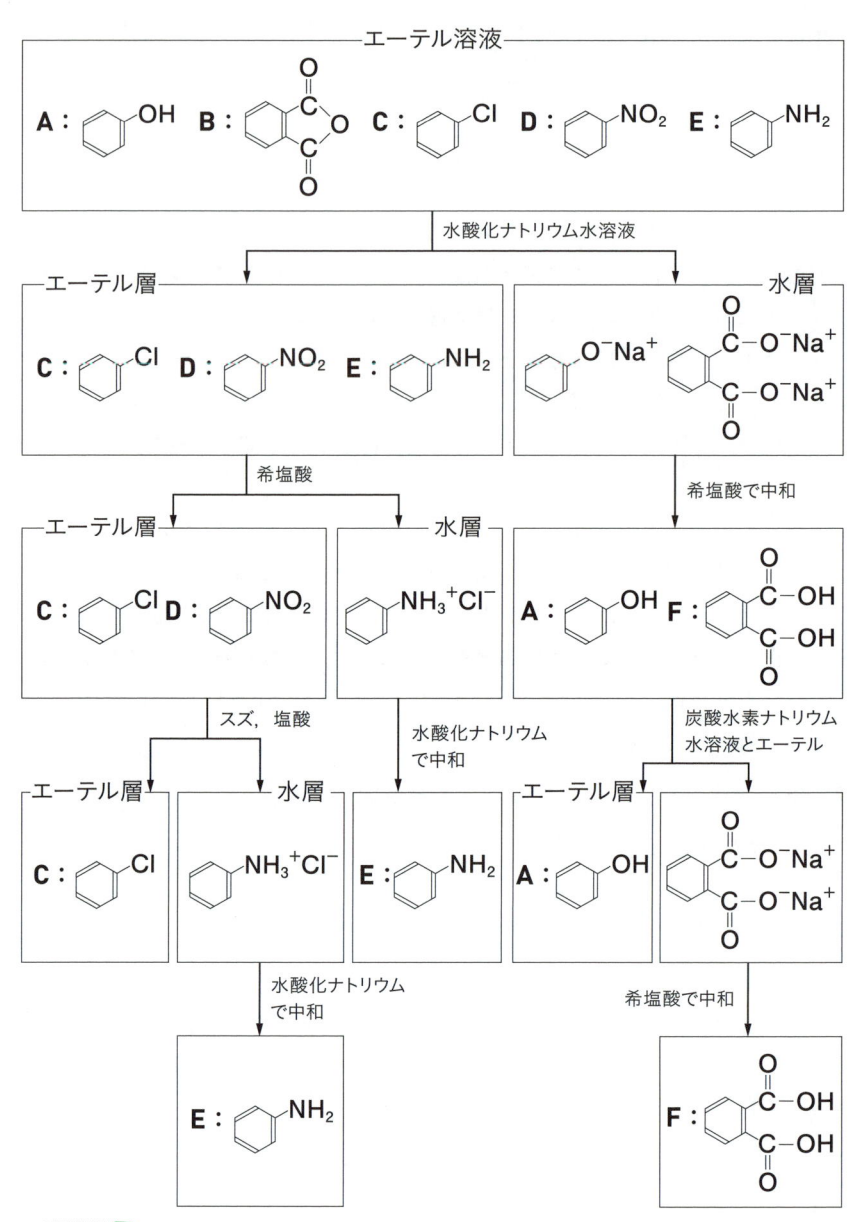

知識 45 を参照し，芳香族化合物の分離について，芳香族化合物の溶解性を中心に，しっかりとまとめておこう。

芳香族化合物の分離

解答

化合物 A： フェノール (C₆H₅OH)

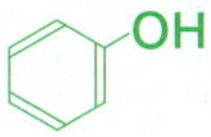

化合物 B： 無水フタル酸

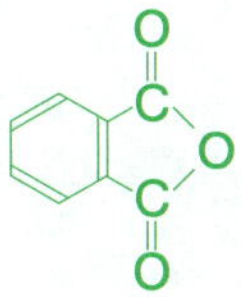

化合物 C： クロロベンゼン

化合物 D： ニトロベンゼン

化合物 E： アニリン

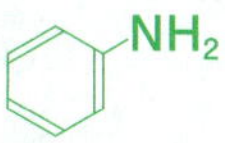

化合物 F： フタル酸

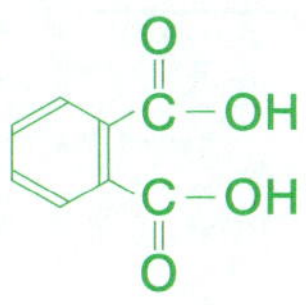

THEME 21 医薬品の合成

問題 21

医薬品の合成に関する次の文章を読み，以下の問いに答えよ。

【アセトフェネチジン（解熱鎮痛剤）の合成】

フェノールから合成される p-エトキシニトロベンゼンに操作 A を行うと，化合物 1 が得られる。さらに，化合物 1 に操作 B を行うと，アセトフェネチジンが得られる。

$$CH_3CH_2O-\langle\bigcirc\rangle-NO_2 \xrightarrow{\text{操作A}} 1 \xrightarrow{\text{操作B}} CH_3CH_2O-\langle\bigcirc\rangle-NHCOCH_3$$

p-エトキシニトロベンゼン　　　　　　　　　　　アセトフェネチジン

(1) 操作 A および操作 B を次頁の操作群から選び，番号で答えよ。
(2) 化合物 1 の構造式をアセトフェネチジンの構造式にならって書け。

【ベンゾカイン（局所麻酔剤）の合成】

トルエンに操作 C を行うと，主要な生成物として 2 種類の異性体 2 と 3 が生成する。さらに温度を上げて長時間反応を続けると，化合物 4 が得られる。化合物 4 は爆薬として用いられる。化合物 4 の分子量は 227 であり，元素分析を行ったところ，炭素 37.01％，水素 2.22％，窒素 18.50％であった。

分離精製した化合物 2 を原料に用いて，ベンゾカインの合成を行った。化合物 2 に操作 D を行うと化合物 5 が得られ，5 に操作 A を行うと化合物 6 が得られる。化合物 6 に操作 E を行うとベンゾカインが得られる。

$$\langle\bigcirc\rangle-CH_3 \xrightarrow{\text{操作C}} 2+3 \xrightarrow[\text{長時間}]{\text{操作C}} 4$$

$$\downarrow \text{分離精製}$$

$$2 \xrightarrow{\text{操作D}} 5 \xrightarrow{\text{操作A}} 6 \xrightarrow{\text{操作E}} H_2N-\langle\bigcirc\rangle-COOCH_2CH_3$$

ベンゾカイン

(3) 操作 C，操作 D および操作 E を下記の操作群から選び，番号で答えよ。

(4) 化合物 2 および化合物 4 の化合物名を書け。また，化合物 5 および化合物 6 の構造式をベンゾカインの構造式にならって書け。

> 【プロントジル（抗菌剤）の合成】
>
> ベンゼンに操作 C を行うと化合物 7 が得られる。化合物 7 に，さらに操作 C を行うと，主要な生成物として分子量 168 の化合物 8 が得られる。化合物 8 に操作 A を行うと化合物 9 が得られる。アニリンから合成されるスルファニルアミドに操作 F を行うと，化合物 10 が生成する。ただちに，化合物 10 を化合物 9 の水溶液と混合し反応させる。その後，中和するとプロントジルのみが得られる。

(5) 化合物 7，化合物 8 および化合物 9 の構造式をプロントジルの構造式にならって書け。また，化合物 10 の構造式を次の例にならって書け。

〈例〉 $CH_3COO^-Na^+$

(6) 操作 F を次の操作群から選び，番号で答えよ。

---操作群---

① 水酸化ナトリウム水溶液を加えて温める。

② エタノール溶液にして，少量の濃硫酸を加えて温める。

③ 無水酢酸を加えて加熱する。

④ 過マンガン酸カリウム水溶液を加えて加熱し，その後，酸性にする。

⑤ 5℃以下に冷やしながら塩酸酸性にして，亜硝酸ナトリウム水溶液を加える。

⑥ ナトリウムフェノキシドの水溶液を加える。

⑦ 希塩酸を加えて温める。

⑧ 塩化鉄(Ⅲ)水溶液を加える。

⑨ スズと塩酸を加えて加熱し，その後，塩基性にする。

⑩ 濃硝酸と濃硫酸の混合物を加えて加熱する。

11 臭素と鉄粉を加える。
12 濃硫酸を加えて加熱する。

富山医科薬科大

問題21 の読み方

【アセトフェネチジン（解熱鎮痛剤）の合成】

フェノールから合成される p-エトキシニトロベンゼンに操作Aを行うと，化合物1が得られる。さらに，化合物1に操作Bを行うと，アセトフェネチジンが得られる。

$$CH_3CH_2O-\text{◯}-NO_2 \xrightarrow{\text{操作A}} 1 \xrightarrow{\text{操作B}} CH_3CH_2O-\text{◯}-NHCOCH_3$$

p-エトキシニトロベンゼン　　　　　　　　　アセトフェネチジン

【アセトフェネチジンの合成】

CH_3CH_2O- を $R-$ で表すと，**題意の合成経路**は次の通りである。

p-エトキシニトロベンゼン（NO₂, R）─〔操作A〕→ 化合物1 ─〔操作B〕→ アセトフェネチジン（NHCOCH₃, R）

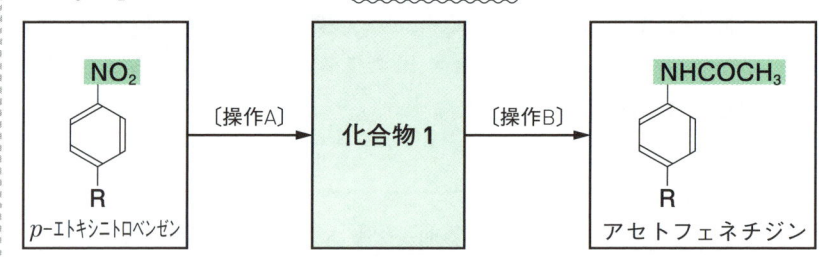

ちなみに，**ニトロベンゼンからアセトアニリドの合成経路**は次の通りである。（知識39，知識41参照）

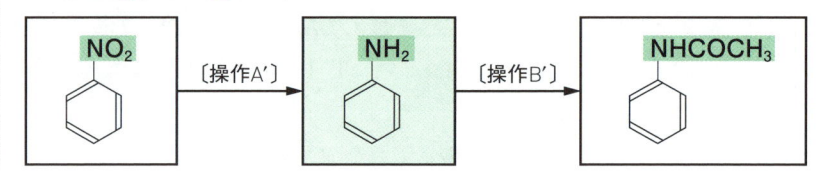

ニトロベンゼン（NO₂）─〔操作A'〕→ アニリン（NH₂）─〔操作B'〕→ アセトアニリド（NHCOCH₃）

ただし、〔操作A′〕と〔操作B′〕の内容は以下に示す通りである。

〔操作A′〕**還元**：スズと塩酸を加えて加熱し、その後、塩基性にする。
〔操作B′〕**アセチル化**：無水酢酸を加えて加熱する。

『題意の合成経路』と『ニトロベンゼンからアセトアニリドの合成経路』とを比較すると、R－以外の部分は同じである。すなわち、〔操作A〕は〔操作A′〕に等しく、〔操作B〕は〔操作B′〕に等しいものと推論できる。ちなみに、R－(CH_3CH_2O-)の部分は、〔操作A〕（〔操作A′〕と同一）によって還元されることもなく、〔操作B〕（〔操作B′〕と同一）によってアセチル化やエステル化されることもない。

―― 化合物1 ――
NH_2

CH_3CH_2O
(2) 1

よって、上述の推論（〔操作A〕は〔操作A′〕に等しく、〔操作B〕は〔操作B′〕に等しい）には矛盾はないものと考えられ、化合物1の構造は右上のように考えられる。

> **わかったこと**
>
> 〔操作A〕はニトロ基の還元（$-NO_2 \rightarrow -NH_2$：操作群の[9]）である。また、〔操作B〕はアミノ基のアセチル化（$-NH_2 \rightarrow -NHCOCH_3$：操作群の[3]）である。
> (1) B　　　　　　　　　　　　　　　　　　　　　　(1) A

【ベンゾカイン（局所麻酔剤）の合成】

トルエンに操作Cを行うと、主要な生成物として2種類の異性体2と3が生成する。さらに温度を上げて長時間反応を続けると、化合物4が得られる。化合物4は爆薬として用いられる。化合物4の分子量は227であり、元素分析を行ったところ、炭素37.01%、水素2.22%、窒素18.50%であった。

【ベンゾカインの合成】①

題意の合成経路（トルエンから化合物4）は次の通りである。

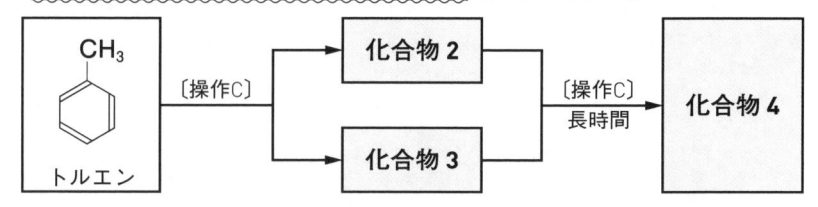

```
トルエン ─[操作C]→ 化合物2 ┐
                          ├─[操作C]長時間→ 化合物4
          ─[操作C]→ 化合物3 ┘
```

ちなみに，**トルエンから2,4,6-トリニトロトルエンの合成経路**は次の通りである。

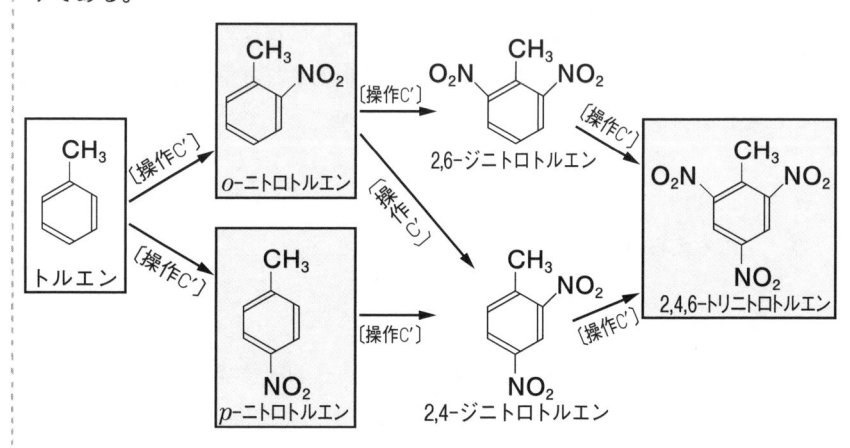

```
        ─[操作C']→ o-ニトロトルエン ─[操作C']→ 2,6-ジニトロトルエン ┐
トルエン                          ╲[操作C']                      ├→ 2,4,6-トリニトロトルエン
        ─[操作C']→ p-ニトロトルエン ─[操作C']→ 2,4-ジニトロトルエン ┘
```

ただし，〔操作 C'〕の内容は以下に示す通りである。

〔操作 C'〕**ニトロ化**：濃硝酸と濃硫酸の混合物を加えて加熱する。

『題意の合成経路』と『トルエンから2,4,6-トリニトロトルエンの合成経路』とを比較すると，極めて類似している。すなわち，〔操作 C〕は〔操作 C'〕に等しいものと推論できる。ちなみに，後述のように，化合物2からベンゼンの p-二置換体であるベンゾカインが誘導されることから，化合物2もベンゼンの p-二置換体であるに違いない。よって，化合物2は p-ニトロトルエン，化合物3は o-ニトロトルエン，化合物4は 2,4,6-トリニトロトルエンであると考えられる。

化合物 4 が 2, 4, 6-トリニトロトルエンであるという推論は，『題意に示された性質：爆薬として用いられる』や『題意に示された分子量と元素分析値：分子量は 227，炭素 37.01%，水素 2.22%，窒素 18.50%➡以上より求められる分子式は $C_7H_5N_3O_6$』とも合致する。

🧩 わかったこと

〔操作 C〕はベンゼンのニトロ化（$-H \rightarrow -NO_2$：操作群の[10]）である。また，化合物 2 は *p*-ニトロトルエン，化合物 3 は *o*-ニトロトルエン，化合物 4 は **2, 4, 6-トリニトロトルエン**である。
(3) C
(4) 2
(4) 4

分離精製した化合物 2 を原料に用いて，ベンゾカインの合成を行った。化合物 2 に操作 D を行うと化合物 5 が得られ，5 に操作 A を行うと化合物 6 が得られる。化合物 6 に操作 E を行うとベンゾカインが得られる。

$$\text{C}_6\text{H}_5-\text{CH}_3 \xrightarrow{\text{操作C}} 2+3 \xrightarrow[\text{長時間}]{\text{操作C}} 4$$
$$\downarrow \text{分離精製}$$
$$2 \xrightarrow{\text{操作D}} 5 \xrightarrow{\text{操作A}} 6 \xrightarrow{\text{操作E}} H_2N-\text{C}_6\text{H}_4-COOCH_2CH_3 \text{ (ベンゾカイン)}$$

【ベンゾカインの合成】②

題意の合成経路（化合物 2 からベンゾカイン）は次の通りである。

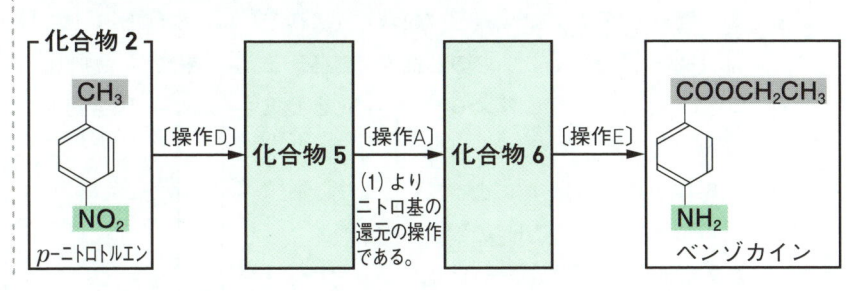

化合物 2 （*p*-ニトロトルエン：CH_3, NO_2）
〔操作D〕→ 化合物 5
〔操作A〕→ 化合物 6 （(1) よりニトロ基の還元の操作である。）
〔操作E〕→ ベンゾカイン（$COOCH_2CH_3$, NH_2）

ちなみに，**トルエンから安息香酸の合成経路**および**ニトロベンゼンからアニリンの合成経路**，さらに，**安息香酸から安息香酸エチルの合成経路**は次の通りである。

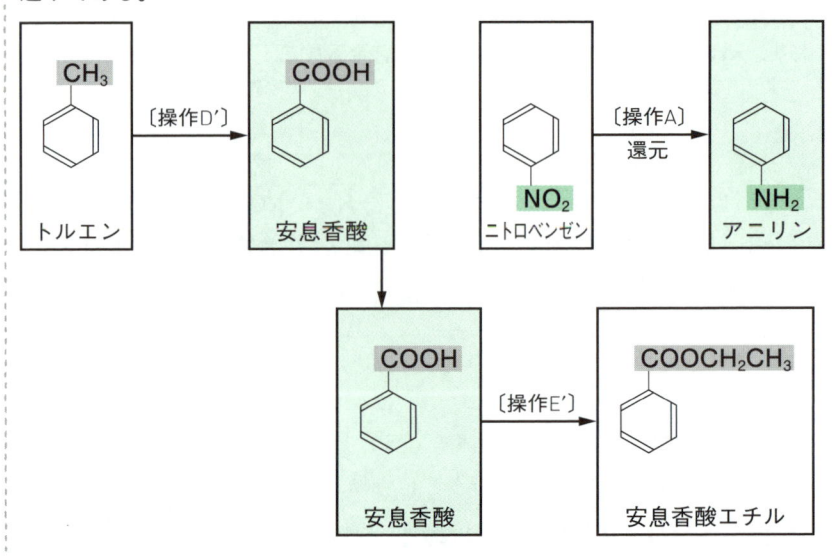

[トルエン] —[操作D']→ [安息香酸 COOH]

[ニトロベンゼン NO₂] —[操作A] 還元→ [アニリン NH₂]

[安息香酸 COOH] —[操作E']→ [安息香酸エチル COOCH₂CH₃]

ただし，〔操作 D'〕，〔操作 E'〕の内容は以下に示す通りである。

〔操作 D'〕**酸化**：過マンガン酸カリウム水溶液を加えて加熱し，その後，酸性にする。
〔操作 E'〕**エステル化**：エタノール溶液にして，少量の濃硫酸を加えて温める。

『題意の合成経路（p-ニトロトルエン：$-CH_3$ → ベンゾカイン：$-COOCH_2CH_3$）』と『トルエンから安息香酸，安息香酸から安息香酸エチルの合成経路（トルエン：$-CH_3$ → 安息香酸エチル：$-COOCH_2CH_3$）』とを比較すると，極めて類似している。すなわち，〔操作 D〕は〔操作 D'〕に，〔操作 E〕は〔操作 E'〕に等しいものと推論できる。推論の結果，化合物5，化合物6の構造は右のように考えられる。ちなみに，$-NO_2$の部分は，〔操作 D〕（〔操作 D'〕と同一）によって酸化されることもなく，$-NH_2$の部分は，〔操作 E〕（〔操作 E'〕と同一）によってエステル化されることもない。

化合物5: COOH, NO₂ (para)
(4)5

化合物6: COOH, NH₂ (para)
(4)6

よって，前述の推論（〔操作 D〕は〔操作 D′〕に，〔操作 E〕は〔操作 E′〕に等しい）には矛盾がないものと考えられる。

> **わかったこと**
>
> 〔操作 D〕はベンゼンの側鎖の酸化（$-CH_3 \rightarrow -COOH$：操作群の$\boxed{4}$），
> 〔操作 E〕はエタノールとのエステル化（$-COOH \rightarrow -COOCH_2CH_3$：操作群の$\boxed{2}$）である。
> (3) E　　　　　　　　　　　　　　　　　　　　　　　　　　(3) D

> 【プロントジル（抗菌剤）の合成】
>
> ベンゼンに操作 C を行うと化合物 7 が得られる。化合物 7 に，さらに操作 C を行うと，主要な生成物として分子量 168 の化合物 8 が得られる。化合物 8 に操作 A を行うと化合物 9 が得られる。

【プロントジルの合成】①

題意の合成経路（ベンゼンから化合物 9）は次の通りである。

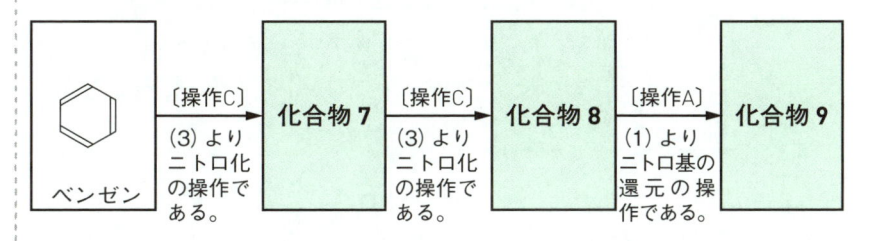

ベンゼン →〔操作C〕(3)よりニトロ化の操作である。→ 化合物 7 →〔操作C〕(3)よりニトロ化の操作である。→ 化合物 8 →〔操作A〕(1)よりニトロ基の還元の操作である。→ 化合物 9

プロントジルには，互いに m-位の位置関係にある 2 つのアミノ基$-NH_2$ がある。この 2 つのアミノ基$-NH_2$ は，その結合場所から考えて，スルファニルアミドのアミノ基$-NH_2$ とは無関係である。よって，この 2 つのアミノ基$-NH_2$ は化合物 9 に由来すると考えられる。すなわち，化合物 9 はベンゼン環に 2 つのアミノ基がメタ位に置換した化合物である可能性が高い。よって，化合物 7，化合物 8，化合物 9 を次頁のように推論することができる。

― 化合物7 ―
NO₂
ニトロベンゼン

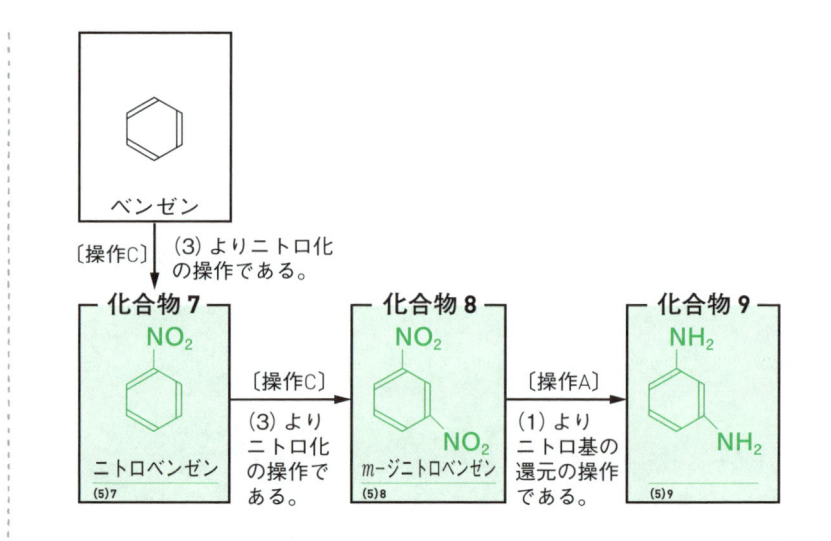

― 化合物8 ―
NO₂ / NO₂
m-ジニトロベンゼン

― 化合物9 ―
NH₂ / NH₂

ベンゼン

〔操作C〕(3)よりニトロ化の操作である。

〔操作C〕(3)よりニトロ化の操作である。

〔操作A〕(1)よりニトロ基の還元の操作である。

化合物8がジニトロベンゼンであるという推論は，『題意に示された化合物8の分子量：分子量は168』とも合致する。

アニリンから合成されるスルファニルアミドに操作Fを行うと，化合物10が生成する。ただちに，化合物10を化合物9の水溶液と混合し反応させる。その後，中和するとプロントジルのみが得られる。

ベンゼン →[操作C] 7 →[操作C] 8 →[操作A] 9

H₂N―〈 〉―SO₂NH₂ →[操作F] 10
スルファニルアミド

→ H₂NO₂S―〈 〉―N=N―〈 〉―NH₂
                              |
                              H₂N
プロントジル

【プロントジルの合成】②

題意の合成経路（スルファニルアミドの誘導体と化合物9からプロントジル） は次の通りである。

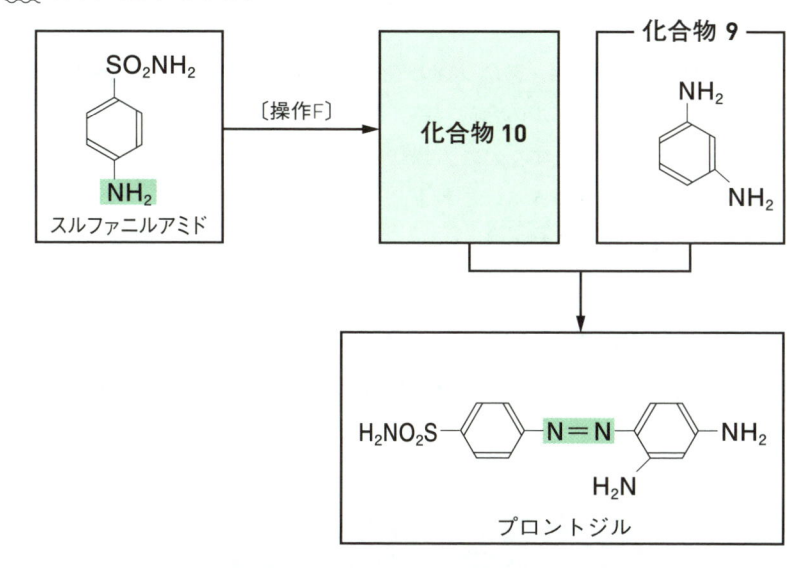

ちなみに，**アニリンとフェノールからp-フェニルアゾフェノールの合成経路**は次の通りである。

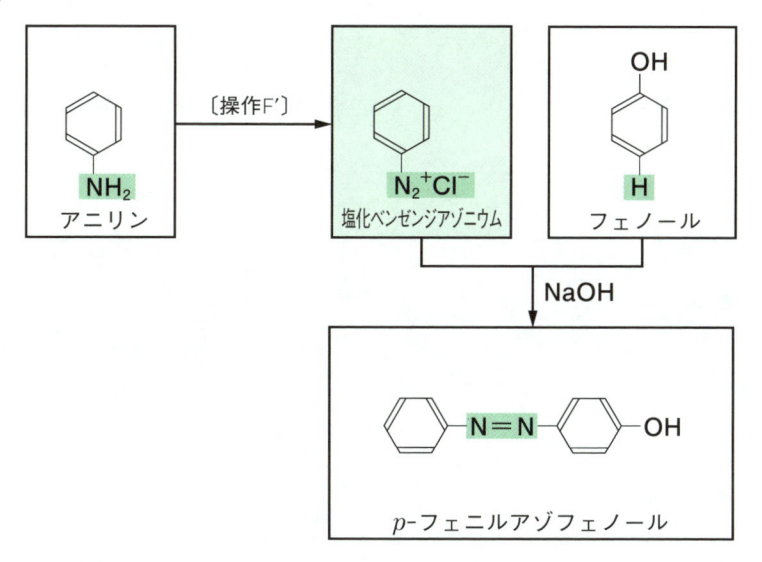

ただし，〔操作 F′〕の内容は以下に示す通りである。

〔操作 F′〕**ジアゾ化**：5℃以下に冷やしながら塩酸酸性にして，亜硝酸ナトリウム水溶液を加える。

『題意の合成経路』と『アニリンとフェノールから p-フェニルアゾフェノールの合成経路』とを比較すると，極めて類似している。すなわち，〔操作 F〕は〔操作 F′〕に等しいものと推論できる。これより，化合物 10 の構造は右のように考えられる。

化合物 10

構造式：p位に SO_2NH_2 と $N_2^+Cl^-$ を持つベンゼン環

わかったこと

〔操作 F〕はアミノ基のジアゾ化（$-NH_2 \rightarrow -N_2Cl$：操作群の [5]）である。

解答 (1) 操作A：⑨　操作B：③

(2) 化合物1：

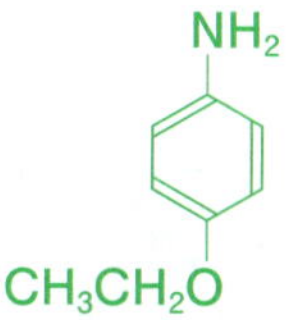

(p-エトキシアニリン: ベンゼン環に —NH₂ と —OCH₂CH₃ がパラ位)

(3) 操作C：⑩　操作D：④　操作E：②

(4) 化合物2：p-ニトロトルエン

　　化合物4：2, 4, 6-トリニトロトルエン

　　化合物5：4-ニトロ安息香酸（COOH と NO₂ がパラ位）

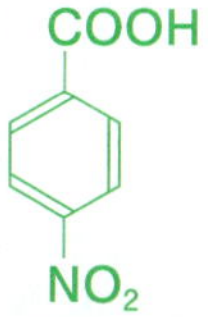

　　化合物6：4-アミノ安息香酸（COOH と NH₂ がパラ位）

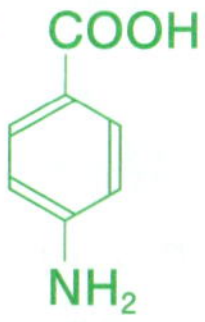

(5) 化合物7：ニトロベンゼン

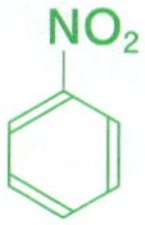

　　化合物8：m-ジニトロベンゼン

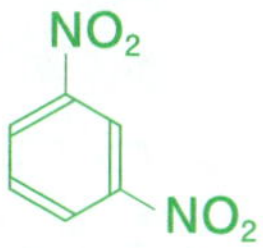

　　化合物9：m-フェニレンジアミン

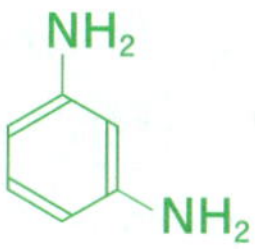

　　化合物10：p-SO₂NH₂ と -N₂⁺Cl⁻ を持つベンゼン

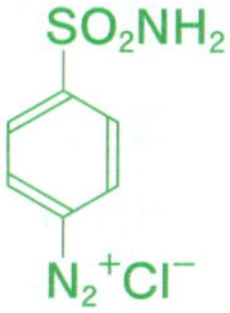

(6) 操作F：⑤

PART 4 天然有機化合物, 核酸

生徒 「ここでは, 天然有機化合物と核酸を扱うのですね。天然有機化合物にはどのようなものがあるのですか」

先生 「私達の学習の対象としての天然有機化合物には, 『油脂』, 『糖類 (単糖類, 二糖類, 多糖類)』, 『アミノ酸』と『タンパク質』などがある。これらは, 細胞の核中に存在する『核酸』とあわせて, 私達の生命の維持や身体の構成と深い関わりがある。『油脂』は酸素を含む脂肪族化合物で確認したので, ここでは, 天然高分子化合物である『多糖類』, 『タンパク質』, 『核酸』を中心に, その単量体である『単糖類』や『アミノ酸』についても確認していこう」

生徒 「『多糖類』, 『タンパク質』, 『核酸』, つまり, 天然**高分子化合物**を中心に置くことにこだわるのはなぜでしょう」

先生 「高分子化合物であることに意識を向けると, 『多糖類』, 『タンパク質』, 『核酸』の学習ポイントはほぼ同様なので, 学習しやすいからだよ。具体的には, "単量体はどのような化合物か", "重合形式はどのような結合か", "重合体の構造 (特に, 立体構造) にはどのような特徴があり, その構造 (特に, 立体構造) に由来してどのような性質を示すようになるのか" などが, 『多糖類』, 『タンパク質』, 『核酸』のどの場合にも学習ポイントになるからね。

　知識 56 を参照し, 多糖類, タンパク質, 核酸について, 同じ高分子化合物であるという視点から, 繰り返し単位の種類や結合様式, 立体構造の特徴の違いなどを中心に, しっかりとまとめておこう。」

生徒 「『多糖類』の代表例は, なんと言っても, デンプンですね」

先生 「デンプンの構造とその構造に由来する性質 (アミロペクチンの構造推定) に関する問題23 では, らせん構造とヨウ素デンプン反応の関わりなどを確認しておこう。アミロペクチンの枝分かれの数を推定するという主題は, まるでパズルを解くような楽しげな内容だと感じて欲しいし, 俗に言う難関校ではそれなりに頻出でもあるよ。セルロースの構造とそ

の構造に由来する性質（セルロースからのニトロセルロースの誘導）に関する問題24では，デンプンとは異なり，セルロースの繰り返し単位中に存在するヒドロキシ基の数が一定であることが，このような計算ができるポイントになっているね」

生徒 「『タンパク質』や『核酸』についての留意点はありますか」

先生 「タンパク質の構造とその構造に由来する性質（試料中のタンパク質含有量の推定）に関する問題26では，単純タンパク質中の窒素の質量百分率は，タンパク質の種類に関わらず，ほぼ同じであることが，このような計算ができるポイントになっているね。核酸の構造とその構造に由来する性質に関する問題27では，DNAのもつ塩基配列という構造が，遺伝情報をもつという性質に関わっていることを，しっかりと確認しておこう」

生徒 「単量体である『単糖類』や『アミノ酸』については，どのような学習ポイントがあるでしょうか」

先生 「重合体と同様に，"構造にはどのような特徴があり，その構造に由来してどのような性質を示すようになるのか"などが学習ポイントの一つになると思うよ。単糖類～多糖類の（構造とその構造に由来する）性質（糖類の種類の判別）に関する問題22では，還元性の有無によって，糖類の種類の判別ができることをしっかりと確認しておきたい」

生徒 「還元性の有無で糖類の種類の判別ができるのですか」

先生 「単糖類は還元性を示すが，多糖類は一般に還元性を示さない。また，二糖類には還元性を示すものと示さないものがあるからね。ただ，出題例の中では，還元性を示したり示さなかったりすることに関わる構造には触れられていないので，教科書や参考書を使って，還元性の有無と構造との関わりをしっかりと確認しておこう。また，アミノ酸の構造とその構造に由来する性質（トリペプチドの構造推定）に関する問題25では，どのような構造（官能基）をもつアミノ酸が，その構造（官能基）に由来してどのような性質（構造異性体の数，光学異性体の有無，キサントプロテイン反応や酢酸鉛（Ⅱ）との反応など）をもつかを，しっかりと確認したいね」

THEME 22 糖類

問題 22

7種類の糖質(ア)〜(キ)の水溶液を用いて実験を行い,以下の結果を得た。ただし,(ア)〜(カ)は次の選択肢中のいずれかであり,糖質(キ)は右下に示す通りである。必要があれば,原子量として H＝1.0,C＝12,O＝16 を用い,以下の問いに答えよ。

選択肢
デンプン,マルトース,スクロース,セロビオース,グルコース,フルクトース

糖質(キ)の構造式（α-1,4-グリコシド結合の繰り返し単位）

(**実験 A**) (ア)〜(カ)の各糖質の水溶液にフェーリング液を加えて煮沸すると,(ア),(イ),(エ),(カ)は赤色沈殿を生じたが,(ウ),(オ)は変化しなかった。

(**実験 B**) (ウ),(エ),(カ)を希塩酸中で煮沸すると,いずれも(ア)と同じ化学的性質を示す糖質へと変化した。

(**実験 C**) (オ)の水溶液にインベルターゼを加え室温で数時間放置すると,(ア)と(イ)の混合物を生じた。

(**実験 D**) (ウ),(エ),(オ)の水溶液にそれぞれアミラーゼを加え室温で数時間放置すると,(ウ)からは(エ)と同じ糖質が生じたが,(エ),(オ)は何ら変化しなかった。

(**実験 E**) グルコース1 molにフェーリング液を充分に加えて煮沸すると,1 molの Cu_2O が生成するものとする。いま,グルコースが α-1,4-グリコシド結合によって n 個結合した糖質(キ)がある。この糖質(キ)50 gを水に溶解し,フェーリング液を充分に加えて煮沸すると,0.1 molの Cu_2O が生成した。

(1) 糖質(ア)〜(カ)として最も適当と思われるものを選択肢の中から選べ。

(2) 糖質(キ)はグルコースが何個結合したものか。数値を記せ。ただし,計算値が小数の場合は,小数第一位を四捨五入せよ。

東京理科大(薬)

問題22 の読み方

実験A

> （ア）〜（カ）の各糖質の水溶液にフェーリング液を加えて煮沸すると，（ア），（イ），（エ），（カ）は赤色沈殿を生じたが，（ウ），（オ）は変化しなかった。

選択肢中の各糖質について還元性の有無を検討する。
多糖類である**デンプンは還元性を示さない**ので，フェーリング液とは反応しない。**スクロースは還元性を示さない**が，他の二糖類である**マルトース，セロビオースは還元性を示す**。単糖類である**グルコース，フルクトースは還元性を示す**ので，フェーリング液と反応して赤色の沈殿 Cu_2O を生じる。
知識 46 を参照し，糖類の加水分解について，加水分解の条件（酵素名），糖類の還元性の有無やグルコースが還元性を示す理由を含め，しっかりとまとめておこう。

> **推論**
>
> よって，
> 　　（ア），（イ），（エ），（カ）＝マルトース，セロビオース
> 　　　　　　　　　　　　　　　　グルコース，フルクトース　……①
> 　　（ウ），（オ）＝デンプン，スクロース　　　　　　　　　　……②

実験B

> （ウ），（エ），（カ）を希塩酸中で煮沸すると，いずれも（ア）と同じ化学的性質を示す糖質へと変化した。

選択肢中の各糖質について，それを構成する単糖類の種類を検討する。
デンプン，マルトース，セロビオースはグルコースのみから構成されている。
よって，これらを希塩酸中で煮沸すると，グルコースとなる。（知識 46 参照）
　　よって，（ウ），（エ），（カ）＝デンプン，マルトース，セロビオース……③
　　　　　　（ア）＝グルコース　　　　　　　　　　　　　　　　　　……④

> **答え**
> ①, ③の共通項より, (エ), (カ)＝マルトース, セロビオース ……⑤
> ②, ③の共通項より, (ウ)＝**デンプン**
> ④より, (ア)＝**グルコース**

実験 C

> (オ)の水溶液にインベルターゼを加え室温で数時間放置すると, (ア)と(イ)の混合物を生じた。

選択肢中の各糖質について, それを加水分解する酵素の種類を検討する。
スクロースは, グルコースとフルクトースとから構成され, **酵素インベルターゼで加水分解すると, グルコースとフルクトースの混合物となる。**
(知識46 参照)

よって, (オ)＝スクロース ……⑥
(ア), (イ)＝グルコース, フルクトース ……⑦

> **答え**
> ⑥より, (オ)＝**スクロース**
> ④, ⑦より, (イ)＝**フルクトース**
>
> 注：(イ)と(オ)は, 消去法によれば, 実験Bまでの情報のみからでも決定できる。

実験 D

> (ウ), (エ), (オ)の水溶液にそれぞれアミラーゼを加え室温で数時間放置すると, (ウ)からは(エ)と同じ糖質が生じたが, (エ), (オ)は何ら変化しなかった。

選択肢中の各糖質について, それを加水分解する酵素の種類を検討する。
デンプン(ウ)を酵素アミラーゼで加水分解すると, マルトースとなる。
よって, (エ)＝マルトース (知識46参照) ……⑧

> **答え**
> ⑧より, (エ)＝**マルトース**
> ⑤, ⑧より, (カ)＝**セロビオース**

実験 E

グルコース 1 mol にフェーリング液を充分に加えて煮沸すると 1 mol の Cu_2O が生成するものとする。いま,グルコースが α-1,4-グリコシド結合によって n 個結合した糖質(キ)がある。この糖質(キ) 50 g を水に溶解し,フェーリング液を充分に加えて煮沸すると,0.1 mol の Cu_2O が生成した。

グルコース 1 分子は左下に示したように,還元性末端を 1 つしかもたない。糖質(キ)も,繰り返しの数 n がいくつであれ,その 1 分子は右下に示した構造の右端に還元性末端を 1 つしかもたない。

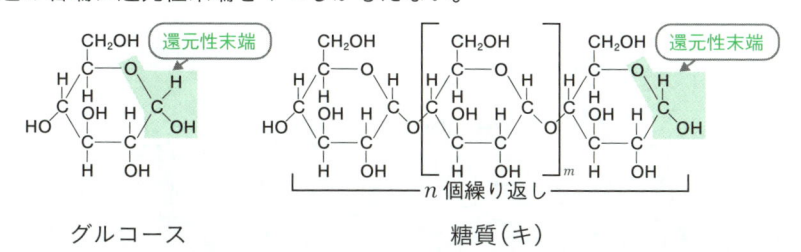

グルコース　　　　　　　　　糖質(キ)

よって,『**グルコース 1 mol** にフェーリング液を充分に加えて煮沸すると **1 mol** の Cu_2O が生成する』ことは,『**糖質(キ) 1 mol（$162n+18$(g)）**

> 糖質(キ)の繰り返し単位の式量は 162 であるから,両端の HO−と−H とを考慮すると,糖質(キ)の分子量は $162n+18$ である。

にフェーリング液を充分に加えて煮沸すると **1 mol** の Cu_2O が生成する』ことを意味する。すなわち,

糖質(キ)の物質量(mol) = Cu_2O の物質量(mol) より,

$$\frac{50}{162n+18} = 0.1 \qquad 計算すると \quad n = 2.9 ≒ 3$$

よって,糖質(キ)はグルコースが 3個 結合したものであると考えられる。
(2)

解答 (1) (ア) グルコース　(イ) フルクトース　(ウ) デンプン
　　　　(エ) マルトース　(オ) スクロース　(カ) セロビオース
(2) 3個

多糖類①

PART4 天然有機化合物，核酸

問題 23 次の文章を読み，以下の問いに答えよ。

植物で生合成されるデンプン $(C_6H_{10}O_5)_n$ は α-グルコースが繰り返し縮合した構造をしており，図1に示すようなアミロースとアミロペクチンという2種類の成分からなる。

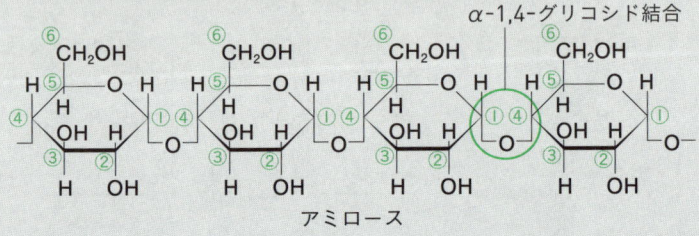

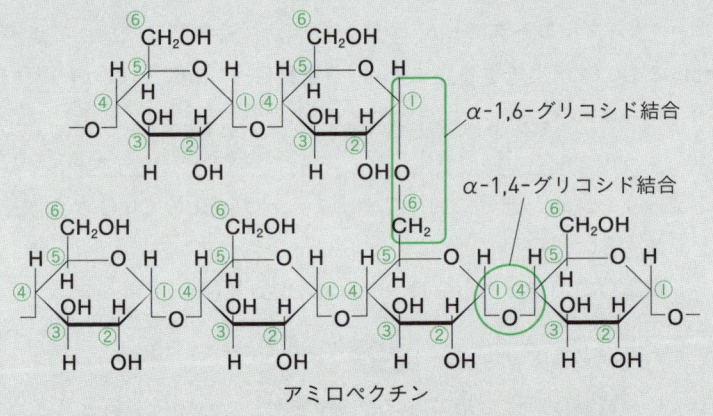

図1 デンプンを構成する2種類の成分の基本骨格

アミロースは α-グルコース同士がそれぞれ1位と4位でグリコシド結合（1,4-グリコシド結合）により縮合した直鎖状構造（枝分かれのない構造）をしている。一方，アミロペクチンは，アミロースと同様の1,4-グリコシド結合に加えて，α-グルコース同士が1位と6位でグリコシド結合（1,6-グリコシド結合）により縮合した枝分かれの多い構造をとっている。

10　アミロースのすべてのヒドロキシ基の水素をメチル基に変換（メチル化）したのち，すべてのグリコシド結合を，酸触媒を用いて加水分解したところ，2種類のメチル化された単糖が得られた。

一方，アミロペクチンのすべてのヒドロキシ基をメチル化したのち，すべてのグリコシド結合を，酸触媒を用いて加水分解したところ，
15　3種類のメチル化された単糖が得られた。

より具体的には，アミロペクチンのヒドロキシ基をすべてメチル化した後に加水分解すると，図2に示すように次の3種類の化合物A，B，Cが得られた。

化合物A（分子量236）　化合物B（分子量222）　化合物C（分子量208）

図2　化合物A，B，Cの構造

上述の反応（メチル化および加水分解）において，分子量が 7.777×10^5 のアミロペクチン 2.00 g から化合物Cが 300 mg 得られた。
20

このアミロペクチン1分子中には，枝分かれが何ヶ所あるか。整数で答えよ。

慶應義塾大（理工），東京理科大（薬）

問題23 の読み方

1〜9行目

植物で生合成されるデンプン（$C_6H_{10}O_5$）$_n$ は〜（途中省略）〜グリコシド結合（1,6-グリコシド結合）により縮合した枝分かれの多い構造をとっている。

ここでは，アミロースとアミロペクチンについて説明されている。この両者については，類似点，相違点についてまとめておこう。

	アミロース	アミロペクチン
分子量	分子量はアミロペクチンの方がかなり大きい。	
枝分かれ	直鎖構造をもつ。 ➡枝分かれはない。	分枝構造をもつ。 ➡枝分かれが多い。
立体構造とヨウ素デンプン反応	分子鎖がらせんを巻いている。よって、ヨウ素デンプン反応を示し、濃青色に呈色する。	分子鎖がらせんを巻いていて、枝分かれが多い。よって、ヨウ素デンプン反応を示し、赤紫色に呈色する。
溶解性	冷水にはほとんど溶けない。熱水には溶ける。	冷水にはほとんど溶けず、熱水にも溶けにくい。

知識 47 を参照し、デンプンとセルロースについて、その違いを念頭に、しっかりとまとめておこう。

10〜12行目

> アミロースのすべてのヒドロキシ基の水素をメチル基に変換（メチル化）したのち、すべてのグリコシド結合を、酸触媒を用いて加水分解したところ、2種類のメチル化された単糖が得られた。

STEP 1 『アミロース』

アミロースは、多数のα-グルコースが一方の1位と他方の4位との間で脱水縮合した形の、枝分かれのない構造をもっている。

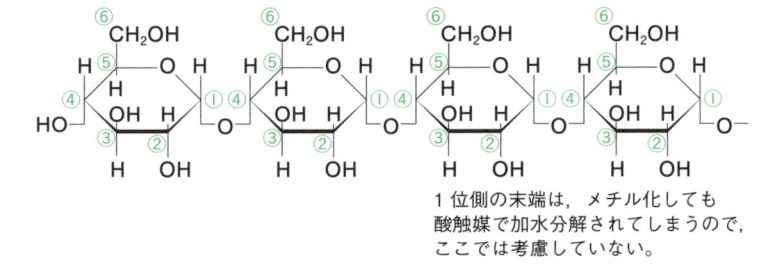

1位側の末端は、メチル化しても酸触媒で加水分解されてしまうので、ここでは考慮していない。

STEP 2 『アミロースのすべてのヒドロキシ基』

アミロースの4位側の末端（左端）にあるグルコース単位には、4つのヒドロキシ基がある。その他の中間部分のグルコース単位には、3つのヒドロキシ基がある。

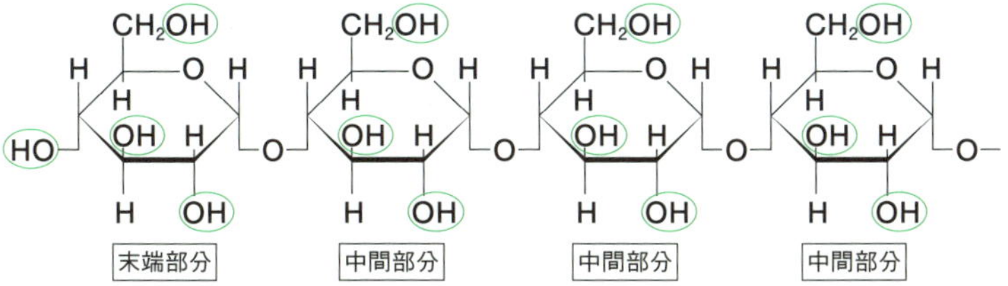

STEP 3 『アミロースのすべてのヒドロキシ基の水素をメチル基に変換（メチル化）』

アミロースの 4 位側の末端（左端）にあるグルコース単位には，4 つの $-OCH_3$ 基がある。その他の中間部分のグルコース単位には，3 つの $-OCH_3$ 基がある。

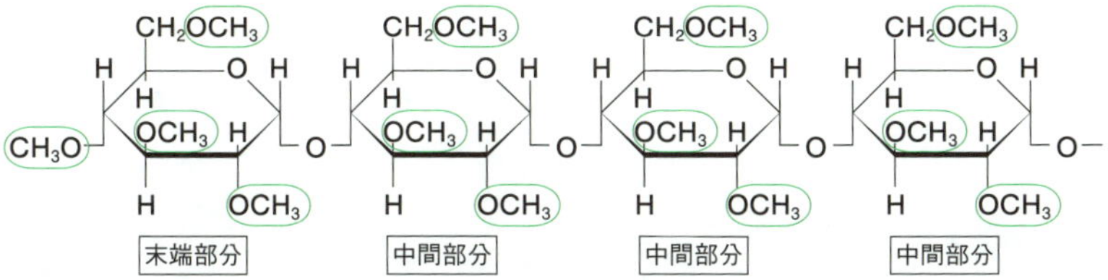

STEP 4 『変換した後，すべてのグリコシド結合を，酸触媒を用いて加水分解した』

加水分解生成物が 2 種類得られる。

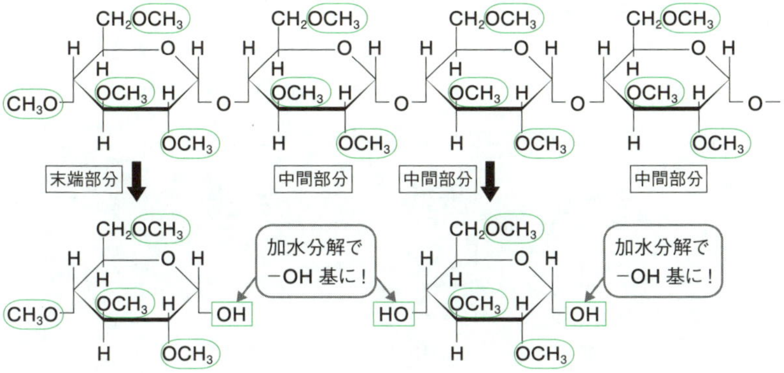

STEP 5 『加水分解したところ，2種類のメチル化された単糖が得られた』

【加水分解生成物①】

アミロースの4位側の末端（左端）にあるグルコース単位から得られる。この部分は，1位のみでグリコシド結合していたので，加水分解によって，1位のみにヒドロキシ基が結合し，2，3，4，6位に－OCH_3基が結合した構造をもつ"メチル化された単糖"になる。これは題意の化合物Aに相当する。

【加水分解生成物②】

アミロースの4位側の末端（左端）を除くグルコース単位から得られる。この部分は，1位と4位でグリコシド結合していたので，加水分解によって，1位と4位にヒドロキシ基が結合し，2，3，6位に－OCH_3基が結合した構造をもつ"メチル化された単糖"になる。これは題意の化合物Bに相当する。

13～15行目

> 一方，アミロペクチンのすべてのヒドロキシ基をメチル化したのち，すべてのグリコシド結合を，酸触媒を用いて加水分解したところ，3種類のメチル化された単糖が得られた。

STEP 1 『アミロペクチン』

アミロペクチンは，多数のα-グルコースが一方の1位と他方の4位との間で脱水縮合し，かつ，ところどころで一方の1位と他方の6位との間で脱水縮合した形の，枝分かれのある構造をもっている。

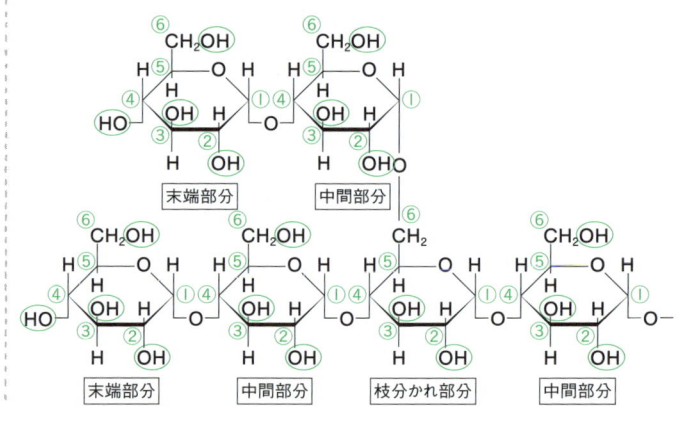

1位側の末端は，メチル化しても酸触媒で加水分解されてしまうので，ここでは考慮していない。

STEP 2 『アミロペクチンのすべてのヒドロキシ基をメチル化』

アミロペクチンの4位側の末端（左端）にあるグルコース単位には，4つのヒドロキシ基がある（前図）。すなわち，メチル化後には，4つの$-OCH_3$基がある（次図）。アミロペクチンの枝分かれ部分にあるグルコース単位には，2つのヒドロキシ基がある（前図）。すなわち，メチル化後には，2つの$-OCH_3$基がある（次図）。その他のグルコース単位には，3つのヒドロキシ基がある（前図）。すなわち，メチル化後には，3つの$-OCH_3$基がある（次図）。

STEP 3 『メチル化後，すべてのグリコシド結合を，酸触媒を用いて加水分解した』

加水分解生成物が3種類得られる。

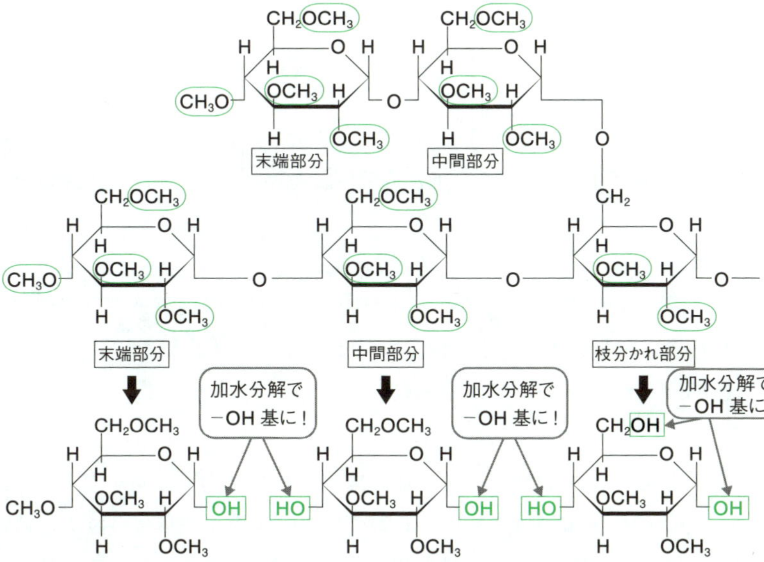

STEP 4 『加水分解したところ，3種類のメチル化された単糖が得られた』

【加水分解生成物①】

アミロペクチンの4位側の末端（左端）にあるグルコース単位から得られる。この部分は，1位のみでグリコシド結合していたので，加水分解によって，1位のみにヒドロキシ基が結合し，2，3，4，6位に$-OCH_3$基が結合した構造をもつ"メチル化された単糖"になる。これは題意の化合物Aに相当する。

【加水分解生成物②】

アミロースの 4 位側の末端（左端）と枝分かれ部分を除くグルコース単位から得られる。この部分は，1 位と 4 位でグリコシド結合していたので，加水分解によって，1 位と 4 位にヒドロキシ基が結合し，2，3，6 位に $-OCH_3$ 基（メチル化された）が結合した構造をもつ "単糖" になる。これは題意の化合物 B に相当する。

【加水分解生成物③】

アミロースの枝分かれ部分にあるグルコース単位から得られる。この部分は，1 位と 4 位，6 位でグリコシド結合していたので，加水分解によって，1 位と 4 位，6 位にヒドロキシ基が結合し，2，3 位に $-OCH_3$ 基が結合した構造（メチル化された）をもつ "単糖" になる。これは題意の化合物 C に相当する。

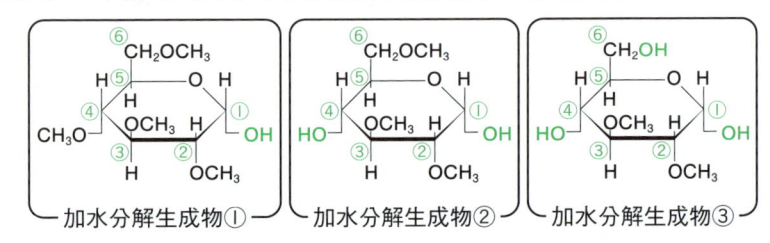

加水分解生成物①　加水分解生成物②　加水分解生成物③

16〜18 行目

> より具体的には，アミロペクチンのヒドロキシ基をすべてメチル化した後に加水分解すると，図 2 に示すように次の 3 種類の化合物 A，B，C が得られた。

題意に示された化合物 A は，上述の加水分解生成物①と同一で，アミロペクチンの 4 位側の末端（左端）にあるグルコース単位から得られる化合物である。また，化合物 B は，上述の加水分解生成物②と同一で，アミロースの末端（左端）と枝分かれ部分を除くグルコース単位から得られる化合物である。さらに，化合物 C は，上述の加水分解生成物③と同一で，アミロースの枝分かれ部分にあるグルコース単位から得られる化合物である。

次の図は，化合物 A，B，C の，加水分解前のアミロペクチンの分子鎖中での位置をイメージしたものである。

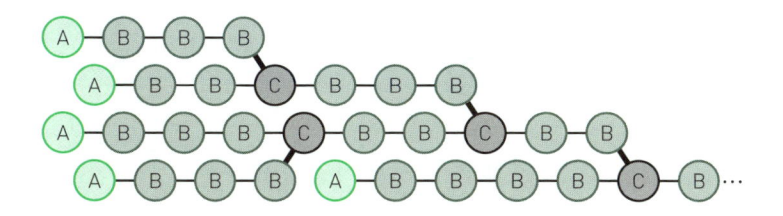

19〜20 行目

> 上述の反応（メチル化および加水分解）において，分子量が 7.777×10^5 のアミロペクチン 2.00 g から化合物 C が 300 mg 得られた。

STEP 1 『分子量が 7.777×10^5 のアミロペクチン 2.00 g』

このアミロペクチンの分子量は 7.777×10^5 であるから，このアミロペクチンの物質量 a 〔mol〕は，

$$a = \frac{2.00}{7.777 \times 10^5} = 2.571 \times 10^{-6} \text{ (mol)}$$

STEP 2 『化合物 C が 300 mg』

化合物 C の分子量は 208 であるから，化合物 C の物質量 b 〔mol〕は，

$$b = \frac{300 \times 10^{-3}}{208} = 1.442 \times 10^{-3} \text{ (mol)}$$

STEP 3

STEP1 と STEP2 より，このアミロペクチン 2.571×10^{-6} mol からは化合物 C 1.442×10^{-3} mol が得られる。言い換えれば，このアミロペクチン 2.571×10^{-6} 分子からは化合物 C 1.442×10^{-3} 分子が得られる。化合物 C はアミロースの枝分かれ部分にあるグルコース単位から得られる化合物であるから，このアミロペクチン 1 分子中の枝分かれの数は，

$$\text{求める枝分かれの数} = \frac{b}{a} = \frac{1.442 \times 10^{-3}}{2.571 \times 10^{-6}} = \mathbf{560.8}$$

解答 **561 ヶ所**

PART4 天然有機化合物，核酸

THEME 24 多糖類②

問題 24

セルロースに濃硝酸と濃硫酸の混合物を作用させると，ヒドロキシ基の一部がエステル化されたニトロセルロースを生じる。いま，セルロース 9.0 g からニトロセルロース 14.0 g が得られた。このとき，セルロース分子中のヒドロキシ基でエステル化されなかったものは，ヒドロキシ基全体の何％にあたるかを計算せよ。ただし，小数点以下を切り捨てよ。必要があれば，原子量として次の値を用いよ。
$H=1.0$, $C=12.0$, $N=14.0$, $O=16.0$

立命館大（理工）

問題 24 の読み方

1, 2 行目

セルロースに濃硝酸と濃硫酸の混合物を作用させると，ヒドロキシ基の一部がエステル化されたニトロセルロースを生じる。

セルロースに濃硝酸と濃硫酸の混合液を作用させると，繰り返し単位あたりに 3 個あるヒドロキシ基の全部または一部が硝酸エステル化されて，**硝酸エステル**が生成する。この硝酸エステルは，**ニトロセルロース**または**硝酸セルロース**と呼ばれる。知識 48 を参照し，セルロースの誘導体について，その反応式を含めて，しっかりとまとめておこう。

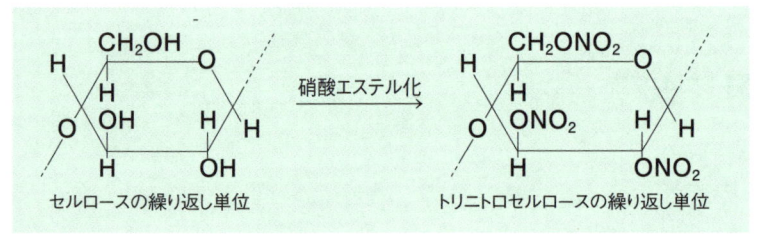

セルロースの繰り返し単位 →(硝酸エステル化)→ トリニトロセルロースの繰り返し単位

ここでは、題意（『ヒドロキシ基の一部がエステル化された』）より、繰り返し単位あたりに 3 個あるヒドロキシ基のうち、x 個がエステル化されたニトロセルロースを考えるものとする。

その化学式を $[C_6H_7O_2(OH)_{3-x}(ONO_2)_x]_n$ とおく。

> **推論**
>
> 題意のニトロセルロースを $[C_6H_7O_2(OH)_{3-x}(ONO_2)_x]_n$ とおく。

2, 3 行目

いま、セルロース 9.0 g からニトロセルロース 14.0 g が得られた。

セルロース $[C_6H_7O_2(OH)_3]_n$ の式量は $162n$、題意のニトロセルロース $[C_6H_7O_2(OH)_{3-x}(ONO_2)_x]_n$ の式量は $(162+45x)n$ である。よって、

$$162n : (162+45x)n = 9.0 : 14.0 \quad 計算すると \quad x=2$$

すなわち、題意のニトロセルロースは**ジニトロセルロース**である。

> **わかったこと**
>
> 題意のニトロセルロースはジニトロセルロースである。

3〜6 行目

このとき、セルロース分子中のヒドロキシ基でエステル化されなかったものは、ヒドロキシ基全体の何％にあたるかを計算せよ。ただし、小数点以下を切り捨てよ。

3 個のヒドロキシ基のうち、2 個がエステル化され、1 個がエステル化されなかった。よって、

$$エステル化されなかったものの割合 = \frac{1}{3} \times 100 = \mathbf{33.3} \, (\%)$$

答え エステル化されなかったものの割合は **33%** である。

解答 **33%**

PART4 天然有機化合物，核酸

THEME 25 アミノ酸

問題 25

(ア) から (エ) にあてはまるもっとも適当な語句を解答群から選べ。また，(a) から (d) にあてはまるもっとも適当な数値を記せ。

　人工甘味料アスパルテームは，アスパラギン酸（$C_4H_7NO_4$）1分子とフェニルアラニン（$C_9H_{11}NO_2$）1分子とがペプチド結合によりつながれ，さらにそのフェニルアラニンのカルボキシ基がアルコール X 1分子とエステル結合したものである。この X を酸化して得られたカルボン酸には還元性が認められた。よって，X は (ア) であり，アスパルテームの分子量は (a) である。

　バリンは分子式 $C_5H_{11}NO_2$ で表されるアミノ酸である。このような分子式で表すことができる α-アミノ酸（カルボキシ基とアミノ基とが同一の炭素原子に結合しているもの）には，バリンを含めて (b) 種類の構造異性体が存在する。カルボキシ基とアミノ基とが異なる炭素原子に結合しているアミノ酸について考えると，それらには (c) 種類の構造異性体が存在するので，分子式 $C_5H_{11}NO_2$ で表されるアミノ酸には合計 (b) + (c) 種類の構造異性体が存在することになる。そのうちの (d) 種類には，少なくとも1個の不斉炭素原子が含まれており，光学異性体が存在する。

　グルタチオンは，生体内での酸化還元反応にかかわる分子量307のトリペプチドである。このトリペプチドを加水分解すると，3種類の天然型の α-アミノ酸 B，C，D が得られた。これらについて調べたところ，B には光学異性体が存在せず，C 1 mol を完全にエステル化するためには 2 mol のエタノールが必要であった。またこの C は，アスパルテームを構成するアミノ酸ではなかった。これらの結果から，B は (イ) ，C は (ウ) であることがわかる。このトリペプチドに水酸化ナトリウム水溶液を加えて加熱したのち酢酸鉛(Ⅱ)水溶液を加えたところ，硫化鉛(Ⅱ)の黒色沈殿を生じた。これにより，D は (エ) であることがわかる。

〈解答群〉
2-プロパノール, エタノール, グリセリン, フェノール, メタノール,
アジピン酸, アラニン, アルギニン, アルブミン, グリシン, グルタミン酸,
システイン, セリン, チロシン, フェニルアラニン, リシン, アスパラギン酸

東京理科大

問題25の読み方

1〜4行目

人工甘味料アスパルテームは, アスパラギン酸（$C_4H_7NO_4$）1分子とフェニルアラニン（$C_9H_{11}NO_2$）1分子がペプチド結合によりつながれ, さらにそのフェニルアラニンのカルボキシ基がアルコールX 1分子とエステル結合したものである。

生徒「フェニルアラニンは, カルボキシ基1個とアミノ基1個とをもっているから, アスパラギン酸とも, アルコールXとも結合できますね」

先生「そうだね。**フェニルアラニンは, アルコールXとはカルボキシ基を使って結合**している。だから, フェニルアラニンは, **アスパラギン酸とはアミノ基を使って結合**することになるね」

わかったこと

次のような構成によって, アスパルテームが形成されている。

$$C_3H_6NO_2-\underset{\underset{O}{\|}}{C}-OH \quad H-\underset{\underset{H}{|}}{N}-C_8H_8-\underset{\underset{O}{\|}}{C}-OH \quad H-O-R$$

アスパラギン酸　　　フェニルアラニン　　　アルコールA

脱水縮合　　　脱水縮合

↓

$$C_3H_6NO_2-\underset{\underset{O}{\|}}{C}-\underset{\underset{H}{|}}{N}-C_8H_8-\underset{\underset{O}{\|}}{C}-O-R$$

アスパルテーム

4, 5行目

> このXを酸化して得られたカルボン酸には還元性が認められた。よって、Xは (ア) であり、

先生「還元性をもつカルボン酸の代表例はギ酸だ。だから,**〈解答群〉**を考慮すると,アルコールXはメタノール,Xを酸化して得られたカルボン酸はギ酸と考えてよさそうだね」

CH_3-OH →(酸化) $H-\underset{O}{\overset{\|}{C}}-H$ →(酸化) $H-\underset{O}{\overset{\|}{C}}-OH$ (還元性を示す構造部分)

メタノール　　ホルムアルデヒド　　ギ酸

5, 6行目

> アスパルテームの分子量は (a) である。

生徒「アルコールX（ROH）がメタノールなら、R＝CH_3だから、アスパルテームの分子式は$C_{14}H_{18}N_2O_5$、分子量は __294__ ですね」
(a)

$C_3H_6NO_2-\underset{O}{\overset{\|}{C}}-\underset{H}{\overset{|}{N}}-C_8H_8-\underset{O}{\overset{\|}{C}}-O-CH_3$

アスパルテーム

答え よって、Xは、**メタノール**であること、アスパルテームの分子量は
(ア)
294であることがわかる。
(a)

7〜10行目

> バリンは分子式$C_5H_{11}NO_2$で表されるアミノ酸である。このような分子式で表すことができるα-アミノ酸（カルボキシ基とアミノ基とが同一の炭素原子に結合しているもの）には、バリンを含めて (b) 種類の構造異性体が存在する。

この段落の題意の構造には，以下に示すあ〜うの **3** 種類の構造異性体が存在する。
(b)

あ　CH₃−CH₂−CH₂−C(NH₂)(H)−C(=O)−OH　← 不斉炭素原子

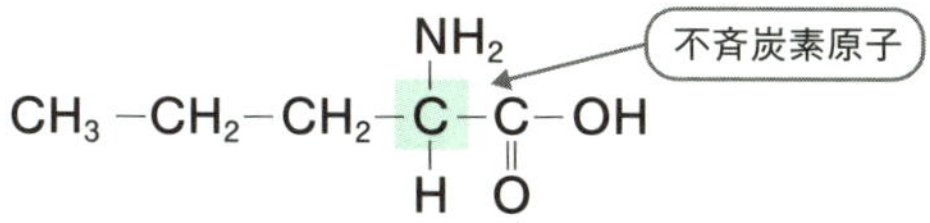

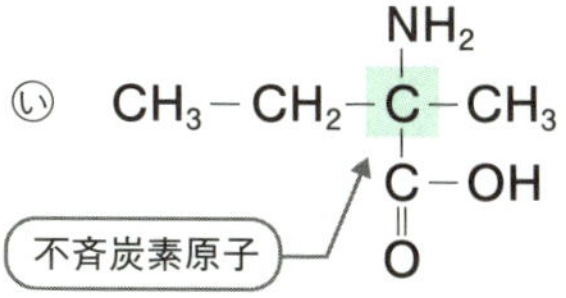

い　CH₃−CH₂−C(NH₂)(CH₃)−C(=O)−OH　不斉炭素原子

う　CH₃−CH(CH₃)−C(NH₂)(H)−C(=O)−OH　← 不斉炭素原子　バリン

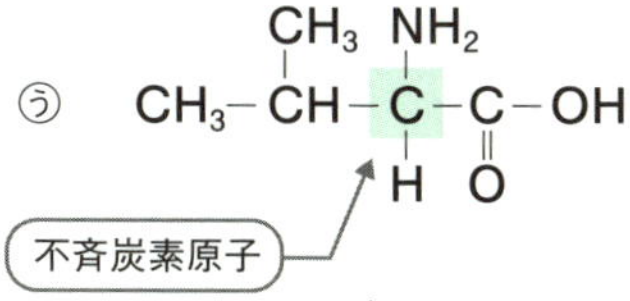

注：バリンは側鎖にイソプロピル基をもつ。すなわち，バリンはうである。あといは，バリンの構造異性体である。

	炭素骨格	カルボキシ基の位置	アミノ基の位置
あ	C①−C②−C②−C①		同一の C①
い	C①−C②−C②−C①		同一の C②
う	C① C①−C②−C①		同一の C①

10 〜 12 行目

> カルボキシ基とアミノ基とが異なる炭素原子に結合しているアミノ酸について考えると，それらには ［(c)］ 種類の構造異性体が存在するので，

この段落の題意の構造には，以下に示すえ〜けの 9 種類の構造異性体が存在する。

え　NH₂−CH₂−CH₂−CH₂−CH₂−C(=O)−OH

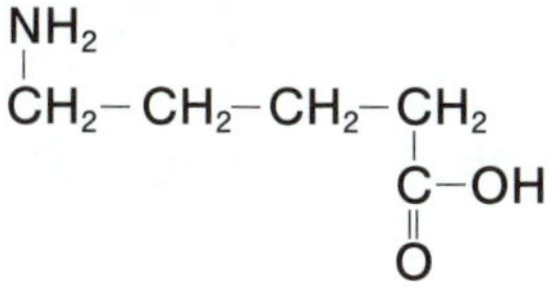

お　CH₃−C(NH₂)(H)−CH₂−C(=O)−OH　← 不斉炭素原子　（以下，同様）

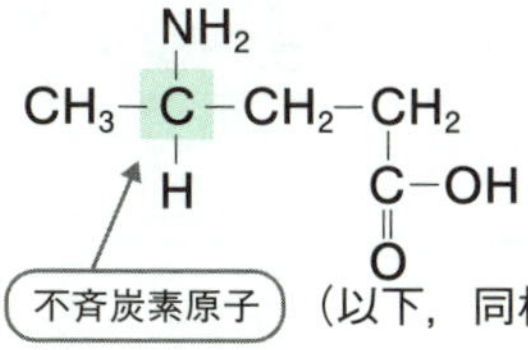

か　CH₃−CH₂−C(NH₂)(H)−CH₂−C(=O)−OH

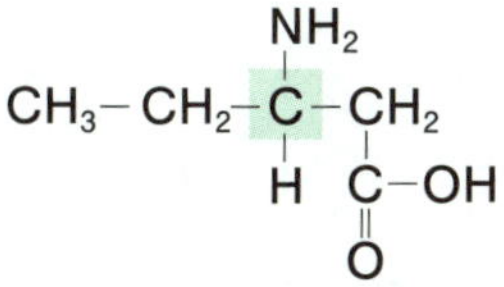

き　NH₂−CH₂−CH₂−C(H)(CH₃)−C(=O)−OH

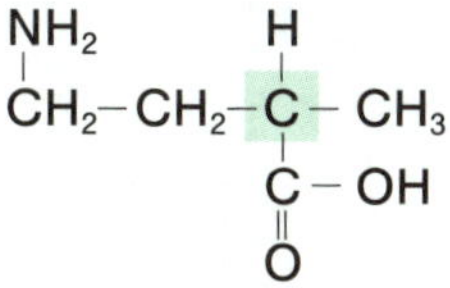

く) CH₃-C(NH₂)(H)-C(H)(COOH)-CH₃

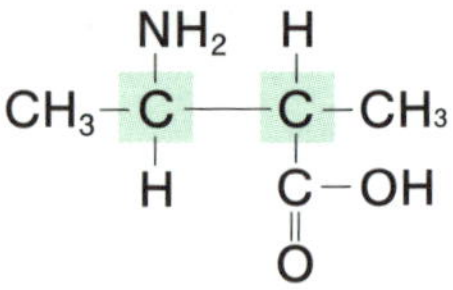

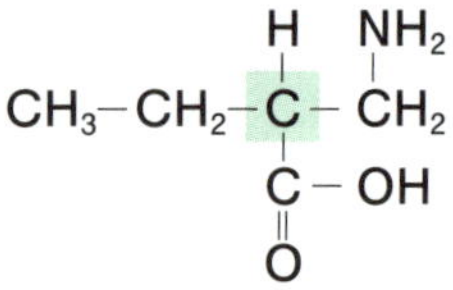

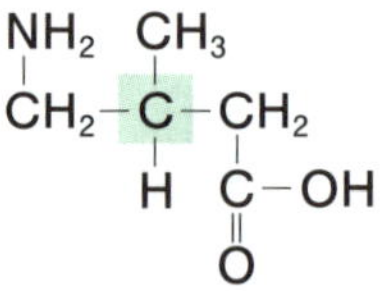

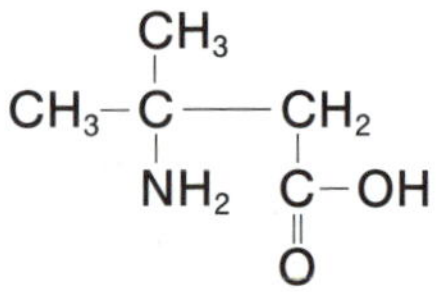

け) CH₃-CH₂-C(H)(NH₂)-C(H₂)-COOH
(構造: CH₃-CH₂-CH(NH₂)-CH₂-COOH)

こ) CH₂(NH₂)-C(CH₃)(H)-CH₂-COOH

さ) CH₃-C(CH₃)(NH₂)-CH₂-COOH

し) CH₂(NH₂)-C(CH₃)(CH₃)-COOH

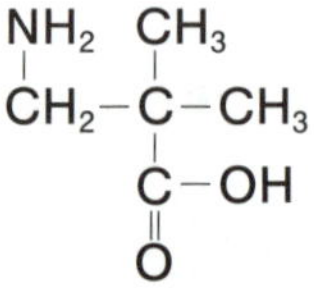

	炭素骨格	カルボキシ基の位置	アミノ基の位置
え	C④-C③-C②-C①	C①	C④
お	C④-C③-C②-C①	C①	C③
か	C④-C③-C②-C①	C①	C②
き	C④-C③-C②-C①	C②	C④
く	C④-C③-C②-C①	C②	C③
け	C④-C③-C②-C①	C②	C①
こ	C / C③-C②-C①	C①	C③
さ	C / C③-C②-C①	C①	C②
し	C / C③-C②-C①	C②	C③（または，C①）

12～15行目

> 分子式 $C_5H_{11}NO_2$ で表されるアミノ酸には合計 (b) + (c) 種類の構造異性体が存在することになる。そのうちの (d) 種類には，少なくとも1個の不斉炭素原子が含まれており，光学異性体が存在する。

前述のあ～○の構造のうち，あ～う，お～こ の 9 種類には，少なくとも1個の不斉炭素原子が含まれており，光学異性体が存在する。

答え
分子式 $C_5H_{11}NO_2$ の α-アミノ酸の構造異性体は **3** 種類，(b)
分子式 $C_5H_{11}NO_2$ のその他のアミノ酸の構造異性体は **9** 種類，(c)
分子式 $C_5H_{11}NO_2$ のアミノ酸の中で不斉炭素原子をもつものは **9** 種類である。(d)

16～22行目

> グルタチオンは，生体内での酸化還元反応にかかわる分子量 307 のトリペプチドである。このトリペプチドを加水分解すると，3種類の天然型のα-アミノ酸 B，C，D が得られた。これらについて調べたところ，B には光学異性体が存在せず，C 1 mol を完全にエステル化するためには 2 mol のエタノールが必要であった。またこの C は，アスパルテームを構成するアミノ酸ではなかった。これらの結果から，B は (イ) ，C は (ウ) であることがわかる。

『**グルタチオンは，生体内での酸化還元反応にかかわる分子量 307 のトリペプチドである**』という部分が読解できなくても，それに続く文章の流れは読み取ることができる。

『**B には光学異性体が存在せず**』ということは，B はグリシンであることを意味する。

最も簡単な構造をもつα-アミノ酸であるグリシン $\underset{NH_2}{\underset{|}{CH_2}}-\underset{O}{\overset{\|}{C}}-OH$ は，分子内に不斉炭素原子が存在せず，光学異性体をもたない。しかし，グリシンを除く他のすべてのα-アミノ酸は，分子内に不斉炭素原子が存在し，光学異性体をもつ。**知識 49** を参照し，アミノ酸について，その種類や特徴を，一対の光学異性体の表記方法を含めて，しっかりとまとめておこう。

『C 1 mol を完全にエステル化するためには 2 mol のエタノールが必要であった』ことは，C はカルボキシ基を 2 つもつ酸性アミノ酸であることを意味する。

酸性アミノ酸には，〈解答群〉中では，アスパラギン酸とグルタミン酸が該当する。（知識 49 参照）

しかし，アスパラギン酸は，問題文の【1 ～ 4 行目】に示されているように，アスパルテームを構成するアミノ酸である。『C は，アスパルテームを構成するアミノ酸ではなかった』のだから，C はアスパラギン酸ではなく，グルタミン酸であることがわかる。

> **答え**
> よって，B は**グリシン**であることがわかる。
> (イ)
> また，C は**グルタミン酸**であることがわかる。
> (ウ)

22 ～ 25 行目

> このトリペプチドに水酸化ナトリウム水溶液を加えて加熱したのち酢酸鉛(Ⅱ)水溶液を加えたところ，硫化鉛(Ⅱ)の黒色沈殿を生じた。これにより，D は (エ) であることがわかる。

硫黄の検出［酢酸鉛(Ⅱ)との反応］は，タンパク質水溶液に水酸化ナトリウム水溶液を加え，加熱し，さらに酢酸鉛(Ⅱ)水溶液を加えることによって起こる黒色沈殿の形成反応である。この沈殿形成反応は，タンパク質を構成するアミノ酸中から遊離した硫化物イオンによる，硫化鉛(Ⅱ)の形成に基づいている。知識 51 を参照し，タンパク質の検出反応について，その手順，結果，原因を，しっかりとまとめておこう。

つまり，D は硫黄原子をもつアミノ酸であることを意味する。硫黄原子をもつアミノ酸には，〈解答群〉中では，システインが該当する。（知識 49 参照）

> **答え**
> よって，このトリペプチドは，D として**システイン**を含むものと考えられる。
> (エ)

参考

アスパルテーム

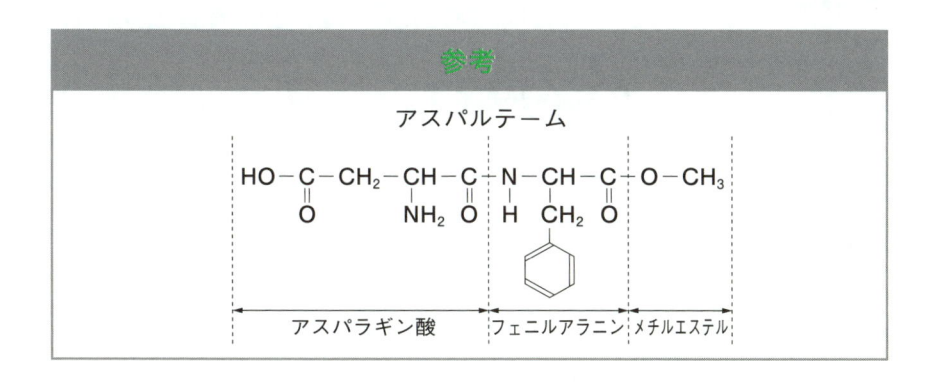

HO−C−CH₂−CH−C−N−CH−C−O−CH₃
　　‖　　　　|　‖　|　　|　‖
　　O　　　NH₂ O　H　CH₂ O
　　　　　　　　　　　　|
　　　　　　　　　　　 (ベンゼン環)

|←―――アスパラギン酸―――→|←フェニルアラニン→|←メチルエステル→|

参考

グルタチオン

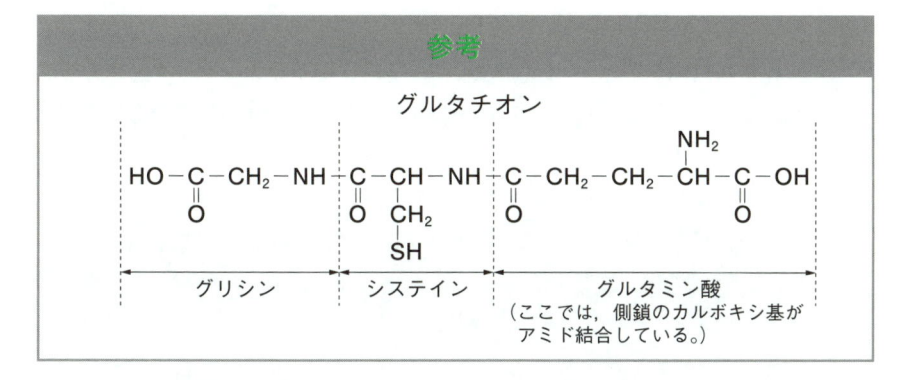

　　　　　　　　　　　　　　　　　　　　　　　NH₂
　　　　　　　　　　　　　　　　　　　　　　　|
HO−C−CH₂−NH−C−CH−NH−C−CH₂−CH₂−CH−C−OH
　　‖　　　　　‖　|　　　‖　　　　　　　　　　‖
　　O　　　　　O CH₂　　 O　　　　　　　　　　O
　　　　　　　　　|
　　　　　　　　　SH

|←―グリシン―→|←―システイン―→|←―――グルタミン酸―――→|
　　　　　　　　　　　　　　　　（ここでは，側鎖のカルボキシ基が
　　　　　　　　　　　　　　　　　アミド結合している。）

解答 (ア) メタノール　(イ) グリシン　(ウ) グルタミン酸
(エ) システイン
(a) 294　(b) 3　(c) 9　(d) 9

THEME 26 タンパク質

問題 26

次の文章を読み，以下の問いに答えよ。

　タンパク質に特有な呈色反応のうち，[（ア）]反応は，タンパク質分子中のチロシン，フェニルアラニンなどがもつ[（イ）]がニトロ化されるために起こる反応である。また，タンパク質に水酸化ナトリウム水溶液と硫酸銅(Ⅱ)水溶液を加えると，赤紫色になる反応を[（ウ）]反応という。この呈色反応は，タンパク質分子中に[（エ）]結合が存在することによって起こる。

　単純タンパク質では，タンパク質の種類によらず，タンパク質中の窒素の質量百分率がほぼ同じである。よって，これを利用して有機物中のタンパク質の含有量を求めることができる。試料(有機物)に濃硫酸を加え，加熱後，さらに過剰量の水酸化ナトリウムを加え加熱すると，アンモニアが生成する。このアンモニアを希硫酸に吸収させて中和滴定することでアンモニアの生成量を求め，その値から試料中のタンパク質の含有量が計算される。ある試料 5.0 g 中のタンパク質の含有量を求めるために，下線部の操作を行ったところ，0.17 g のアンモニアが希硫酸に吸収された。なお，タンパク質中の窒素の質量百分率は 14％であり，窒素は，すべてタンパク質に由来し，また，すべてアンモニアに変換されたものとする。原子量は，$H=1.0$，$C=12$，$N=14$，$O=16$ を用いよ。

(1) ［　　］内に適当な語句を記入せよ。

(2) 題意の試料中には，何％のタンパク質が含まれていたか計算し，有効数字 2 桁で答えよ。

島根大

問題26 の読み方

1〜3行目

タンパク質に特有な呈色反応のうち，[ア]反応は，タンパク質分子中のチロシン，フェニルアラニンなどがもつ[イ]がニトロ化されるために起こる反応である。

キサントプロテイン反応は代表的なタンパク質の検出反応のひとつである。タンパク質水溶液に濃硝酸を加え，加熱すると，黄色沈殿を生じる。冷却してから，濃アンモニア水を加えて塩基性にすると，橙黄色になる。この反応は，タンパク質を構成するアミノ酸中の**ベンゼン環**のニトロ化に基づいている。(知識 51 を参照)

上述のように，タンパク質の検出反応の多くには，タンパク質の構成単位や結合様式（ 知識 50 ）が関わっている。

3〜6行目

また，タンパク質に水酸化ナトリウム水溶液と硫酸銅（Ⅱ）水溶液を加えると，赤紫色になる反応を[ウ]反応という。この呈色反応は，タンパク質分子中に[エ]結合が存在することによって起こる。

ビウレット反応も代表的なタンパク質の検出反応のひとつで，タンパク質水溶液に水酸化ナトリウム水溶液と硫酸銅（Ⅱ）水溶液とを加えることによって起こる，赤紫色の呈色反応である。この呈色反応は，連続した2つの**ペプチド**結合と銅（Ⅱ）イオンとの間で起こる錯体の形成に基づく。(知識 51 参照)

7〜9行目

単純タンパク質では，タンパク質の種類によらず，タンパク質中の窒素の質量百分率がほぼ同じである。よって，これを利用して有機物中のタンパク質の含有量を求めることができる。

生徒「『タンパク質の種類によらず，タンパク質中の窒素の質量百分率がほぼ同じ』だと，どうして『有機物中のタンパク質の含有量を求めることができる』のですか」

先生「具体的に計算してみると，求めることができるとわかるよ。いいかい，例えばタンパク質中の窒素の質量百分率を，(題意の通り) タンパク質の種類によらないものとして，a〔%〕であるとおく。もしも W〔g〕の有機物中に w〔g〕の窒素が含まれていたら，有機物中のタンパク質の含有量（質量%）はいくらだい？」

生徒「有機物中の窒素は，すべてタンパク質に由来するものなのですか」

先生「そうだね。それを前提としよう」

生徒「ならば，有機物中のタンパク質（質量%）

$$= \frac{\text{有機物中のタンパク質の質量}}{\text{有機物の質量}} \times 100$$

$$= \frac{w \times \frac{100}{a}}{W} \times 100$$

です」

先生「ほら，計算できるだろ」

生徒「でも，どうやったら，有機物中の窒素の質量を求められるのですか」

先生「それは，次の段落に示されているよ」

9〜13行目

> 試料（有機物）に濃硫酸を加え，加熱後，さらに過剰量の水酸化ナトリウムを加え加熱すると，アンモニアが生成する。このアンモニアを希硫酸に吸収させて中和滴定することでアンモニアの生成量を求め，その値から試料中のタンパク質の含有量が計算される。

① **『試料に濃硫酸を加え，加熱』**すると，試料中の窒素原子 N はすべて硫酸アンモニウム $(NH_4)_2SO_4$ に形を変える。

② **『さらに過剰量の水酸化ナトリウムを加え加熱』**すると，

$$(NH_4)_2SO_4 + 2NaOH \longrightarrow Na_2SO_4 + 2H_2O + 2NH_3$$

のように反応して，試料中の窒素原子 N はすべてアンモニア NH_3 に形を変えたことになる。

③ **『このアンモニアを**（量が既知でアンモニアより過剰の）**希硫酸に吸収』**させる。

④ 残った希硫酸を『中和滴定』することで，残った希硫酸の物質量を求め，アンモニアと反応した希硫酸の物質量を逆算する。その値から，吸収されたアンモニアの物質量を算出する。

⑤ アンモニアの物質量が算出されれば，元の試料中には，算出したアンモニア NH_3 の物質量と同じ物質量の窒素原子 N が含まれていたとわかる。

⑥ そのようにして求めた窒素原子 N の物質量を質量に換算し，【7〜9行目】の読解の結論のように計算すれば，『試料中のタンパク質の含有量が計算』できる。

13〜17行目

> ある試料 5.0 g 中のタンパク質の含有量を求めるために，下線部の操作を行ったところ，0.17 g のアンモニアが希硫酸に吸収された。なお，タンパク質中の窒素の質量百分率は 14 % であり，窒素は，すべてタンパク質に由来し，また，すべてアンモニアに変換されたものとする。

【7〜9行目】の読解の結論

試料中のタンパク質(%) $= \dfrac{w \times \dfrac{100}{a}}{W} \times 100$ より，

N 原子の質量 w (g) $= NH_3$ の質量(g) $\times \dfrac{14}{17} = 0.17 \times \dfrac{14}{17}$

$= 0.14$ だから，

試料中のタンパク質(%) $= \dfrac{0.14 \times \dfrac{100}{14}}{5.0} \times 100$

$= \underline{2.0 \times 10 \, (\%)}_{(2)}$

解答 (1) (ア) キサントプロテイン　(イ) ベンゼン環
　　　　　(ウ) ビウレット　　　　　　(エ) ペプチド
(2) 2.0×10 (%)

PART4　天然有機化合物，核酸

THEME 27

核酸

問題 27

次の文章を読み，文章中の空欄 [ア]～[ナ] に最も適当な語句または数値を入れ，以下の問いに答えよ。

　生物の細胞には [ア] という高分子が存在する。[ア] は [イ] (DNA) と [ウ] (RNA) の2種類に大別される。DNAの役割は生命の [エ] 情報を保持することであると考えられている。一方，RNAはDNAの情報をもとに [オ] を合成することが主な役割である。ちなみに，DNAはRNAと比較すると化学的に安定であり，RNAが塩基性条件下で分解しやすいのに対し，DNAは塩基性条件下でも分解しにくい。

　DNAとRNAを構成する繰り返し単位となる物質はヌクレオチドと呼ばれる。ヌクレオチドの構成成分は炭素，水素，酸素，リン，[カ] である。炭素数が [キ] 個の糖の1位に [カ] を含む環状の [ク] が結合したものをヌクレオシドと呼び，それに [ケ] がエステル結合したものがヌクレオチドである。DNAを構成しているヌクレオチドはデオキシリボヌクレオチドであり，RNAを構成しているヌクレオチドはリボヌクレオチドである。デオキシリボヌクレオチドを構成している糖はデオキシリボースであり，リボヌクレオチドを構成している糖はリボースである。また，デオキシリボヌクレオチドを構成している塩基はプリン塩基である [コ]，[サ]，ピリミジン塩基であるシトシン，[シ] であり，リボヌクレオチドを構成している塩基はプリン塩基である [コ]，[サ]，ピリミジン塩基であるシトシン，[ス] である。ちなみに，デオキシリボースのデオキシとは酸素原子が無いという意味であり，デオキシリボースではリボースの [セ] 基の1つが水素原子に置き換わっている。また，プリン塩基とはプリン核（窒素原子を1，3，7，9位にもつ）を，ピリミジン塩基とはピリミジン核（窒素原子を1位と3位にもつ）を基本骨格とする塩基性物質のことである。

細胞内では，ヌクレオチドの ソ 部分と，別のヌクレオチドの糖部分の タ 基同士が縮合重合反応を繰り返して，ポリヌクレオチド（高分子：DNA，RNA）が形成される。一般の2本鎖DNAでは，向かい合う塩基同士が水素結合を介して塩基対を形成している。より具体的には チ と ツ ， テ とシトシンが水素結合で塩基対を形成し，これにより安定な ト 構造が維持されている。一般に，2本鎖DNA水溶液（中性付近）に熱を加えていくと，水中の2本鎖DNAが1本鎖に解離する。このとき，グアニンとシトシンの含有割合が高い2本鎖DNAの方が，アデニンとチミンの含有割合が高い2本鎖DNAよりも解離しにくいと言われる。上述の通り，DNAはデオキシリボヌクレオチドが多数結合した高分子であり，DNAの ナ が遺伝情報を決定している。

27 核酸

(1) デオキシリボースの構造を示せ。

(2) 図に示したザルシタビンは，HIV（ヒト免疫不全ウイルス）に対する治療薬の1つであり，ヌクレオシド構造をもつ。このため，他のヌクレオシドと同様にDNAの合成に使われ，その結果としてDNAの合成が阻害される。この理由として，もっとも適切と思われる記述は次のうちどれか。1つ選び，番号を答えよ。

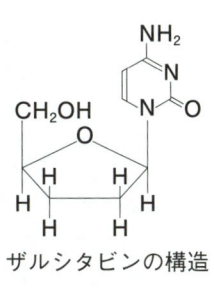

ザルシタビンの構造

1　ザルシタビンは，塩基対を形成できないから。
2　ザルシタビンは，糖部分の3位にヒドロキシ基がないから。
3　ザルシタビンは，塩基部分が加水分解されにくいから。
4　ザルシタビンは，水和水が結合しないから。
5　ザルシタビンは，ヌクレオチドにならないから。

(3) 文中の下線部の理由として適切な説明を下記から選び，番号を答えよ。

1　熱により，アデニンが分解するから。
2　熱により，チミンが分解するから。
3　A－T塩基対よりもG－C塩基対の方が分子量が大きいから。
4　A－T塩基対よりもG－C塩基対の方が水素結合の数が多いから。
5　グアニンに水素イオンが結合して塩基対が保護されるから。
6　アデニンに水素イオンが結合して塩基対を形成できないから。

(4) ある DNA 中の塩基組成を調べたところ，アデニンのモル分率が 0.20 であった。この DNA 中のグアニンのモル分率を有効数字 2 桁で求めよ。

(5) ナ による遺伝情報は何種類考えられるか。

慶應義塾大（薬），香川大，宮崎大

問題 27 の読み方

1〜7行目

> 生物の細胞には<u>核酸</u>という高分子が存在する。〜（途中省略）〜 DNA は<u>塩基性条件</u>下でも分解しにくい。
> ア

核酸の基本について述べられている。文章に書かれている事柄に，教科書などで学んだ事柄を加え，知識 52 を参照し，核酸の種類について，その役割を念頭に，しっかりとまとめておこう。

	デオキシリボ核酸（DNA） イ	リボ核酸（RNA） ウ
所　在	細胞の核内に局在する。	細胞全体に分布する。
役　割	<u>遺伝</u>情報を保持・伝達する。 エ	遺伝情報を転写し，<u>タンパク質</u>を合成する。 オ
分子量	100 万以上	数万〜100 万
構成鎖数	2 本鎖（二重らせん）	1 本鎖

8〜25行目

> DNA と RNA を構成する繰り返し単位となる物質はヌクレオチドと呼ばれる。〜（途中省略）〜を基本骨格とする塩基性物質のことである。

DNA と RNA の繰り返し単位であるデオキシリボヌクレオチドとリボヌクレオチドについて述べられている。

STEP 1 『炭素数が 5 個の糖の 1 位に<u>窒素</u>を含む環状の<u>塩基</u>が結合したものをヌクレオシドと呼び』
　　　　　　　　　　　　　　　カ　　　　　　　ク
キ

糖（リボース） + 塩基（アデニン） →(脱水縮合) ヌクレオシド（アデノシン）

STEP 2 『それにリン酸がエステル結合したものがヌクレオチドである』
　　　　　　　ケ

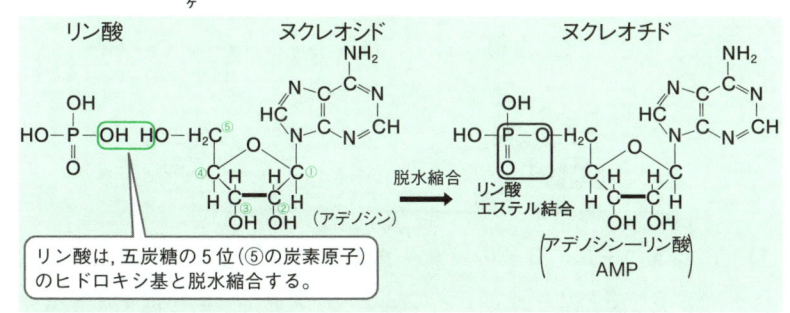

リン酸 + ヌクレオシド（アデノシン） →(脱水縮合) ヌクレオチド（アデノシン―リン酸 AMP）

リン酸は、五炭糖の5位（⑤の炭素原子）のヒドロキシ基と脱水縮合する。

STEP 3 『DNA を構成しているヌクレオチドはデオキシリボヌクレオチドであり，RNA を構成しているヌクレオチドはリボヌクレオチドである。デオキシリボヌクレオチドを構成している糖はデオキシリボースであり，リボヌクレオチドを構成している糖はリボースである。また，デオキシリボヌクレオチドを構成している塩基はプリン塩基であるアデニン，グアニン，ピリミジン塩基であるシトシン，チミンであり，リボヌクレオチドを構成している塩基はプリン塩基であるアデニン，グアニン，ピリミジン塩基であるシトシン，ウラシルである』 知識 53 を参照し，核酸を構成する物質について，ヌクレオチドを念頭に，しっかりとまとめておこう。
ス

	DNA の繰り返し単位である **デオキシリボヌクレオチド** を構成する化合物	RNA の繰り返し単位である **リボヌクレオチド** を構成する化合物
糖	デオキシリボース $C_5H_{10}O_4$	リボース $C_5H_{10}O_5$
塩基	アデニン (A)，グアニン (G) シトシン (C)，**チミン (T)**	アデニン (A)，グアニン (G) シトシン (C)，**ウラシル (U)**
リン酸	共通	

STEP 4 『ちなみに，デオキシリボースのデオキシとは酸素原子が無いという意味であり，デオキシリボースではリボースのヒドロキシ基の1つが水素原子に置き換わっている』
　　　　　　　　　　　　　　　　　　　　　　　　　セ

リボースでは，2位の炭素原子（②）にもヒドロキシ基が結合している。デオキシリボースとリボースのこの違いがDNAとRNAの化学的な性質の違いに関係している。なお，デオキシリボース，リボースでは，1位の炭素原子（①）に結合するヒドロキシ基は塩基との結合に使われ，3位と5位の炭素原子（③，⑤）に結合するヒドロキシ基はリン酸との結合に使われる。

DNAを構成する糖（デオキシリボース）	RNAを構成する糖（リボース）

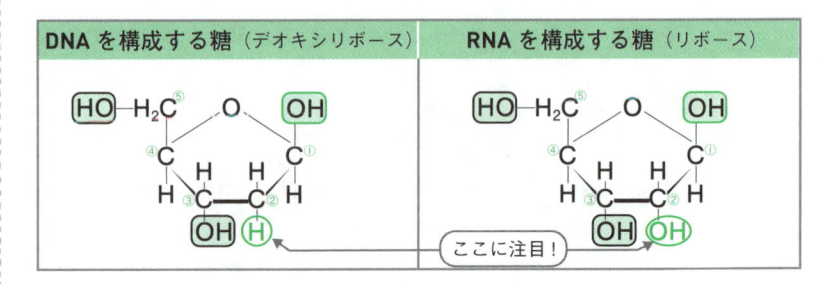

ここに注目！

(1) β-グルコースの3位の炭素原子（③）の部分を取り去ると，リボースが書ける。さらに，リボースの2位の炭素原子（②）に結合するヒドロキシ基から酸素原子を取り除くと，デオキシリボースが書ける。

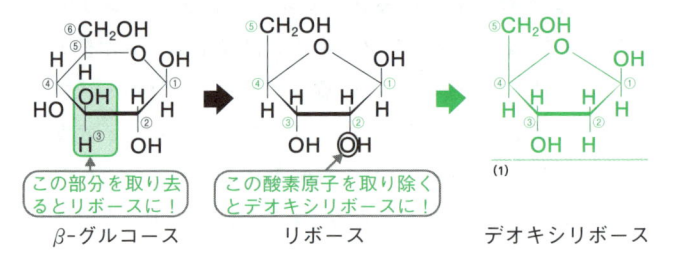

β-グルコース　→　リボース　→　デオキシリボース

この部分を取り去るとリボースに！
この酸素原子を取り除くとデオキシリボースに！

STEP 5　『また，プリン塩基とはプリン核（窒素原子を1，3，7，9位にもつ）を，ピリミジン塩基とはピリミジン核（窒素原子を1位と3位にもつ）を基本骨格とする塩基性物質のことである』

DNA，RNAに共通の塩基			DNAのみの塩基	RNAのみの塩基
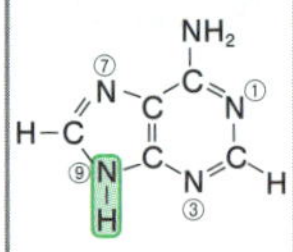 アデニン（略記号：A）	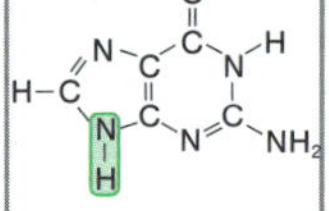 グアニン（略記号：G）	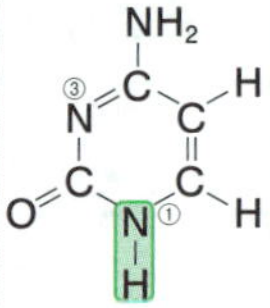 シトシン（略記号：C）	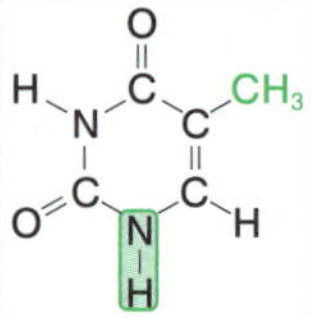 チミン（略記号：T）	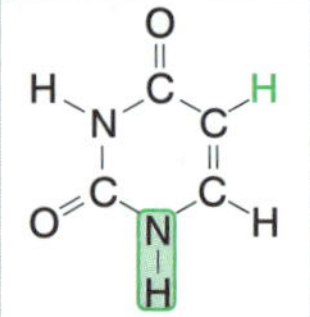 ウラシル（略記号：U）
プリン塩基		ピリミジン塩基		

注：上表中の □ の部分は，糖の1位の−OHと脱水縮合する部分。

26～37行目

細胞内では，ヌクレオチドの<u>リン酸</u>部分と，〜（途中省略）〜 DNA の ナ が遺伝情報を決定している。

ヌクレオチドの縮合重合による，ポリヌクレオチド（DNA，RNA）の形成，DNA の二重らせん構造，DNA のもつ遺伝情報などが述べられている。

STEP 1　『**細胞内では，ヌクレオチドの<u>リン酸</u>部分と，別のヌクレオチドの糖部分の<u>ヒドロキシ</u>基同士が縮合重合反応を繰り返して，ポリヌクレオチド（高分子：DNA，RNA）が形成される**』

　リン酸部分と，別のヌクレオチドの糖部分の 3 位のヒドロキシ基との間で縮合が繰り返される。知識 54 を参照し，ポリヌクレオチドと遺伝情報について，塩基配列を念頭に，しっかりとまとめておこう。

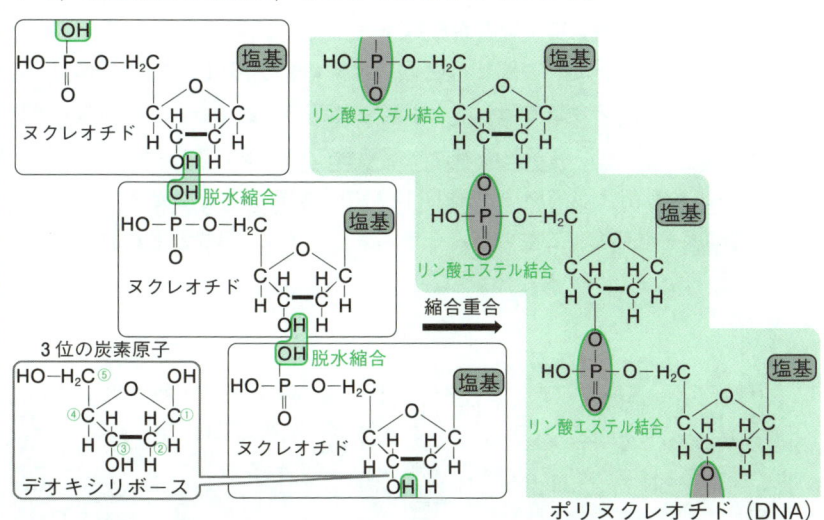

注：核酸は，水溶液中で親水コロイドとして存在し，中性付近ではリン酸のヒドロキシ基が電離し，負の電荷をもつ。

(2)　上述の通り，リン酸部分と，別のヌクレオチドの糖部分の 3 位のヒドロキシ基との間で縮合が繰り返されるので，(2)の図に示されたヌクレオシド（ザルシタビン）では，リン酸と結合してヌクレオチドになれるとしても，<u>糖部分の 3 位にヒドロキシ基がないのでポリヌクレオチドになることはできず，DNA の合成が阻害される</u>と考えられる。

STEP 2　『一般の 2 本鎖 DNA では，向かい合う塩基同士が水素結合を介して塩基対を形成している。より具体的には<u>アデニン</u>と<u>チミン</u>，<u>グアニン</u>とシトシンが水素結合で塩基対を形成し，これにより安定な<u>二重らせん</u>構造が維持されている』

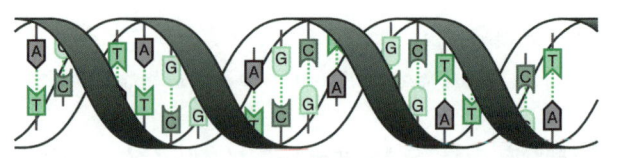

A：アデニン，G：グアニン，C：シトシン，T：チミン，……：水素結合
DNA の二重らせん構造と塩基対

STEP 3　『一般に，2 本鎖 DNA 水溶液（中性付近）に熱を加えていくと，水中の 2 本鎖 DNA が 1 本鎖に解離する。このとき，グアニンとシトシンの含有割合が高い 2 本鎖 DNA の方が，アデニンとチミンの含有割合が高い 2 本鎖 DNA よりも解離しにくいと言われる』

(3)　アデニンとチミンの間では 2 本の水素結合が形成される。一方，グアニンとシトシンの間では 3 本の水素結合が形成される。すなわち<u>A−T 塩基対よりも G−C 塩基対の方が水素結合の数が多いため，グアニンとシトシンの含有割合が高い 2 本鎖 DNA の方が解離しにくいと考えられる。</u>

知識 55 を参照し，二重らせんと塩基対について，水素結合の数を念頭に，しっかりとまとめておこう。

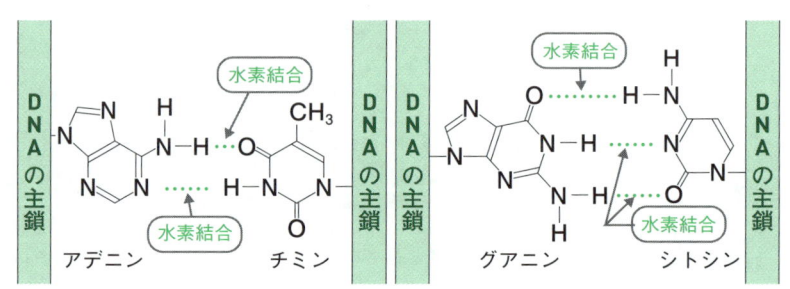

アデニンとチミンとの塩基対　　グアニンとシトシンとの塩基対

(4)　このように塩基は対を作るので，DNA 中の塩基組成は，アデニンとチミンとで等しく，また，グアニンとシトシンとで等しい。ある DNA 中のアデニンのモル分率が 0.20 であれば，チミンのモル分率も 0.20 であり，グアニンとシトシンのモル分率は $\dfrac{1-0.20\times 2}{2}=\underline{\mathbf{0.30}}$ である。

STEP 4 『上述の通り，DNA はデオキシリボヌクレオチドが多数結合した高分子であり，DNA の塩基配列が遺伝情報を決定している』

下図には，DNA が五炭糖とリン酸からなる主鎖に塩基からなる側鎖をもつ高分子化合物であるとして描かれている（両図とも，内容的には同じもの）。この図からわかるように，DNA には特定の塩基の配列順序（塩基配列）があり，この塩基配列が遺伝情報となっている。

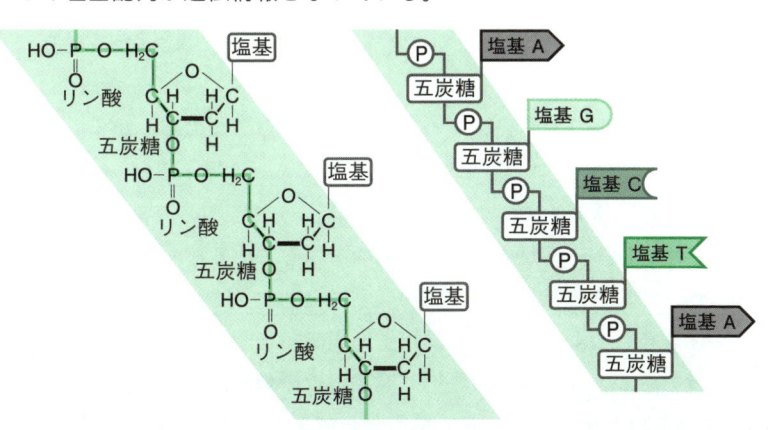

(5) "3 個の塩基の順列"ごとに，特定の情報（アミノ酸の種類など）を指定している。DNA に含まれる塩基の種類は 4 種類であり，"3 個の塩基の順列"の種類，つまり，4 種類の塩基から重複を許して 3 個を選んで並べる順列は $4^3=64$（通り）ある。つまり，"3 個の塩基の順列"で情報を表せば，**64種類**の情報を指定できる。
(5)

解答

ア	核酸	イ	デオキシリボ核酸	ウ	リボ核酸
エ	遺伝	オ	タンパク質	カ	窒素
キ	5	ク	塩基	ケ	リン酸
コ, サ	アデニン, グアニン			シ	チミン
ス	ウラシル	セ	ヒドロキシ	ソ	リン酸
タ	ヒドロキシ	チ	アデニン	ツ	チミン
テ	グアニン	ト	二重らせん	ナ	塩基配列

(1) HO−CH₂ 〇 OH （五炭糖の構造式）

(2) 2   (3) 4
(4) 0.30 (5) 64 種類

PART 5 合成高分子化合物

生徒　「ここでは，合成高分子化合物について確認するのですね。合成高分子化合物にはどのようなものがあるのですか」

先生　「私達の学習の対象としての合成高分子化合物には，『合成樹脂』，『合成ゴム』などがあるよ」

生徒　「『樹脂』と『ゴム』はどのように異なるものなのですか」

先生　「ここで言う『**ゴム**』とは，弾性変形する（変形するが，自然に元の形に戻る）性質をもつものを指している。一方で，ここで言う『**樹脂**』とは，弾性変形する性質をもたないものを指している。ちなみに『樹脂』には，熱を加えると塑性変形する（変形するが，自然には元の形に戻らない）性質をもつようになる『**熱可塑性樹脂**』と，熱を加えてもそのような性質をもつようにはならない『**熱硬化性樹脂**』があるよ」

生徒　「樹脂は，重合形式によっても分類できると習いました」

先生　「そうだね。合成高分子化合物には，単量体の付加重合によって重合体が形成されるものと，単量体の縮合重合によって重合体が形成されるものなどがある」

生徒　「『熱可塑性樹脂』であるか，『熱硬化性樹脂』であるかと，重合形式は関係がありますか」

先生　「『熱可塑性樹脂』が熱によって塑性変形するようになるのは，その構造が，細く長い繊維状の構造をしていることに関わっている。付加重合による合成高分子化合物には，このような細長い構造をもつものが多い（ポリビニル系の合成高分子化合物など）。縮合重合による高分子化合物でも，単量体（二種類以上ある場合には，すべての単量体）が反応点（縮合重合に関わる官能基など）を2つしかもっていない場合には，このような細長い構造をもつ」

生徒　「では，『熱硬化性樹脂』はどうですか」

先生「『熱硬化性樹脂』が熱に対して安定であるのは，その構造が，三次元網目状の構造をしていることに関わっている。三次元網目状の構造をもつものは，付加重合による合成高分子化合物にはそう多くは見られない。縮合重合では，単量体（二種類以上ある場合には，少なくとも一種類の単量体）が反応点を3つ以上もつ場合には，三次元網目状の構造をもち得るよ」（ここでは，共重合を含む）

生徒「例えばポリスチレンは，付加重合によって細く長い繊維状の構造をしていますから，『熱可塑性樹脂』ですね」

先生「ポリスチレンならね。ただ，付加重合による高分子化合物（陽イオン交換樹脂）に関する問題28では，重合形式は付加重合であるけれど，スチレンのみならず，p-ジビニルベンゼンをも単量体の一つとして付加重合（共重合）させているので，得られた高分子化合物は三次元網目状の構造をもっている点に注目しよう。また，構造中のベンゼン環をスルホン化することによって，スルホ基をもった構造とし，そのような構造に由来して陽イオンを交換できるという性質をもたせたている。それを読み取ることは，単なる成型材料としてばかりではなく，機能をもった材料としての合成高分子を理解する上で，実に有益だね。また，縮合重合による高分子化合物に関する問題29では，その代表例であるポリエステル系（ポリエチレンテレフタラート）の熱可塑性樹脂とポリアミド系（ナイロン66）の熱可塑性樹脂についてしっかりと確認しておこう。また，教科書や参考書を用いて，熱硬化性樹脂についても確認しておくといいね」

生徒「合成ゴムの構造はその性質にどのように関わっているのですか」

先生「合成ゴム（スチレンブタジエンゴム）に関する問題30に登場するSBRでは，ポリエチレンテレフタラートやナイロン66（6,6-ナイロン）とは異なって，2種類の単量体の組成比が一定ではない。このような組成比を変えることによって，性質を調整することができる。また，重合体中の炭素原子間二重結合の存在が，ゴム弾性と深く関わっている。これも，教科書や参考書で確認しておこう」

PART5 合成高分子化合物

THEME 28 付加重合による合成高分子化合物

問題 28

次の文章中の □ および（　）に当てはまる最も適当な化学式・用語を，それぞれ a群 ，(b群) から選んで記せ。また，{ 3 } には構造式を，{ 8 } には数値（有効数字3桁）を記せ。

　スチレンは，ベンゼンの水素原子1個がビニル基 (1) に置き換わった化合物であり，合成高分子化合物の原料として使用されている。スチレンは（ 2 ）重合して透明で電気絶縁性のポリスチレンになり，その構造は { 3 } で表される。一般に，イオン交換樹脂はガラス管などに詰め，陽イオンと陰イオンとの分離に使用される。このようなイオン交換樹脂を詰めた管をカラムという。例えば，スチレンと p-ジビニルベンゼンとを共重合させて不溶性とし，得られた高分子化合物のベンゼン環にスルホ基 (4) を結合させることによって，（ 5 ）交換樹脂として利用される合成樹脂Aが得られる。合成樹脂Aが詰められたカラムに塩化ナトリウム水溶液を通すと， (6) はスルホ基の (7) と交換されて合成樹脂Aに吸着されるので，水溶液中の塩化ナトリウムの陽イオンと陰イオンとを分離することができる。

　いま，十分な量の合成樹脂Aが詰まったカラムに濃度未知の硫酸亜鉛水溶液 20.0 mL を通したのち，さらに水を通してカラム中の合成樹脂Aを十分に水洗いした。これらの流出液を集め，メチルオレンジを指示薬として 0.100 mol/L の水酸化ナトリウム水溶液で滴定すると，中和するのに 22.2 mL の水酸化ナトリウム水溶液が必要であった。したがって，この硫酸亜鉛水溶液の濃度は { 8 } mol/L であることがわかる。このようなイオン交換反応は（ 9 ）反応であるので，硫酸亜鉛水溶液を通したあとに十分な量の（ 10 ）および水を通すことによって，使用済みの合成樹脂Aを再びもとの（ 5 ）交換樹脂として使用することができる。

[a群] H⁺, Na⁺, OH⁻, Cl⁻, −CH₂−CH₃
−CH=CH₂, −C≡CH, −N⁺(CH₃)₃OH⁻
−SH, −SO₃H

(b群) 開環, 付加, 縮合, 可逆, 不可逆
塩化亜鉛水溶液, 水酸化ナトリウム水溶液, 希硫酸
錯イオン, 陽イオン, 陰イオン

（関西大）

問題28 の読み方

1〜4行目

> スチレンは，ベンゼンの水素原子1個がビニル基 (1) に置き換わった化合物であり，合成高分子化合物の原料として使用されている。スチレンは（ 2 ）重合して透明で電気絶縁性のポリスチレンになり，その構造は｛ 3 ｝で表される。

スチレンは，ベンゼンの水素原子1個がビニル基 −CH=CH₂ に置き換わった化合物である。スチレンの **付加**重合によって，無色透明で着色も自由にでき，電気絶縁性に優れているポリスチレンが得られる。 知識 **57** を参照し，熱可塑性樹脂について，単量体の種類や重合様式を念頭に，重合体の構造も書けるように，しっかりとまとめておこう。

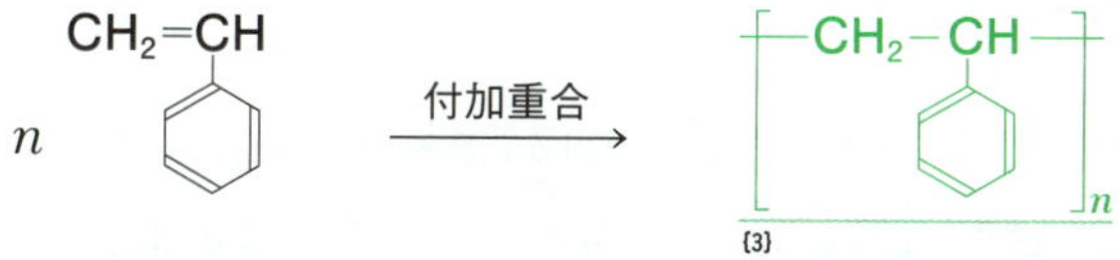

$$n \; \mathrm{CH_2{=}CH{-}C_6H_5} \xrightarrow{\text{付加重合}} \mathrm{{+}CH_2{-}CH(C_6H_5){+}_n}$$

単量体：スチレン　　　　重合体：ポリスチレン

4〜6行目

> 一般に，イオン交換樹脂はガラス管などに詰め，陽イオンと陰イオンとの分離に使用される。このようなイオン交換樹脂を詰めた管をカラムという。

生徒「ガラス管（カラム）に詰める"イオン交換樹脂"は，どんな構造をもっていて，どのように"陽イオンと陰イオンとの分離"を行うのですか」

先生「"イオン交換樹脂"には，**陽イオン交換樹脂**と**陰イオン交換樹脂**とがある。陽イオン交換樹脂を例にして，【6～9行目】でその構造が，【10～13行目】でその働き（陽イオンと陰イオンとの分離）が述べられているよ」

6～9行目

例えば，スチレンと p-ジビニルベンゼンとを共重合させて不溶性とし，得られた高分子化合物のベンゼン環にスルホ基 (4) を結合させることによって，(5) 交換樹脂として利用される合成樹脂 A が得られる。

先生「まず，『スチレンと p-ジビニルベンゼンとを共重合』させて，

（スチレン　p-ジビニルベンゼン　─共重合→　ポリスチレン樹脂）

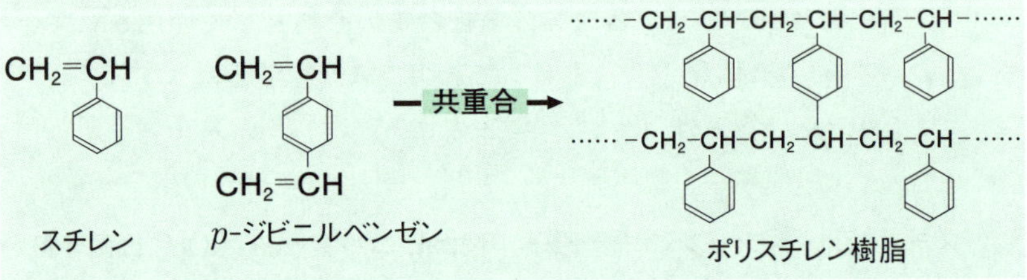

ポリスチレン樹脂をつくる。次に，『得られた高分子化合物（ポリスチレン樹脂）のベンゼン環に**スルホ基** $-SO_3H$ を結合』させて， 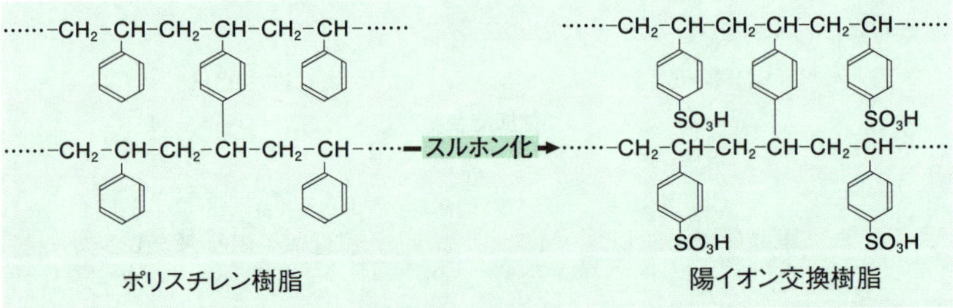
(4)

（ポリスチレン樹脂　─スルホン化→　陽イオン交換樹脂）

陽イオン交換樹脂をつくるんだ」
(5)

10～13行目

合成樹脂 A が詰められたカラムに塩化ナトリウム水溶液を通すと，(6) はスルホ基の (7) と交換されて合成樹脂 A に吸着されるので，水溶液中の塩化ナトリウムの陽イオンと陰イオンとを分離することができる。

合成樹脂Aすなわち**陽イオン交換樹脂**（ここでは，その部分構造を$R-SO_3H$と表現する）は，**塩化ナトリウム水溶液中のナトリウムイオン $\underline{Na^+}$(6)など，水溶液中にある陽イオンを水素イオン $\underline{H^+}$ に交換する能力をもつ。**

$$R-SO_3H + Na^+ \rightleftarrows R-SO_3^-Na^+ + \overset{(7)}{H^+}$$

陽イオン交換樹脂に対して，陰イオン交換樹脂（ここでは，その部分構造を $R-N^+(CH_3)_3OH^-$ と表現する）も用いられている。**陰イオン交換樹脂は，塩化ナトリウム水溶液中の塩化物イオン Cl^- など，水溶液中にある陰イオンを水酸化物イオン OH^- に交換する能力をもつ。**

$$R-N^+(CH_3)_3OH^- + Cl^- \rightleftarrows R-N^+(CH_3)_3Cl^- + OH^-$$

14～20 行目

> いま，十分な量の合成樹脂Aが詰まったカラムに濃度未知の硫酸亜鉛水溶液 20.0 mL を通したのち，さらに水を通してカラム中の合成樹脂Aを十分に水洗いした。これらの流出液を集め，メチルオレンジを指示薬として 0.100 mol/L の水酸化ナトリウム水溶液で滴定すると，中和するのに 22.2 mL の水酸化ナトリウム水溶液が必要であった。したがって，この硫酸亜鉛水溶液の濃度は｛ 8 ｝mol/L であることがわかる。

先生「硫酸亜鉛 $ZnSO_4$ は，水溶液中では Zn^{2+} と SO_4^{2-} とに電離している。硫酸亜鉛の水溶液を合成樹脂A（陽イオン交換樹脂）に通すと，亜鉛イオン Zn^{2+} が $2H^+$ に交換される。硫酸イオン SO_4^{2-} は変わらない」

生徒「合成樹脂Aを通すことによって，

$$Zn^{2+},\ SO_4^{2-}(ZnSO_4) \longrightarrow 2H^+,\ SO_4^{2-}(H_2SO_4)$$

のように，硫酸亜鉛は同じ物質量（mol）の硫酸に変わるわけですね」

先生「得られた硫酸の物質量を x〔mol〕とおくと，水酸化ナトリウム水溶液による滴定の結果から，

酸の価数	×	酸の物質量	＝	塩基の価数	×	塩基の物質量
2	×	x	＝	1	×	$0.100 \times \dfrac{22.2}{1000}$

より，$x = 1.11 \times 10^{-3}$〔mol〕と求められる」

生徒「つまり，カラムに通した濃度未知の硫酸亜鉛水溶液 20.0 mL 中には，得られた硫酸の物質量と同じく 1.11×10^{-3} (mol) の硫酸亜鉛が含まれていたわけですね。そうすると，硫酸亜鉛水溶液の濃度は，

$$\text{溶液のモル濃度} = \frac{\text{溶質の物質量 (mol)}}{\text{溶液の体積 (L)}} = \frac{1.11\times 10^{-3}}{\frac{20.0}{1000}}$$

$$= \underline{5.55\times 10^{-2}}_{(8)}\ (\text{mol/L})$$

となります」

20～23 行目

> このようなイオン交換反応は（ 9 ）反応であるので，硫酸亜鉛水溶液を通したあとに十分な量の（ 10 ）および水を通すことによって，使用済みの合成樹脂 A を再びもとの（ 5 ）交換樹脂として使用することができる。

陽イオン交換樹脂における陽イオン交換反応は，<u>可逆</u>反応である。すなわち，<u>希硫酸</u>など多量の酸 H^+ を加えることによって，使用後の陽イオン交換樹脂をもとの形に戻すことができる。

$$R-SO_3^-Na^+ + H^+ \rightleftarrows R-SO_3H + Na^+$$

もちろん，陰イオン交換樹脂における陰イオン交換反応も，可逆反応である。すなわち，多量の塩基 OH^- を加えることによって，使用後の陰イオン交換樹脂をもとの形に戻すことができる。

$$R-N^+(CH_3)_3Cl^- + OH^- \rightleftarrows R-N^+(CH_3)_3OH^- + Cl^-$$

解答 (1) $-CH=CH_2$　(2) 付加　(3) $-[CH_2-CH(C_6H_5)]_n-$

(4) $-SO_3H$　(5) 陽イオン　(6) Na^+　(7) H^+

(8) 5.55×10^{-2}　(9) 可逆　(10) 希硫酸

PART5 合成高分子化合物

THEME 29 縮合重合による合成高分子化合物

問題 29

次の文章を読んで、以下の問いに答えよ。

　高分子化合物AおよびBはともにポリエステルであり、自然界で微生物により分解される生分解性高分子として期待されている。

　高分子化合物Aを完全に加水分解させると単一の鎖状化合物Cが得られ、また、Bを完全に加水分解させると、化合物DおよびEが同じ物質量（mol）ずつ得られた。化合物C, D, Eはいずれも炭素、水素、酸素のみから構成されている。化合物Cに水酸化ナトリウムを作用させると、分子式 $C_4H_8O_3$ の化合物のNa塩が生成した。化合物Cには不斉炭素原子はなく、これをおだやかに酸化するとアルデヒド基をもつ化合物が得られた。

　化合物Dにはメチル基がなく、その炭素原子数は4であり、分子量は90であった。化合物D 0.020 mol をとり、無水酢酸 0.050 mol と完全に反応させたのち、酸無水物のみを少量の水ですべて加水分解させた。生成した酢酸を 1.00 mol/L 水酸化ナトリウム水溶液で中和したところ、(イ) mL必要であった。

　化合物Eを化合物Fと反応させると、合成繊維として重要な 6,6-ナイロンが得られた。

(1) 化合物Cの構造式を記せ。
(2) 化合物Dの構造式を記せ。
(3) (イ) に適当な数値を有効数字2桁で記せ。
(4) 高分子化合物Bの構造式を記せ。

京都大

220

問題29 の読み方

1, 2行目

> 高分子化合物AおよびBはともにポリエステルであり，自然界で微生物により分解される生分解性高分子として期待されている。

生徒「せっかくつくった合成高分子化合物を，分解することに意味はあるのでしょうか」

先生「合成高分子化合物は，さまざまな長所をもった材料であり，広範な用途に使われている。しかし，その一方で，**使用済みの製品の処理が問題になっている**」

生徒「もしも使用済みの製品が，微生物や光などによって分解され，例えば土に還るようであれば，そういった問題の解決になるということですね」

3, 4行目

> 高分子化合物Aを完全に加水分解させると単一の鎖状化合物Cが得られ，

生徒「『高分子化合物Aを完全に加水分解』させても『単一の鎖状化合物C』しか得られないということは，逆に言えば，化合物Cは単独で高分子化合物A（ポリエステル）を形成するということですね」

先生「すなわち，化合物Cは，エステル結合に必要な**カルボキシ基－COOH**と**ヒドロキシ基－OH**とを，**単独で所有している**ものと考えられる」

生徒「では，化合物Cは，次のようにおけますね」

$$\text{化合物C：} \quad \text{HO}-\text{R}-\underset{\underset{\text{O}}{\|}}{\text{C}}-\text{OH}$$

推論

化合物Cを　HO－R－COOH　とおく。

> **4, 5 行目**
>
> また，B を完全に加水分解させると，化合物 D および E が同じ物質量（mol）ずつ得られた。

化合物 D と E は，両者で，高分子化合物 B（ポリエステル）を形成する。可能性のひとつとして，エステル結合に必要な**カルボキシ基 −COOH** と**ヒドロキシ基 −OH** とを，**それぞれがその一方のみを所有している**とも考えられる。そこで，化合物 D，E を，次のように仮定してみる。

$$\text{化合物 D, E:}\quad HO-R'-OH,\quad HO-\underset{\underset{O}{\|}}{C}-R''-\underset{\underset{O}{\|}}{C}-OH$$

> 🟢 **仮定**
>
> 化合物 D，E を HO−R′−OH，HOOC−R″−COOH とおく。

ここで，**【15, 16 行目】に化合物 E についての具体的な情報があるので，途中の段落を飛ばしてここを読解してみることにする。**

> **15, 16 行目**
>
> 化合物 E を化合物 F と反応させると，合成繊維として重要な 6,6-ナイロンが得られた。

化合物 E は，6,6-ナイロン（ナイロン66）の原料である

アジピン酸：$HOOC-(CH_2)_4-COOH$

ヘキサメチレンジアミン：$H_2N-(CH_2)_6-NH_2$

のいずれかであるが，ポリエステルの原料ともなることや『**炭素，水素，酸素のみから構成されている**（後述【5, 6 行目】）』ことから，**アジピン酸**であると決まる。この決定は，【4, 5 行目】の読解による仮定とも矛盾しない。
知識 59 を参照し，合成繊維について，単量体の種類や重合様式を念頭に，重合体の構造も書けるように，しっかりとまとめておこう。

> **わかったこと**
>
> 化合物 E は，$HO-\underset{O}{\underset{\|}{C}}-(CH_2)_4-\underset{O}{\underset{\|}{C}}-OH$ である。
>
> よって化合物 D は次のようにおける。
>
> 　　　　化合物 D： $HO-R'-OH$

5, 6 行目

> 化合物 C，D，E はいずれも炭素，水素，酸素のみから構成されている。

生徒「そういえば，**代表的なポリエステルであるポリエチレンテレフタラートも，炭素，水素，酸素のみから構成されていますね**」（知識 59 参照）

$$\left[-\underset{O}{\underset{\|}{C}}--\underset{O}{\underset{\|}{C}}-O-CH_2-CH_2-O- \right]_n$$

ポリエチレンテレフタラート

参考 ポリエチレンテレフタラートは熱可塑性樹脂であるが，熱硬化性樹脂にも，アルキド樹脂のようなポリエステルがある。知識 58 を参照し，熱硬化性樹脂について，単量体の種類や重合様式を中心に，重合体の構造が示されたときに判別できるように，しっかりとまとめておこう。

6〜9 行目

> 化合物 C に水酸化ナトリウムを作用させると，分子式 $C_4H_8O_3$ の化合物の Na 塩が生成した。化合物 C には不斉炭素原子はなく，これをおだやかに酸化するとアルデヒド基をもつ化合物が得られた。

『化合物 C に水酸化ナトリウムを作用させると，分子式 $C_4H_8O_3$ の化合物の Na 塩が生成した』ことからは，化合物 C が分子式 $C_4H_8O_3$ **のカルボン酸**であり，

$$C_3H_7O-\underset{O}{\underset{\|}{C}}-OH \quad\quad\cdots\cdots ①$$

という構造をもつことがわかる。

『これ（化合物 C）をおだやかに酸化するとアルデヒド基をもつ化合物が得られた』ことからは，化合物 C は**第一級アルコール**であり，

$$-CH_2-OH \quad \cdots\cdots ②$$

という部分構造をもつことがわかる。

①と②を総合すると，化合物 C は，

$$HO-CH_2-C_2H_4-\underset{O}{\overset{\|}{C}}-OH \quad \cdots\cdots ③$$

という構造をもつことになる。

③の構造には，

Ⅰ $HO-CH_2-CH_2-CH_2-\underset{O}{\overset{\|}{C}}-OH$

Ⅱ $HO-CH_2-\underset{H}{\overset{CH_3}{\underset{|}{\overset{|}{C}}}}-\underset{O}{\overset{\|}{C}}-OH$ （不斉炭素原子）

の Ⅰ と Ⅱ の構造が考えられるが，Ⅱ の構造は『**化合物 C には不斉炭素原子はなく**』に反する。よって，化合物 C の構造は Ⅰ であると決定する。この決定は，【3，4 行目】の読解における推論と矛盾しない。

> **答え**
> 化合物 C は，$HO-CH_2-CH_2-CH_2-\underset{O}{\overset{\|}{C}}-OH$ である。
> (1) c

10, 11 行目

> 化合物 D にはメチル基がなく，その炭素原子数は 4 であり，分子量は 90 であった。

化合物 D は，

$$HO-R'-OH$$

という構造をもつが，さらに，『**化合物 D にはメチル基がなく，その炭素原子数は 4 であり，分子量は 90 であった**』という記述から，化合物 D の炭素鎖には分岐（例：$-CH(CH_3)-$）がなく，化合物 D は，

$$HO-CH_2-CH_2-CH_2-CH_2-OH$$

という構造をもつことがわかる。

答え 化合物 D は，$\underline{HO-CH_2-CH_2-CH_2-CH_2-OH}$ である。
(2) D

結論

よって，化合物 C のエステル化による化合物 A の構造は，

$$\underline{-\!\!\left[O-CH_2-CH_2-CH_2-\underset{\underset{O}{\|}}{C}\right]_n\!\!-}$$

であり，化合物 D と E とのエステル化による化合物 B の構造は，

$$\underline{-\!\!\left[O-(CH_2)_4-\underset{\underset{O}{\|}}{C}-(CH_2)_4-\underset{\underset{O}{\|}}{C}\right]_n\!\!-}$$

である。
(4) B

11～14 行目

化合物 D 0.020 mol をとり，無水酢酸 0.050 mol と完全に反応させたのち，酸無水物のみを少量の水ですべて加水分解させた。生成した酢酸を 1.00 mol/L 水酸化ナトリウム水溶液で中和したところ，(イ) mL 必要であった。

R-OH と無水酢酸の反応は，

$$R-OH + (CH_3CO)_2O \longrightarrow R-O-\underset{\underset{O}{\|}}{C}-CH_3 + CH_3COOH$$

だから，化合物 D と無水酢酸との反応は，

$$HO(CH_2)_4OH + 2(CH_3CO)_2O$$
化合物D　　　　　無水酢酸

$$\longrightarrow CH_3-\underset{\underset{O}{\|}}{C}-O-(CH_2)_4-O-\underset{\underset{O}{\|}}{C}-CH_3 + 2CH_3COOH$$
　　　　　　　　　　　　生成物　　　　　　　　　　　　　　酢酸

であると考えられるので，0.020 mol の化合物 D と反応する無水酢酸は倍の 0.040 mol である。この反応によって，**酢酸が 0.040 mol 生成し**，(0.050 − 0.040 =) 0.010 mol の無水酢酸が残存する。

次に，無水酢酸と水との反応は，

$$(CH_3CO)_2O + H_2O \longrightarrow 2CH_3COOH$$
$$\text{無水酢酸} \quad \text{水} \quad\quad \text{酢酸}$$

であるので，残存した 0.010 mol の無水酢酸から**酢酸が 0.020 mol 生成する。**

最後に，酢酸と水酸化ナトリウムとの反応は，

$$CH_3COOH + NaOH \longrightarrow CH_3COONa + H_2O$$

であり，(0.040＋0.020＝)0.060 (mol) の酢酸のために消費される水酸化ナトリウムは 0.060 mol である。

よって，必要な 1.00 mol/L 水酸化ナトリウム水溶液の体積 v 〔mL〕は，

$1.00 \times \dfrac{v}{1000} = 0.060$ より，$v = $**$6.0 \times 10$** (mL) となる。(3)

解答 (1) **C** : HO－CH$_2$－CH$_2$－CH$_2$－C－OH
　　　　　　　　　　　　　　　　　　 ‖
　　　　　　　　　　　　　　　　　　 O

(2) **D** : HO－CH$_2$－CH$_2$－CH$_2$－CH$_2$－OH

(3) **6.0×10**

(4) **B** : ⎡O－(CH$_2$)$_4$－O－C－(CH$_2$)$_4$－C⎤
　　　　　⎣　　　　　　　　　‖　　　　　　‖⎦$_n$
　　　　　　　　　　　　　　　O　　　　　　O

PART5 合成高分子化合物

THEME 30 合成ゴム

問題 30

次の文章を読み，以下の問いに答えよ。ただし，計算に必要な場合には，次の値を用いよ。

原子量：$H=1.0$，$C=12.0$，$O=16.0$

なお，スチレンと 1,3-ブタジエンの構造式は次に示す通りである。

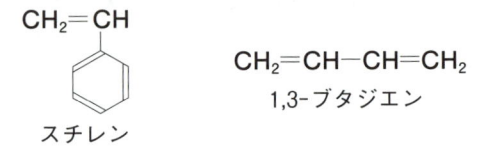

$CH_2=CH$-（フェニル基） スチレン

$CH_2=CH-CH=CH_2$ 1,3-ブタジエン

> スチレンと 1,3-ブタジエンの共重合体 10.6 mg を完全燃焼させたところ，二酸化炭素が 35.2 mg，水が 9.00 mg 生成した。

この共重合体におけるスチレン部分と 1,3-ブタジエン部分の物質量比を求め，整数比で答えよ。

〈九州大〉

問題 30 の読み方

1 行目

> スチレンと 1,3-ブタジエンの共重合体

題材 題材は，スチレンと 1,3-ブタジエンの共重合体，言い換えれば，スチレン-ブタジエンゴム (SBR) である。知識 60 を参照し，合成ゴムについて，単量体の種類や重合様式を念頭に，重合体の構造も書けるように，しっかりとまとめておこう。

認識 繰り返し単位の重合度を，スチレン部分と 1,3-ブタジエン部分のそれぞれで n，m と置くと，求めるスチレン部分と 1,3-ブタジエン部分

の物質量比は $n:m$ となる。ただし，実際の共重合体中では，次の構造式のように，スチレン部分と1,3-ブタジエン部分がそれぞれでまとまって重合しているわけでない。しかし，本題のように共重合体中の組成を考える場合には，このように考えても差し支えない。

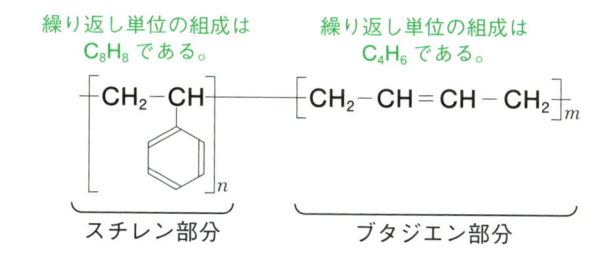

$$\mathrm{-[CH_2-CH(C_6H_5)]_n - [CH_2-CH=CH-CH_2]_m-}$$

繰り返し単位の組成は C_8H_8 である。（スチレン部分）
繰り返し単位の組成は C_4H_6 である。（ブタジエン部分）

1〜2行目

> 完全燃焼させたところ，

この共重合体の完全燃焼について，一般的な解釈を行ってみる。基本に立って，物質量で考えてみよう。

スチレン部分の完全燃焼は，次式の通りである。

$$n\mathrm{C_8H_8} + 10n\mathrm{O_2} \longrightarrow 8n\mathrm{CO_2} + 4n\mathrm{H_2O}$$

また，1,3-ブタジエン部分の完全燃焼は，次式の通りである。

$$m\mathrm{C_4H_6} + \frac{11}{2}m\mathrm{O_2} \longrightarrow 4m\mathrm{CO_2} + 3m\mathrm{H_2O}$$

すなわち，この共重合体 1 mol が完全燃焼すると，合計で，二酸化炭素 $\mathrm{CO_2}$ が $8n+4m$ 〔mol〕，水 $\mathrm{H_2O}$ が $4n+3m$ 〔mol〕生成する。

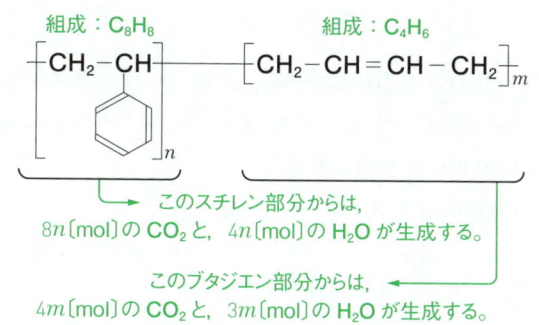

組成：C_8H_8（スチレン部分）／組成：C_4H_6（ブタジエン部分）

→ このスチレン部分からは，$8n$〔mol〕の $\mathrm{CO_2}$ と，$4n$〔mol〕の $\mathrm{H_2O}$ が生成する。
→ このブタジエン部分からは，$4m$〔mol〕の $\mathrm{CO_2}$ と，$3m$〔mol〕の $\mathrm{H_2O}$ が生成する。

1 mol の SBR から生成する二酸化炭素 $\mathrm{CO_2}$ は，$8n+4m$〔mol〕
水 $\mathrm{H_2O}$ は，$4n+3m$〔mol〕である。

> **2行目**
>
> 二酸化炭素が 35.2 mg，水が 9.00 mg 生成した。

生成した二酸化炭素 CO_2 と水 H_2O の物質量は次の通り。

$$CO_2 : \frac{35.2 \times 10^{-3}}{44.0} = 8.00 \times 10^{-4} \text{ (mol)}$$

$$H_2O : \frac{9.00 \times 10^{-3}}{18.0} = 5.00 \times 10^{-4} \text{ (mol)}$$

以上の整理を踏まえると，次の関係式が成立する。

CO_2 (mol) : H_2O (mol)
$= 8n + 4m : 4n + 3m = 8.00 \times 10^{-4} : 5.00 \times 10^{-4}$

これを解くと，$n : m =$ **1 : 2** が求まる。

ちなみに，この共重合体の完全燃焼について，質量で考えると次の通り。スチレン部分の式量は（$C_8H_8=$）104.0 である。また，1,3-ブタジエン部分の式量は（$C_4H_6=$）54.0 である。すなわち，この共重合体 1 mol の質量は $104.0n + 54.0m$〔g〕である。

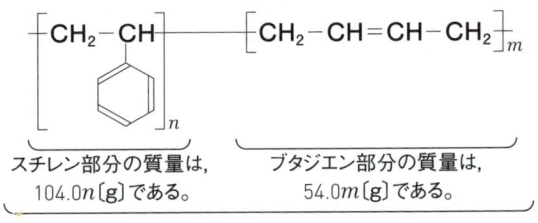

$$\left[CH_2-CH(C_6H_5) \right]_n \left[CH_2-CH=CH-CH_2 \right]_m$$

スチレン部分の質量は，$104.0n$〔g〕である。
ブタジエン部分の質量は，$54.0m$〔g〕である。

SBR 全体の質量は，$104.0n + 54.0m$〔g〕である。

よって，この共重合体 $104.0n + 54.0m$〔g〕が完全燃焼すると，二酸化炭素 CO_2 が $44.0 \times (8n + 4m)$〔g〕，水 H_2O が $18.0 \times (4n + 3m)$〔g〕生成する。
すなわち，次の関係式が成立する。

共重合体 (g) : CO_2 (g) : H_2O (g)
$= 104.0n + 54.0m : 44.0 \times (8n + 4m) : 18.0 \times (4n + 3m)$
$= 10.6 \times 10^{-3} : 35.2 \times 10^{-3} : 9.00 \times 10^{-3}$

これを解いても，$n : m =$ **1 : 2** と求まる。

解答 1 : 2

THEME
30
合成ゴム

著者紹介

照井俊

学校法人「河合塾」の化学科超人気講師。
「遊び心で化学する」をモットーに模型を多用するなど視覚にうったえる授業を展開している。
ニックネームは"ラビット"。本文に登場するイラストはこのニックネームに由来する。
東京工業大学大学院博士課程修了：工学博士
著書に，「照井式解法カードシリーズ」（学研プラス），「理系 化学精鋭」（河合出版）など。

STAFF

照井式問題集　有機化学　問題文の読み方

著者	照井俊
ブックデザイン	高橋明香（おかっぱ製作所）
本文イラスト	はしあさこ
校正	安東靖　鈴木康通（尾道中学校・高等学校） 福森美惠子　服部篤樹
編集協力	秋下幸恵　高木直子　内山とも子　渡辺泰葉
企画編集	村手佳奈
DTP	株式会社四国写研
印刷所	株式会社リーブルテック

別冊 **知識の整理カード**

TERUISHIKI MONDAISHU
照井式問題集

大学受験
V BOOKS

**有機化学
問題文の
読み方**

河合塾
照井 俊

Gakken

別冊 知識の整理カード

TERUISHIKI MONDAISHU
照井式問題集

大学受験
W BOOKS

有機化学
問題文の
読み方

河合塾
照井 俊

知識 1 炭化水素の分類

　分子式が C_nH_{2n+2} で示される化合物はアルカン(分子内に不飽和結合や炭素環をもたない炭化水素)である。

　分子式が C_nH_{2n} で示される化合物には，アルケン(分子内に二重結合を1つもつ鎖式炭化水素)とシクロアルカン(分子内に飽和の炭素環を1つもつ炭化水素)とがある。

　分子式が C_nH_{2n-2} で示される化合物には、アルキン(分子内に三重結合を1つもつ鎖式炭化水素)やシクロアルケンなどがある。

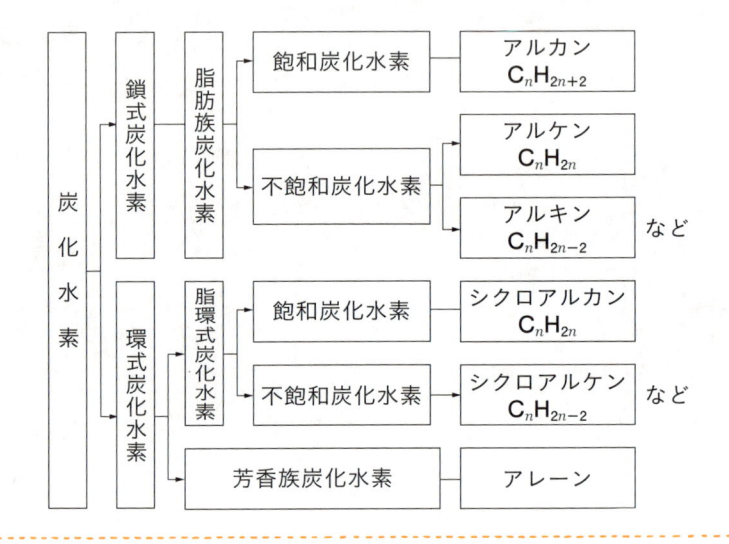

```
                                    ┌─ 飽和炭化水素 ── アルカン $C_nH_{2n+2}$
                   ┌─ 鎖式炭化水素 ─ 脂肪族炭化水素 ┤
                   │                 │              ┌─ アルケン $C_nH_{2n}$
                   │                 └─ 不飽和炭化水素 ┤
炭化水素 ──────────┤                                └─ アルキン $C_nH_{2n-2}$  など
                   │                 ┌─ 飽和炭化水素 ── シクロアルカン $C_nH_{2n}$
                   └─ 環式炭化水素 ─ 脂環式炭化水素 ┤
                                     │              └─ 不飽和炭化水素 ── シクロアルケン $C_nH_{2n-2}$ など
                                     └─ 芳香族炭化水素 ── アレーン
```

知識 2 アルカンの置換反応

アルカンは，常温・常圧では比較的安定な化合物であるが，加熱または紫外線照射下ではハロゲンの単体と置換反応を起こす。この置換反応は連鎖的に進行する。例えば，アルカンの代表例であるメタン CH_4 は，紫外線照射下で塩素 Cl_2 と次のように反応する。

CH_4 + Cl_2 ⟶ CH_3Cl (クロロメタン) + HCl

CH_3Cl + Cl_2 ⟶ CH_2Cl_2 (ジクロロメタン) + HCl

CH_2Cl_2 + Cl_2 ⟶ $CHCl_3$ (トリクロロメタン) + HCl

$CHCl_3$ + Cl_2 ⟶ CCl_4 (テトラクロロメタン) + HCl

知識 3 アルケンの付加反応，酸化反応

アルケンは反応性に富む化合物であり，種々の単体や化合物と付加反応を起こす。さらには，付加重合も起こす。例えば，アルケンの代表例であるエチレン $CH_2=CH_2$ からは，その水付加によってエタノールが，付加重合によってポリエチレンが合成される。

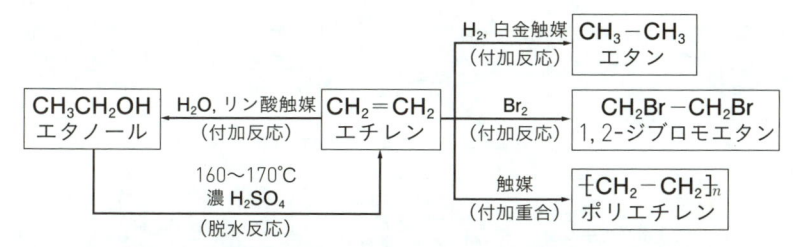

- $CH_2=CH_2$ エチレン
  - H_2, 白金触媒（付加反応）→ CH_3-CH_3 エタン
  - H_2O, リン酸触媒（付加反応）→ CH_3CH_2OH エタノール
  - Br_2（付加反応）→ CH_2Br-CH_2Br 1,2-ジブロモエタン
  - 触媒（付加重合）→ $-[CH_2-CH_2]_n-$ ポリエチレン
- CH_3CH_2OH エタノール → 160〜170℃ 濃 H_2SO_4（脱水反応）→ $CH_2=CH_2$

また，アルケンを O_3 や $KMnO_4$（硫酸酸性）などの強い酸化剤で酸化すると，次の例のように，その C=C が切断される。このような酸化（オゾン分解，過マンガン酸カリウムによる酸化）は，その生成物からもとのアルケンの構造を知ることができるので，アルケンの構造決定（C=C の位置決定）に利用できる。

$$\begin{array}{c}CH_3\\ \\CH_3\end{array}C=C\begin{array}{c}CH_3\\ \\H\end{array} \xrightarrow{\text{オゾン分解}}_{O_3} \begin{array}{c}CH_3\\ \\CH_3\end{array}C=O + O=C\begin{array}{c}CH_3\\ \\H\end{array}$$

2-メチル-2-ブテン　　　アセトン　　アセトアルデヒド

知識 4 アセチレンの付加反応，重合反応，置換反応

　アセチレンは反応性に富む化合物であり，下図のように，種々の単体や化合物と付加反応，さらには，重合反応や置換反応を起こす。例えば，硫酸水銀(Ⅱ)の存在下で，水と付加反応を起こしてビニルアルコールとなる。しかし，ビニルアルコールは不安定で，すぐにアセトアルデヒドに変わってしまう。アセチレン2分子が重合すると，ビニルアセチレンが生成する。また，3分子が重合するとベンゼンが生成する。アセチレンの2分子重合で生成したビニルアセチレンは，さらに水素や塩化水素と付加反応して，ブタジエンやクロロプレンとなる。アンモニア性硝酸銀水溶液にアセチレンを通じると，水に難溶の銀アセチリドが生成し，白色の沈殿が生じる。アンモニア性塩化銅(Ⅰ)水溶液にアセチレンを通じると，水に難溶の銅アセチリドが生成し，赤褐色の沈殿が生じる。これらの沈殿形成反応は，アセチレンの検出に利用される。

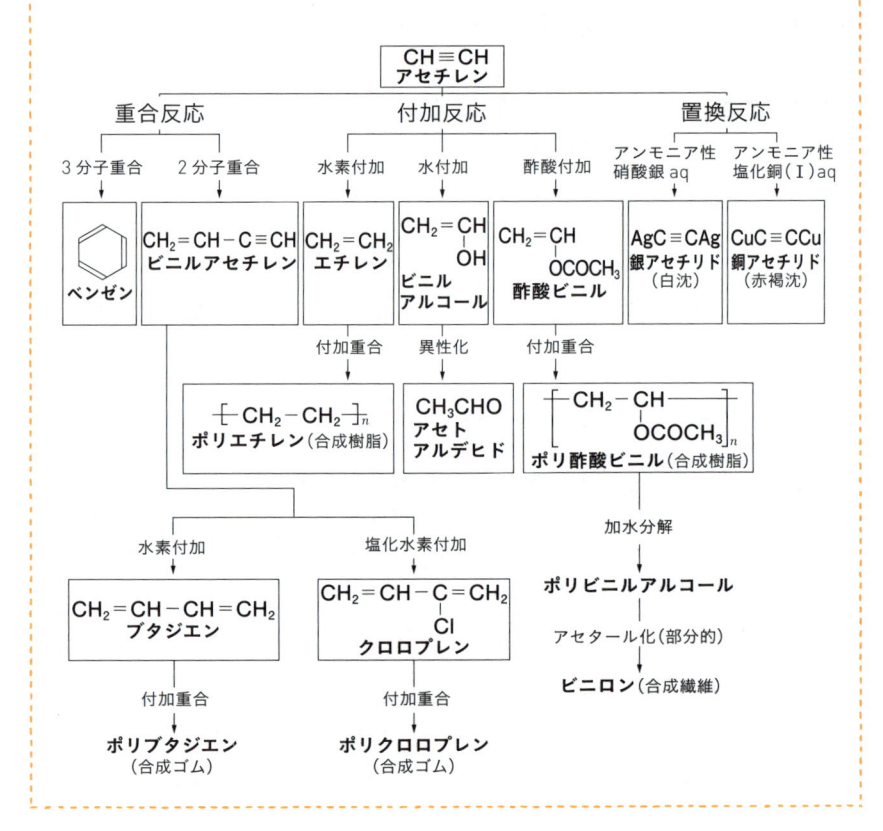

```
                              CH≡CH
                             アセチレン
        ┌──────────┬──────────┬──────────┬──────────┬──────────┐
    重合反応              付加反応                  置換反応
     ┌────┴────┐    ┌─────┬─────┬─────┐    ┌─────┴─────┐
  3分子重合 2分子重合  水素付加 水付加 酢酸付加  アンモニア性  アンモニア性
                                              硝酸銀 aq    塩化銅(Ⅰ) aq
```

- ベンゼン
- $CH_2=CH-C≡CH$ ビニルアセチレン
- $CH_2=CH_2$ エチレン
- $CH_2=CH-OH$ ビニルアルコール
- $CH_2=CH-OCOCH_3$ 酢酸ビニル
- $AgC≡CAg$ 銀アセチリド（白沈）
- $CuC≡CCu$ 銅アセチリド（赤褐沈）

付加重合 → $-[CH_2-CH_2]_n-$ ポリエチレン（合成樹脂）

異性化 → CH_3CHO アセトアルデヒド

付加重合 → $-[CH_2-CH(OCOCH_3)]_n-$ ポリ酢酸ビニル（合成樹脂）

ビニルアセチレンから：
- 水素付加 → $CH_2=CH-CH=CH_2$ ブタジエン → 付加重合 → ポリブタジエン（合成ゴム）
- 塩化水素付加 → $CH_2=CH-C(Cl)=CH_2$ クロロプレン → 付加重合 → ポリクロロプレン（合成ゴム）

ポリ酢酸ビニル → 加水分解 → ポリビニルアルコール → アセタール化（部分的）→ ビニロン（合成繊維）

知識 5 構造異性体と立体異性体

分子式は同じだが，次表の(1)〜(4)のように構造が異なる化合物どうしを，『互いに構造異性体である』という。構造異性体の中には，立体異性体（幾何異性体，光学異性体）が存在するものがある。分子式も構造も同じだが，分子の立体的な配置が異なる化合物どうしを，『互いに立体異性体である』という。

異性体	構造異性体		(1) 炭素原子のつながり方が異なる。 (2) 不飽和結合の位置が異なる。 (3) 官能基の位置が異なる。 (4) 官能基の種類が異なる。 など，分子の構造が異なる。
	立体異性体	幾何異性体	分子の立体的な配置が異なる。
		光学異性体	

知識 6 立体異性体①：幾何異性体

立体異性体のうち，炭素原子間の二重結合についた置換基の配置が異なる異性体を，幾何異性体またはシス–トランス異性体と呼ぶ。具体的には，同じ種類の置換基が，炭素原子間の二重結合に対して，同じ側に結合している場合にはシス形（またはシス異性体）という。また，同じ種類の置換基が，炭素原子間の二重結合に対して，反対側に結合している場合にはトランス形（またはトランス異性体）という。

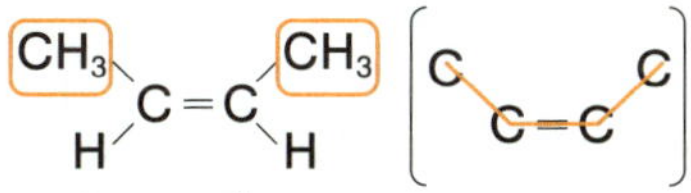

シス-2-ブテン 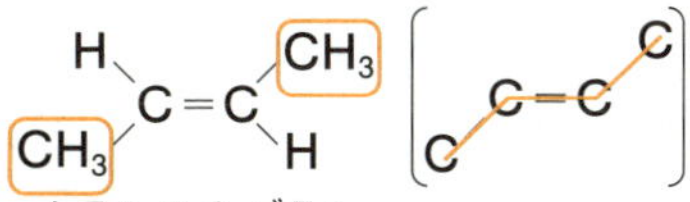　　トランス-2-ブテン

知識 7 立体異性体②：不斉炭素原子と光学異性体

4種類の異なる原子や原子団が結合した炭素原子を不斉炭素原子と呼び，C^*などと表記する。立体異性体のうち，不斉炭素原子をもち，一対の鏡像の関係にあって，互いに重ね合わせることができない異性体どうしを，光学異性体または鏡像異性体と呼ぶ。光学異性体どうしは，一般に，大半の物理的性質（融点や密度など）や化学的性質は等しい。しかし，光学異性体は光（平面偏光）を回転させる性質をもち，回転の向き（右旋性，左旋性）は，光学異性体間のそれぞれで異なる。

乳酸を例として，2通りの表記法を用い，一対の光学異性体を以下に示す。中央の炭素原子が不斉炭素原子である。

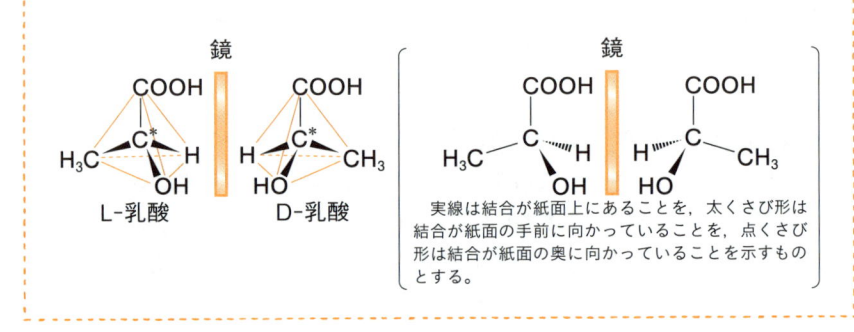

[実線は結合が紙面上にあることを，太くさび形は結合が紙面の手前に向かっていることを，点くさび形は結合が紙面の奥に向かっていることを示すものとする。]

知識 8 炭化水素の異性体

〈例1〉 C₆H₁₄ の異性体（構造異性体のみ）

① ヘキサン
（主鎖の炭素数＝6）
CH₃－CH₂－CH₂－CH₂－CH₂－CH₃

② 2-メチルペンタン
（主鎖＝5）
$$CH_3-CH_2-CH_2-\underset{\underset{CH_3}{|}}{CH}-CH_3$$

③ 3-メチルペンタン
（主鎖＝5）
$$CH_3-CH_2-\underset{\underset{CH_3}{|}}{CH}-CH_2-CH_3$$

④ 2,2-ジメチルブタン
（主鎖＝4）
$$CH_3-CH_2-\underset{\underset{CH_3}{|}}{\overset{\overset{CH_3}{|}}{C}}-CH_3$$

⑤ 2,3-ジメチルブタン
（主鎖＝4）
$$CH_3-\underset{\underset{CH_3}{|}}{CH}-\underset{\underset{CH_3}{|}}{CH}-CH_3$$

これらの化合物の中では，ヘキサンの沸点が最も高く（69℃），2,2-ジメチルブタンの沸点が最も低い（49℃）。

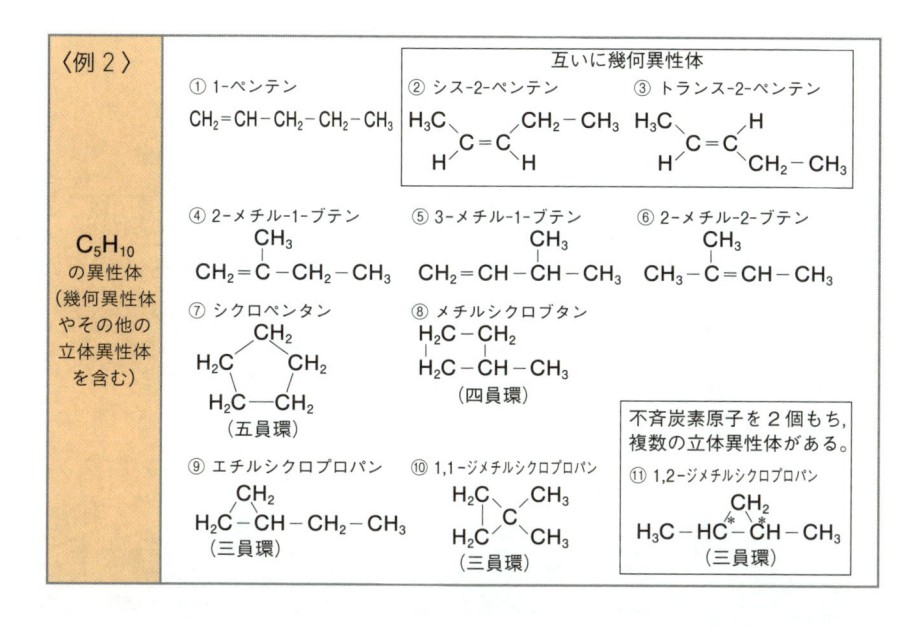

〈例2〉 C₅H₁₀ の異性体（幾何異性体やその他の立体異性体を含む）

① 1-ペンテン
CH₂＝CH－CH₂－CH₂－CH₃

互いに幾何異性体

② シス-2-ペンテン

③ トランス-2-ペンテン

④ 2-メチル-1-ブテン
$$CH_2=\underset{\underset{CH_3}{|}}{C}-CH_2-CH_3$$

⑤ 3-メチル-1-ブテン
$$CH_2=CH-\underset{\underset{CH_3}{|}}{CH}-CH_3$$

⑥ 2-メチル-2-ブテン
$$CH_3-\underset{\underset{CH_3}{|}}{C}=CH-CH_3$$

⑦ シクロペンタン
（五員環）

⑧ メチルシクロブタン
（四員環）

⑨ エチルシクロプロパン
H₂C－CH－CH₂－CH₃
（三員環）

⑩ 1,1-ジメチルシクロプロパン
（三員環）

不斉炭素原子を2個もち，複数の立体異性体がある。

⑪ 1,2-ジメチルシクロプロパン
H₃C－HC*－CH*－CH₃
（三員環）

知識 9 不飽和度（不飽和数）

分子式 $C_nH_mO_l$ について $\frac{1}{2}(2n+2-m)$ を計算し，その値を不飽和度（不飽和数）と定義する。この不飽和度 $\left(\text{不飽和度}=\frac{1}{2}(2n+2-m)\right)$ は，次表のように，不飽和の状況（$C=C$，$C\equiv C$，環状構造の所有状況）を表している。

不飽和度＝0	単結合のみをもつ。
不飽和度＝1	次の①，②のいずれか。 ①　二重結合（$C=C$ または $C=O$）を1つもつ。 ②　環状構造を1つもつ。
不飽和度＝2	次の①〜④のいずれか。 ①　二重結合（$C=C$ または $C=O$）を2つもつ。 ②　環状構造を2つもつ。 ③　二重結合（$C=C$ または $C=O$）と環状構造を1つずつもつ。 ④　三重結合（$C\equiv C$）を1つもつ。

不飽和度の活用法は様々である。例えば，炭素，水素，酸素のみからなる芳香族化合物について，その不飽和度が4であるならば，ベンゼン環だけで不飽和度は4になる（ベンゼン環は，形式的に3つの二重結合と1つの環状構造をもつとみなせる）ので，その芳香族化合物はベンゼン環以外には不飽和な構造をもたないことがわかる。

また，分子式中の酸素原子の数を意識した活用法は次の通り。

C_nH_mO（O原子数＝1）の場合	
不飽和度＝0	単結合のみをもつアルコールかエーテル。
不飽和度＝1	次の①，②のいずれか。 ①　$C=C$ または環状構造を1つもつアルコールかエーテル。 ②　$C=O$ を1つもつアルデヒドかケトン。
$C_nH_mO_2$（O原子数＝2）の場合	
不飽和度＝1	次の①，②，および，その他の可能性がある。 ①　$C=C$ または環状構造を1つもつ二価アルコールやジエーテル。 ②　$C=O$ を1つもつ，モノカルボン酸やモノエステル。 　　　　　　　　　　　　　　　　　　その他

知識 10 アルコールとエーテルの判別①：Na との反応

アルコール ROH はナトリウムの単体 Na と反応して，水素 H_2 を発生し，ナトリウムアルコキシド RONa になる。アルコールには，一般に，その構造異性体として，同じ分子式をもつエーテル R′−O−R″ が存在する。エーテルは，アルコールとは違って，ナトリウムの単体と反応しない。よって，アルコールとエーテルとは，ナトリウムの単体に対する反応性の違いによって判別できる。

知識 11 アルコールとエーテルの判別②：沸点

エーテルの沸点は比較的低く，ジエチルエーテルの場合で 34.5℃である。一方で，アルコールの沸点は，分子間で水素結合を形成するために，同程度の分子量をもつ炭化水素やエーテルの沸点に比べるとずっと高い。ジエチルエーテルと同じ分子式をもつアルコールの中では，一番高い 1-ブタノールの場合では約 117℃であり，一番低い 2-メチル-2-プロパノールの場合でも約 83℃である。

ちなみに，1-ブタノールと 2-メチル-2-プロパノールの沸点の違いは，分子の形状に原因がある。例えば，炭素原子数が同じ炭化水素どうしの間では，一般に，分子の形状が球形に近いものほど（炭素骨格が直鎖であるよりも枝分かれがある方が）沸点は低い。

知識 12 アルコールの脱水

エタノールに濃硫酸を加えて，160～170℃に加熱すると，1分子のエタノールから1分子の水がとれて，エチレン（アルケン）が得られる。ただし，130～140℃に加熱した場合には，2分子のエタノールから1分子の水がとれて，ジエチルエーテル（エーテル）が得られる。すなわち，アルコールを脱水すると，アルケンやエーテルとなる。

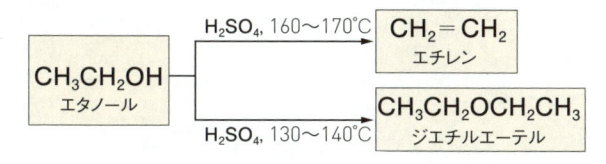

CH_3CH_2OH（エタノール）
- H_2SO_4, 160～170℃ → $CH_2=CH_2$（エチレン）
- H_2SO_4, 130～140℃ → $CH_3CH_2OCH_2CH_3$（ジエチルエーテル）

知識 13 アルコールの酸化

第一級アルコール $\underset{\underset{OH}{|}}{R-CH_2}$ と第二級アルコール $\underset{\underset{OH}{|}}{R'-CH-R''}$ の判別法の1つに，その酸化生成物（アルデヒドとケトン）の還元性の有無（前者にはある，後者にはない）を調べる方法がある。

酸化生成物が銀鏡反応やフェーリング液との反応（酸化銅（Ⅰ）Cu_2O の生成）を示せば，この酸化生成物は還元性をもつ，すなわちアルデヒドであるということになり，もとのアルコールは第一級アルコールであると判別できる。

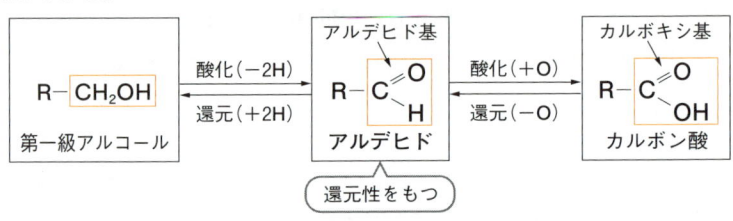

$$R-CH_2OH \xrightarrow[\text{還元}(+2H)]{\text{酸化}(-2H)} R-\underset{H}{\overset{O}{\underset{\|}{C}}} \xrightarrow[\text{還元}(-O)]{\text{酸化}(+O)} R-\underset{OH}{\overset{O}{\underset{\|}{C}}}$$

第一級アルコール / アルデヒド基・アルデヒド（還元性をもつ）/ カルボキシ基・カルボン酸

一方で，酸化生成物が銀鏡反応やフェーリング液との反応を示さなければ，この酸化生成物は還元性をもたない，すなわちケトンであるということになり，もとのアルコールは第二級アルコールであると判別できる。

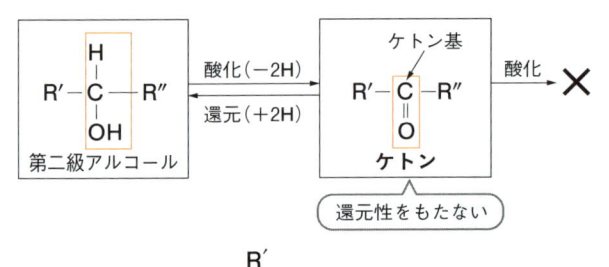

$$R'-\underset{\underset{OH}{|}}{\overset{\overset{H}{|}}{C}}-R'' \xrightarrow[\text{還元}(+2H)]{\text{酸化}(-2H)} R'-\underset{O}{\overset{\|}{C}}-R'' \xrightarrow{\text{酸化}} ×$$

第二級アルコール / ケトン基・ケトン（還元性をもたない）

なお，第三級アルコール $R-\underset{\underset{OH}{|}}{\overset{\overset{R'}{|}}{C}}-R''$ は酸化されにくい。

知識 14 アルデヒドとケトンの判別：還元性の有無

アルデヒドには，一般に，その構造異性体として，同じ分子式をもつケトンが存在する。逆にケトンには，その構造異性体として，同じ分子式をもつアルデヒドが存在する。アルデヒドは還元性をもち，ケトンはふつう還元性をもたない。よって，アルデヒドとケトンとは，還元性の有無を調べる反応である，銀鏡反応やフェーリング液との反応によって判別できる。

例えば，プロピオンアルデヒド（アルデヒド）CH_3CH_2CHO とアセトン（ケトン）CH_3COCH_3 はともに同じ分子式をもつが，前者のみが銀鏡反応やフェーリング液との反応を示す。

知識 15 銀鏡反応

銀鏡反応は，還元性をもつ物質（アルデヒドなど）をアンモニア性硝酸銀水溶液に加えて穏やかに加熱すると，試験管の内壁に銀 Ag が析出するという反応である。

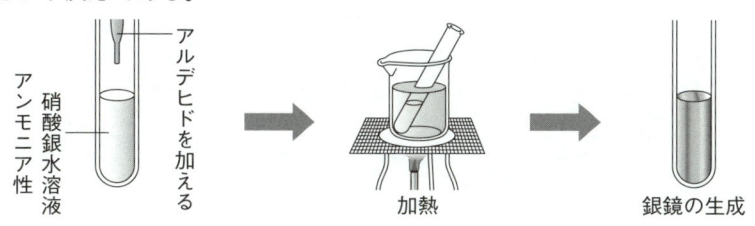

知識 16 フェーリング液との反応（フェーリング液の還元）

フェーリング液の還元は，還元性をもつ物質（アルデヒドなど）をフェーリング液に加えて加熱すると，酸化銅（Ⅰ）Cu_2O の赤色沈殿が生成するという反応である。

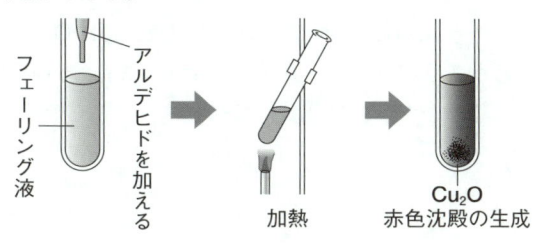

知識 17 ヨードホルム反応

2-プロパノールやその酸化生成物であるアセトンに,ヨウ素 I_2 と水酸化ナトリウム NaOH 水溶液を加えて温めると,特有のにおいをもった黄色の沈殿(ヨードホルム CHI_3)が生成する。この反応は,ヨードホルム反応と呼ばれ,化合物の判別や構造決定などに利用されている。

〈ヨードホルム反応を示す化合物〉

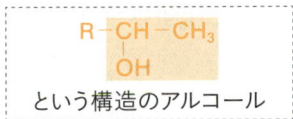

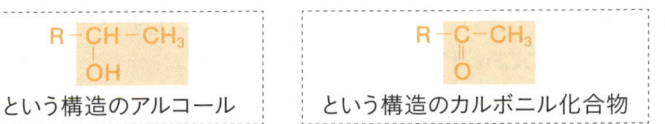

R-CH-CH₃ 　　OH という構造のアルコール	R-C-CH₃ 　∥ 　O という構造のカルボニル化合物

上記の枠内に示された構造をもつアルコールおよびカルボニル化合物が,ヨードホルム反応を示す。ここでは,R は炭化水素基または水素原子である。次表に,炭素数の少ないアルコールやカルボニル化合物などについて,ヨードホルム反応の陽性・陰性を示す。

ヨードホルム反応(○:陽性, ×:陰性)		
メタノール : ×	ホルムアルデヒド : ×	ギ酸 : ×
エタノール : ○	アセトアルデヒド : ○	酢酸 : ×
1-プロパノール : ×	プロピオンアルデヒド : ×	プロピオン酸 : ×
2-プロパノール : ○	アセトン : ○	

ヨードホルム反応を示すアルコールは,エタノールのみが第一級アルコールであり,その他は第二級アルコールである。また,ヨードホルム反応を示すカルボニル化合物は,アセトアルデヒドのみがアルデヒドであり,その他はケトンである。

〈ヨードホルム反応の化学反応式〉

次式は,アセトン CH_3COCH_3 を例にしたヨードホルム反応の化学反応式である。

$$CH_3CO\,CH_3 + 3I_2 + 4NaOH$$
$$\longrightarrow CH_3COONa + CHI_3 + 3NaI + 3H_2O$$

この式からわかるように,ヨードホルム反応における反応生成物の構造を明らかにすることで,反応物質の構造を決定することもできる。

知識 18 頻出分子式①：$C_4H_{10}O$

	構造異性体	Naとの反応	アルコールの級数／酸化生成物の還元性	不斉炭素原子(C^*)	ヨードホルム反応	脱水生成物
アルコール	$CH_3-CH_2-CH_2-CH_2$ OH 1-ブタノール	反応して水素を発生する。	第一級アルコール／酸化生成物（アルデヒド）には還元性があり、銀鏡反応を示し、フェーリング液を還元する。	×	×	$CH_3-CH_2-CH=CH_2$ 1-ブテン ※実際は、反応過程の関係で2-ブテンも生成するが、履修範囲外のことである。
	$CH_3-CH_2-C^*H-CH_3$ OH 2-ブタノール		第二級アルコール／酸化生成物（ケトン）には還元性がなく、銀鏡反応は陰性で、フェーリング液も還元しない。	あり 一対の光学異性体がある。	陽性 酸化生成物も陽性である。	$CH_3-CH_2-CH=CH_2$ 1-ブテン シス-2-ブテン トランス-2-ブテン
	CH_3 $CH_3-CH-CH_2$ OH 2-メチル-1-プロパノール		第一級アルコール／酸化生成物（アルデヒド）には還元性があり、銀鏡反応を示し、フェーリング液を還元する。	×	×	CH_3 $CH_3-C=CH_2$ メチルプロペン
	CH_3 CH_3-C-CH_3 OH 2-メチル-2-プロパノール		第三級アルコール／他のアルコールと同様の穏やかな酸化条件下では、酸化されない。	×	×	

	構造異性体			Naとの反応
エーテル	$CH_3-CH_2-O-CH_2-CH_3$ ジエチルエーテル	$CH_3-O-CH_2-CH_2-CH_3$ メチルプロピルエーテル	CH_3 $CH_3-O-CH-CH_3$ イソプロピルメチルエーテル	×

知識 19 頻出分子式②：$C_5H_{12}O$

	構造異性体	アルコールの級数／酸化生成物の還元性	不斉炭素原子(C^*)	ヨードホルム反応	特徴
主鎖の炭素原子数が5個	$CH_3-CH_2-CH_2-CH_2-CH_2-OH$ 1-ペンタノール	第一級アルコール／酸化生成物（アルデヒド）には還元性がある。	×	×	最も沸点が高い。
	$CH_3-CH_2-CH_2-C^*H-CH_3$ 　　　　　　　　　OH 2-ペンタノール	第二級アルコール／酸化生成物（ケトン）には還元性がない。	あり	陽性	第二級の中で唯一脱水生成物が3種類（幾何異性体を含む）ある。
	$CH_3-CH_2-CH-CH_2-CH_3$ 　　　　　　OH 3-ペンタノール	第二級アルコール／酸化生成物（ケトン）には還元性がない。	×	×	第二級の中で唯一ヨードホルム反応を示さず、不斉炭素原子をもたない。
主鎖（最も長い炭素鎖）の炭素原子数が4個	$CH_3-CH_2-C^*H-CH_2-OH$ 　　　　　　CH_3 2-メチル-1-ブタノール	第一級アルコール／酸化生成物（アルデヒド）には還元性がある。	あり	×	第一級の中で唯一不斉炭素原子をもち、一対の光学異性体が存在する。
	$CH_3-CH-CH_2-CH_2-OH$ 　　　CH_3 3-メチル-1-ブタノール	第一級アルコール／酸化生成物（アルデヒド）には還元性がある。	×	×	
	$CH_3-CH_2-C-CH_3$ 　　　　　CH_3 OH 2-メチル-2-ブタノール	第三級アルコール／他のアルコールと同様の穏やかな酸化条件下では、酸化されない。	×	×	ただ一つの第三級アルコールである。ちなみに、最も沸点が低い。
	$CH_3-CH-C^*H-CH_3$ 　　　CH_3 OH 3-メチル-2-ブタノール	第二級アルコール／酸化生成物（ケトン）には還元性がない。	あり	陽性	第二級の中で唯一脱水生成物中に幾何異性体が含まれない。
主鎖3	CH_3-C-CH_2-OH 　　　CH_3 　　　CH_3 2,2-ジメチル-1-プロパノール	第一級アルコール／酸化生成物（アルデヒド）には還元性がある。	×	×	分子内脱水生成物が得られない。

	構造異性体		Naとの反応
エーテル	C₄基 [CH₃-CH₂-CH₂-CH₂]-O-[CH₃] C₁基	C₄基 [CH₃-CH₂-C*H(CH₃)]-O-[CH₃] C₁基 不斉炭素原子	×
	C₄基 [CH₃-CH(CH₃)-CH₂]-O-[CH₃] C₁基	C₄基 [CH₃-C(CH₃)(CH₃)]-O-[CH₃] C₁基	
	C₃基 [CH₃-CH₂-CH₂]-O-[CH₂-CH₃] C₂基	C₃基 [CH₃-CH(CH₃)]-O-[CH₂-CH₃] C₂基	

注：C_1基〜C_4基は，ここでは，炭素原子数が1個〜4個の飽和炭化水素基を指す。

知識 20 カルボン酸の酸性

　ギ酸，酢酸をはじめ，多くのカルボン酸は，炭酸や一般的なフェノール類よりは強く，塩酸や硫酸などの強酸よりは弱い酸性を示す。

　　　塩酸，硫酸＞**カルボン酸**＞炭酸＞フェノール類

　カルボン酸は炭酸よりは強い酸性を示すので，炭酸水素塩（や炭酸塩）の水溶液にカルボン酸を加えると，カルボン酸はこれらの水溶液に溶け，二酸化炭素が発生する。

〈例〉　$NaHCO_3$ + CH_3COOH ⟶ CH_3COONa + $\underline{H_2O + CO_2}$
　　　炭酸水素ナトリウム　　酢酸　　　　酢酸ナトリウム　　　炭酸

　ちなみに，最も基本的なカルボン酸であるギ酸は，無色の刺激臭をもつ液体で，飽和脂肪酸中，最も酸性が強い。例えば，ギ酸は酢酸やプロピオン酸よりも酸性が強い。また，ギ酸は還元性を示し，硫酸酸性の過マンガン酸カリウム水溶液の赤紫色を脱色する。

知識 21 酸無水物①

酸無水物（または，カルボン酸無水物）とは，2個のカルボン酸分子から1個の水分子が取れた形の化合物のことである。例えば，酢酸に十酸化四リンを加えて加熱すると，2個の酢酸分子から1個の水分子が取れて，無水酢酸が生じる。

$$CH_3-\underset{O}{\overset{O}{C}}-OH \atop CH_3-\underset{O}{\overset{O}{C}}-OH \xrightarrow[\text{(分子間脱水)}]{\text{脱水縮合}} CH_3-\underset{O}{\overset{O}{C}} \diagdown O \diagup CH_3-\underset{O}{\overset{O}{C}} + H_2O$$

酢酸(2分子)　　　　　　　無水酢酸　　　　水

脱水縮合（分子間脱水）によって生じるこの酸無水物（無水酢酸）は，それなりに高い反応性をもち，アセチル化※剤として，合成繊維や医薬品の製造に多用されている。

※ヒドロキシ基$-OH$やアミノ基$-NH_2$などに，アセチル基 $-\underset{O}{\overset{\|}{C}}-CH_3$ を結合させること。

知識 22 ヒドロキシ酸

右記のリンゴ酸のように，同一分子内にカルボキシ基とアルコール性のヒドロキシ基とをもつ化合物を，ヒドロキシ酸と呼ぶ。

リンゴ酸

リンゴ酸 $\begin{array}{l}CH_2COOH\\C^*H(OH)COOH\end{array}$ は，乳酸 $\begin{array}{l}CH_3\\C^*H(OH)COOH\end{array}$

や酒石酸 $\begin{array}{l}C^*H(OH)COOH\\C^*H(OH)COOH\end{array}$ と同様に，代表的なヒドロキシ酸の1つであり，これらのヒドロキシ酸はいずれも不斉炭素原子 C^* をもつ。

> 知識 23 **頻出分子式③：$C_4H_4O_4$**

　分子式が $C_4H_4O_4$ であるジカルボン酸の代表例は，マレイン酸とフマル酸であり（このほかに，メチレンマロン酸もある），マレイン酸（シス形）とフマル酸（トランス形）は互いに幾何異性体である。

　マレイン酸を約160℃に加熱すると，マレイン酸はその分子内で脱水されて，無水マレイン酸が生成する。マレイン酸はこのように容易に脱水されるが，フマル酸は容易には脱水されない。

　マレイン酸とフマル酸は炭素原子間二重結合をもつので，水素，水などと付加反応し，コハク酸，リンゴ酸などとなる。また，リンゴ酸を脱水すると，マレイン酸とフマル酸が生成する。

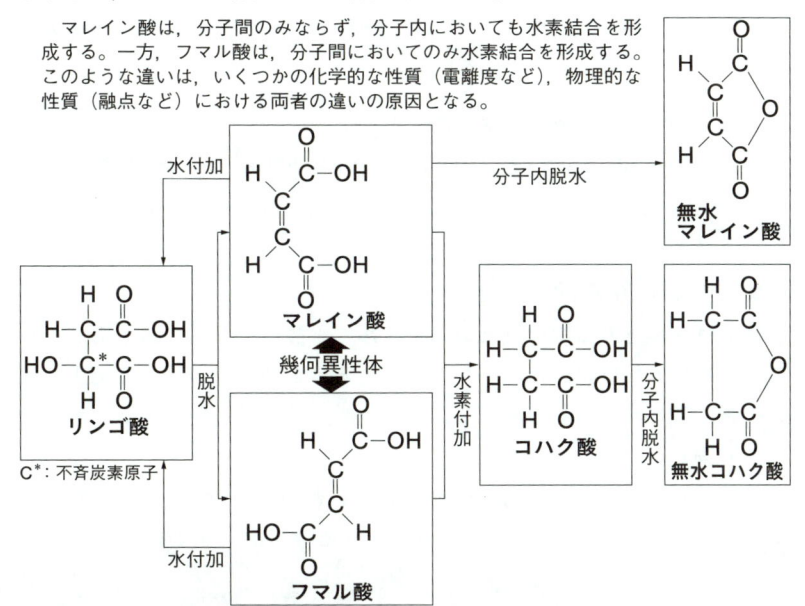

　　マレイン酸は，分子間のみならず，分子内においても水素結合を形成する。一方，フマル酸は，分子間においてのみ水素結合を形成する。このような違いは，いくつかの化学的な性質（電離度など），物理的な性質（融点など）における両者の違いの原因となる。

　ちなみに，リンゴ酸は不斉炭素原子 C^* を1つもつ。マレイン酸とフマル酸に臭素を付加させると，C^* を2つもつ化合物（右記）が得られる。右記の化合物には，メソ体（2つの C^* の間に分子内対称面をもつため，2つの C^* によるそれぞれの旋光性が互いに打ち消され，全体として旋光性を示さない）を含む，3種類の立体異性体が存在する。

知識 24 エステル

　カルボン酸とアルコールを混合し，濃硫酸を加えて加熱すると，カルボン酸とアルコールが縮合（脱水縮合）して，エステル（エステル結合をもつ化合物）が生じる。エステルが生成する反応をエステル化という。エステル化は可逆反応であり，一定の条件下で十分に時間が経過すると，平衡状態に到達する。

$$\underset{\text{カルボン酸}}{R-\underset{\underset{O}{\parallel}}{C}-OH} + \underset{\text{アルコール}}{R'-O-H} \underset{\text{加水分解}}{\overset{\text{エステル化}}{\rightleftharpoons}} \underset{\text{エステル}}{R-\underset{\underset{O}{\parallel}}{C}-O-R'} + \underset{\text{水}}{H_2O}$$

（エステル結合）

　エステル化の逆反応をエステルの加水分解といい，特に，強塩基の存在下での加水分解はけん化と呼ばれる。

アルコールのエステルの場合：
$$RCOOR' + NaOH \xrightarrow{\text{けん化}} RCOONa + R'OH$$

知識 25 エステルのけん化①

　アルコールとカルボン酸とのエステルに水酸化ナトリウム水溶液を加え，加熱して十分にけん化した後，エーテルを加え分液ろうとを用いてエーテル層と水層とを分離する。エーテル層からエーテルを蒸発させたところ物質が得られたとすれば，その物質はエステルを構成するアルコールである。また，水層に強酸を加えると弱酸の遊離（知識 26 参照）によって得られる物質は，エステルを構成するカルボン酸である。

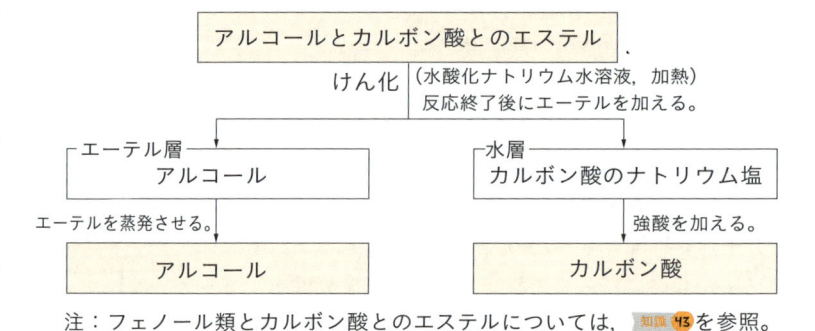

```
            アルコールとカルボン酸とのエステル
                    │
                    │ けん化（水酸化ナトリウム水溶液，加熱）
                    │ 反応終了後にエーテルを加える。
        ┌───────────┴───────────┐
     エーテル層                 水層
     アルコール              カルボン酸のナトリウム塩
        │                         │
        │ エーテルを蒸発させる。   │ 強酸を加える。
        ▼                         ▼
     アルコール                カルボン酸
```

注：フェノール類とカルボン酸とのエステルについては，知識 43 を参照。

知識 26 弱酸の遊離

弱酸 HA の塩に HA よりも強い酸を作用させると、弱酸 HA が遊離(析出)する。例えば、ナトリウムフェノキシドの水溶液に二酸化炭素を通じると、フェノールが遊離する。

$$C_6H_5ONa + H_2O + CO_2 \longrightarrow NaHCO_3 + C_6H_5OH$$
弱酸の塩　　　　　より強い酸　　　より強い酸の塩　　弱酸

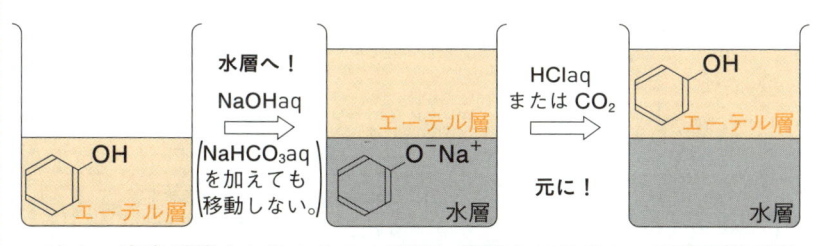

また、安息香酸ナトリウムの水溶液に塩酸を加えると、安息香酸が析出する。

$$C_6H_5COONa + HCl \longrightarrow NaCl + C_6H_5COOH$$
弱酸の塩　　　強酸　　　強酸の塩　　弱酸

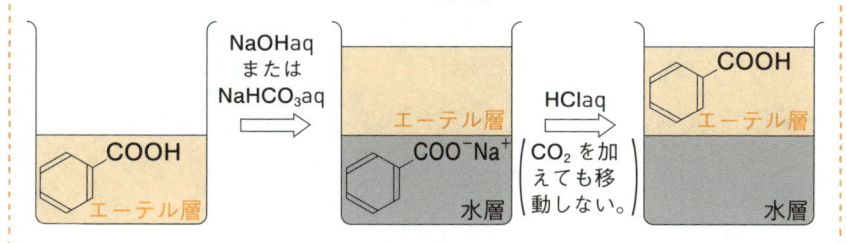

知識 27 油脂のけん化

油脂に水酸化ナトリウムや水酸化カリウムを加えて加熱すると、油脂は加水分解されて、グリセリンと高級脂肪酸のアルカリ金属塩になる。この塩基を用いた加水分解は、けん化と呼ばれ、生成した高級脂肪酸のアルカリ金属塩はセッケンと呼ばれる。

$$\begin{array}{l} CH_2-OCOR' \\ | \\ CH-OCOR'' \\ | \\ CH_2-OCOR''' \end{array} + 3NaOH \xrightarrow{けん化} \begin{array}{l} CH_2-OH \\ | \\ CH-OH \\ | \\ CH_2-OH \end{array} + \begin{array}{l} R'COONa \\ R''COONa \\ R'''COONa \end{array}$$
油脂　　　　　　　　　　　　　　　　　　グリセリン　　　セッケン

知識 28 ベンゼンの置換反応，酸化反応，付加反応

ベンゼン環における反応の起こりやすさは「置換反応＞付加反応」であるが，適当な触媒の存在下では，ニトロ化，スルホン化，塩素化などの置換反応のほか，付加反応によってシクロヘキサン，ヘキサクロロシクロヘキサンなども生成する。また，ベンゼンは酸化されにくい化合物であるが，適当な触媒の存在下では，空気酸化されて無水マレイン酸となる。

- ニトロベンゼン（ニトロ化 HNO_3, H_2SO_4）
- ベンゼンスルホン酸（スルホン化 H_2SO_4）
- クロロベンゼン（塩素化 Cl_2, $FeCl_3$(Fe)触媒）
- 置換反応
- 付加反応よりも，置換反応を起こしやすい。
- ベンゼン
- 空気酸化 V_2O_5 → 無水マレイン酸
- 付加反応
- 水素付加 H_2, Pt(Ni)触媒 → シクロヘキサン
- 塩素付加 Cl_2, 光照射 → ヘキサクロロシクロヘキサン

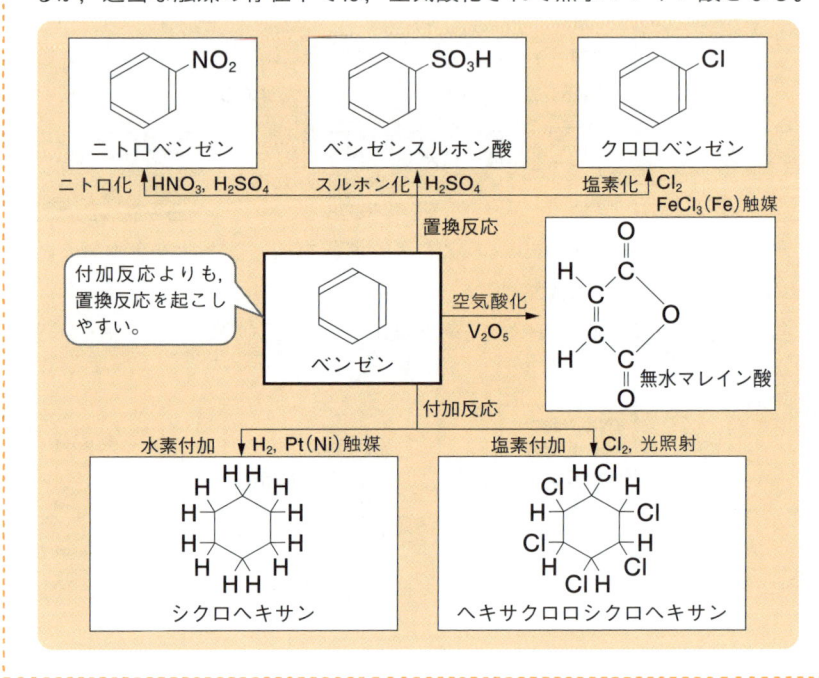

知識 29 芳香族炭化水素からの芳香族カルボン酸の合成

〈芳香族炭化水素の側鎖の酸化〉

トルエンのメチル基や，エチルベンゼンのエチル基のように，直接ベンゼン環に結合している炭化水素基（または炭素原子から始まる官能基）は，過マンガン酸カリウムで酸化されると，カルボキシ基に変わる。これは，ベンゼン環に直接結合している炭素原子が，酸化を受けてカルボニル基に，ひいてはカルボキシ基になりやすい状態になっているためで，複数の炭素原子を含む官能基であっても，炭素原子数がわずか1個のカルボキシ基に変わる。

トルエン → (KMnO₄) → 安息香酸

トルエン → 酸化 KMnO₄ 中〜塩基性 → 安息香酸カリウム → 弱酸の遊離 H₂SO₄ → 安息香酸

芳香族炭化水素の側鎖の酸化については，知識30 も参照。

知識30 酸無水物②

フタル酸を加熱すると，容易に無水フタル酸が生成する。無水フタル酸は，工業的には，o-キシレンの酸化（空気中の O_2 や KMnO₄ などによる）やナフタレンの空気酸化（V_2O_5 触媒存在下）などによってつくられる。

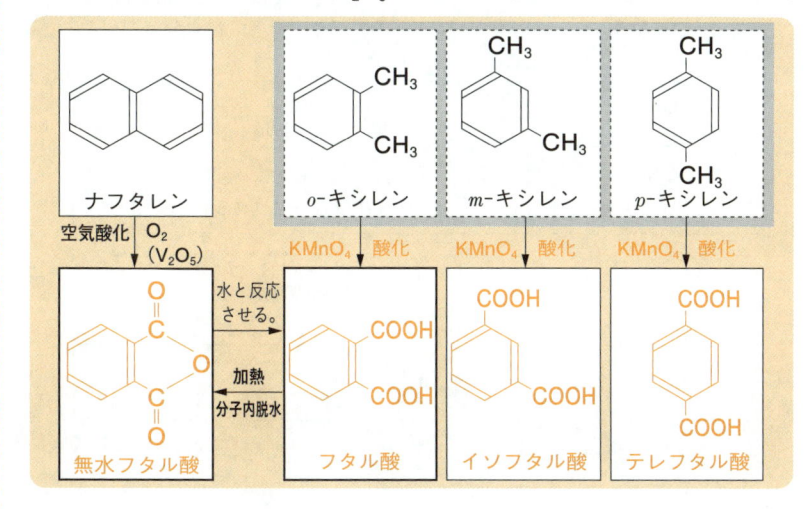

ナフタレン — 空気酸化 O_2（V_2O_5）→ 無水フタル酸 ← 加熱 分子内脱水 / 水と反応させる → フタル酸

o-キシレン → KMnO₄ 酸化 → フタル酸
m-キシレン → KMnO₄ 酸化 → イソフタル酸
p-キシレン → KMnO₄ 酸化 → テレフタル酸

知識 31 ベンゼンからのフェノールの合成

　フェノールの工業的な製法には，クメン法（知識 32 で詳述），アルカリ融解による方法（知識 33 で詳述），クロロベンゼンを経由する方法などがある。

　以下に，これらの方法を一括してまとめた。

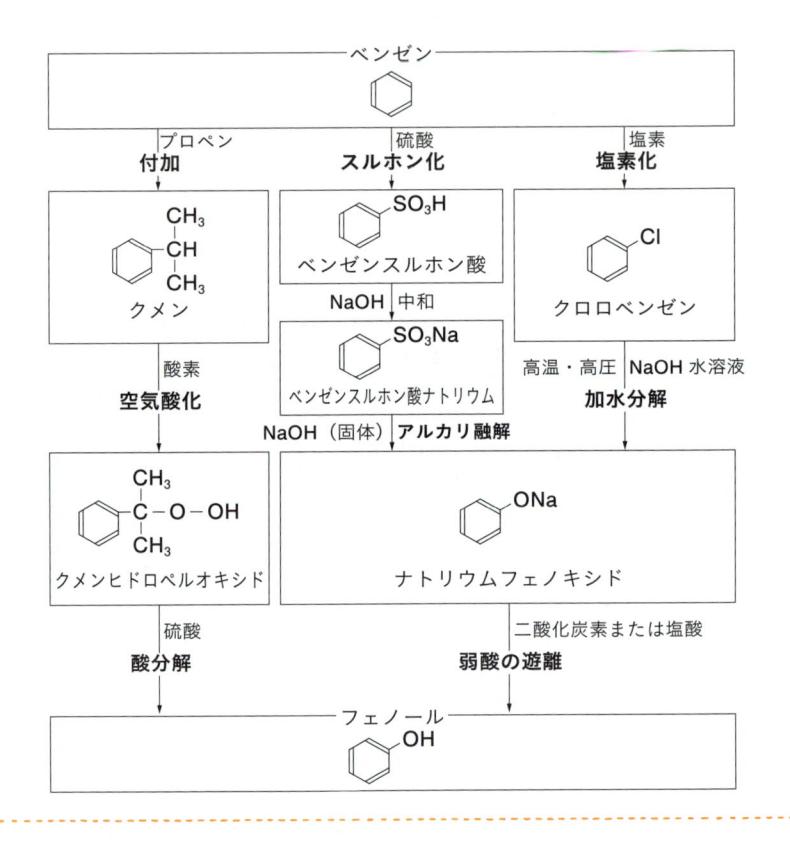

```
                           ベンゼン
          ┌──────────────────┼──────────────────┐
     プロペン│付加        硫酸│スルホン化     塩素│塩素化
          ↓                  ↓                  ↓
    [クメン: C₆H₅-CH(CH₃)₂]  [ベンゼンスルホン酸: C₆H₅-SO₃H]  [クロロベンゼン: C₆H₅-Cl]
                             │ NaOH 中和
                             ↓
                       [ベンゼンスルホン酸ナトリウム: C₆H₅-SO₃Na]
     酸素│空気酸化          NaOH（固体）│アルカリ融解    高温・高圧 NaOH 水溶液│加水分解
          ↓                  ↓──────────────────┘
    [クメンヒドロペルオキシド: C₆H₅-C(CH₃)₂-O-OH]    [ナトリウムフェノキシド: C₆H₅-ONa]
     硫酸│酸分解                二酸化炭素または塩酸│弱酸の遊離
          ↓                       ↓
          └──────────── フェノール (C₆H₅-OH) ────────────┘
```

知識 32 クメン法によるフェノールの合成

クメン法によるフェノールの合成経路は，次の通りである。

ベンゼン →① クメン →② クメンヒドロペルオキシド →③ フェノール

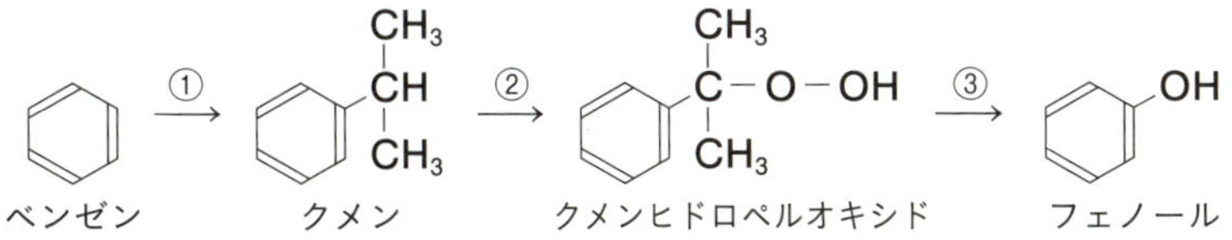

①では，ベンゼンにプロペン（プロピレン）を作用させ，プロペンへのベンゼンの付加が行われる。

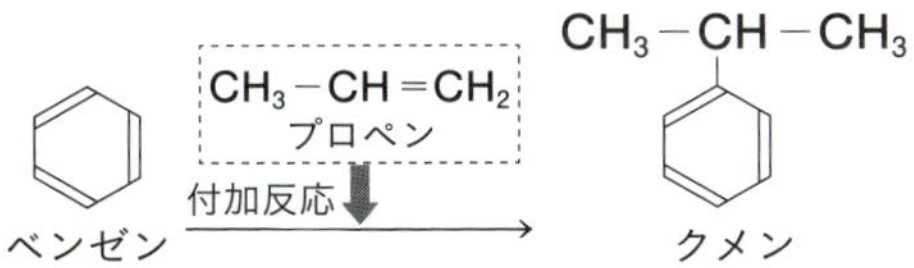

ベンゼン ＋ $CH_3-CH=CH_2$（プロペン） →（付加反応） クメン

②では，クメンに酸素（空気）を作用させ，クメンの酸化（空気酸化）が行われる。

③では，硫酸によるクメンヒドロペルオキシドの分解が，すなわち，酸分解が行われる。このクメンヒドロペルオキシドの酸分解では，フェノールと同時にアセトンも生成する。

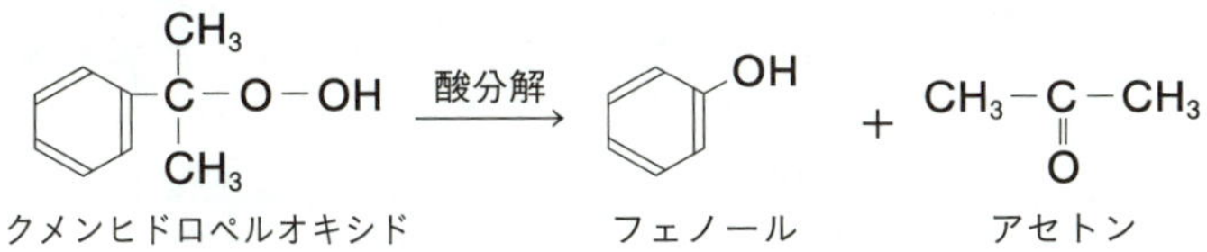

クメンヒドロペルオキシド →（酸分解） フェノール ＋ アセトン（$CH_3-C(=O)-CH_3$）

知識 33 アルカリ融解によるフェノールの合成

アルカリ融解によるフェノールの合成経路は，次の通りである。

ベンゼン →① ベンゼンスルホン酸 →② ベンゼンスルホン酸ナトリウム →③ ナトリウムフェノキシド →④ フェノール

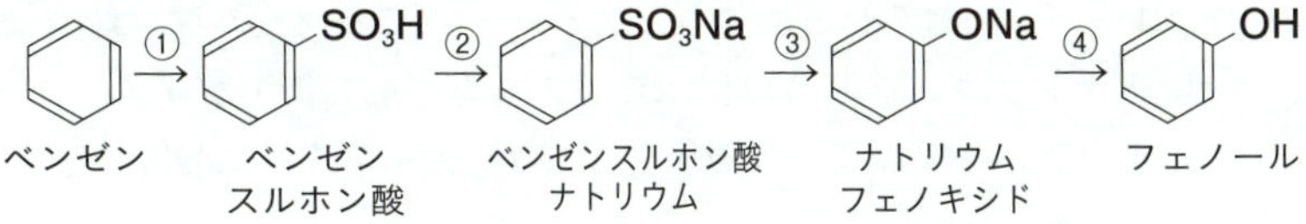

①では，ベンゼンに濃硫酸を作用させ，ベンゼンのスルホン化が行われる。

$$C_6H_6 + H_2SO_4 \longrightarrow C_6H_5SO_3H + H_2O$$

②では，ベンゼンスルホン酸に水酸化ナトリウムを作用させ，中和が行われる。

$$C_6H_5SO_3H + NaOH \longrightarrow C_6H_5SO_3Na + H_2O$$

③では，ベンゼンスルホン酸ナトリウムに固体の水酸化ナトリウムを加えて融解する（固体の水酸化ナトリウムを融解させ，そこに固体のベンゼンスルホン酸ナトリウムを加える）操作，すなわち，アルカリ融解が行われる。

$$C_6H_5SO_3Na + 2NaOH \longrightarrow C_6H_5ONa + Na_2SO_3 + H_2O$$

④では，ナトリウムフェノキシドの水溶液に二酸化炭素を通じたり，塩酸を加えたりすることによって，弱酸の遊離が行われる。ナトリウムフェノキシドは極めて弱い酸であるフェノールと，塩基である水酸化ナトリウムとの中和によって形成される塩である。この塩に，フェノールよりも酸性の強い炭酸水（$H_2O + CO_2$）や塩酸を作用させると，これらの酸が新しい塩を形成し，弱い方の酸であるフェノールが遊離する。

$$\underset{\text{弱い酸の塩}}{C_6H_5ONa} + \underset{\text{より強い酸}}{H_2O + CO_2} \longrightarrow \underset{\text{弱い酸}}{C_6H_5OH} + \underset{\text{より強い酸の塩}}{NaHCO_3}$$

$$\underset{\text{弱酸の塩}}{C_6H_5ONa} + \underset{\text{強酸}}{HCl} \longrightarrow \underset{\text{弱酸}}{C_6H_5OH} + \underset{\text{強酸の塩}}{NaCl}$$

知識 34 フェノールの性質

フェノールは，常温・常圧で，無色の結晶である。水には少ししか溶けないが，エーテルには溶ける。また，フェノール（フェノール類）は，一般に，水酸化ナトリウム水溶液には水溶性の塩を形成して溶解する。ただし，カルボン酸とは異なり，炭酸水素ナトリウム水溶液には溶解しない。

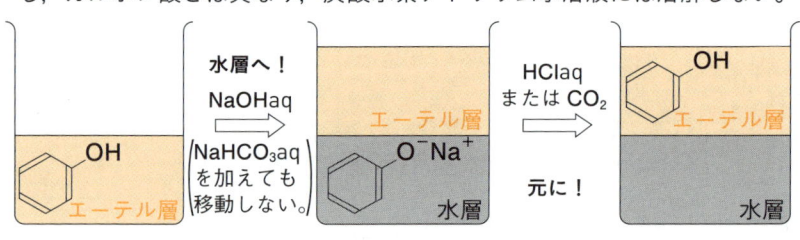

前述の溶解性を利用すると，芳香族のカルボン酸との混合物から，フェノール類を分離できる。

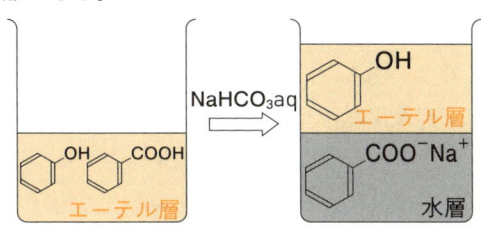

フェノール（フェノール類）は，アルコールと同様に，金属ナトリウムと反応して水素を発生する。このような，水酸化ナトリウム水溶液や金属ナトリウムとの反応性の類似性や違いを利用すると，下表の例（同じ分子式 C_7H_8O をもつ構造異性体）のように，フェノール類，アルコール，エーテルを判別できる。

化学式と名称	o-クレゾール	ベンジルアルコール	メチルフェニルエーテル
分類	フェノール類	アルコール	エーテル
NaOH と	○ 反応する。	× 反応しない。	× 反応しない。
Na と	○ 反応する。	○ 反応する。	× 反応しない。

フェノール類は，一般に，塩化鉄（Ⅲ）水溶液によって青紫〜赤紫に呈色するので，この呈色反応によっても他と判別できる。

〈例〉フェノール（紫），o-クレゾール（青），サリチル酸（赤紫）など。

知識 35 フェノールの反応性

フェノールは，ベンゼンよりも置換反応を起こしやすい化合物である。

例えば，フェノールの水溶液に臭素水を加えると，すみやかに，2,4,6-トリブロモフェノールの白色沈殿が生じる。この沈殿形成反応は，フェノールの検出に利用される。また，混酸(体積比で濃硫酸：濃硝酸＝3：1の混合液)を十分に反応させると，強い酸性を示す，黄色結晶のピクリン酸(2,4,6-トリニトロフェノール)が生成する。ピクリン酸は，かつては爆薬として用いられた。

2,4,6-トリブロモフェノール

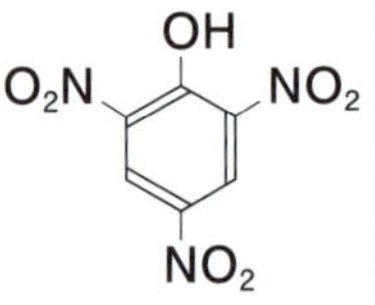

2,4,6-トリニトロフェノール（ピクリン酸）

知識 36 フェノールからのサリチル酸の合成

フェノールからの，サリチル酸の合成経路は，次の通りである。

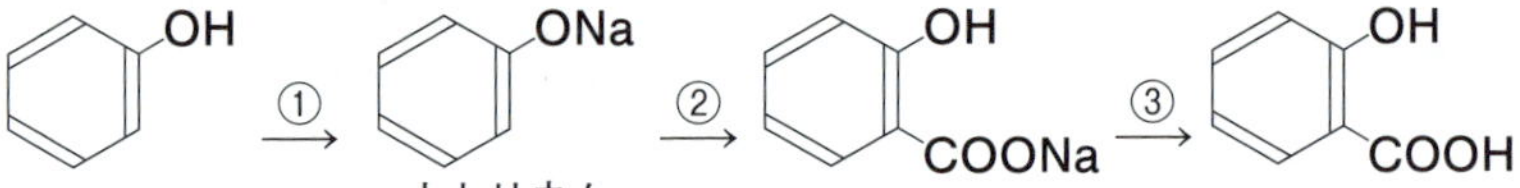

フェノール →① ナトリウムフェノキシド →② サリチル酸ナトリウム →③ サリチル酸

①では，フェノールに水酸化ナトリウム水溶液を作用させ，中和を行う。

②では，ナトリウムフェノキシドに二酸化炭素を加温・加圧下(125℃，$4～7×10^5$ Pa)で作用させ，サリチル酸ナトリウムを合成する。

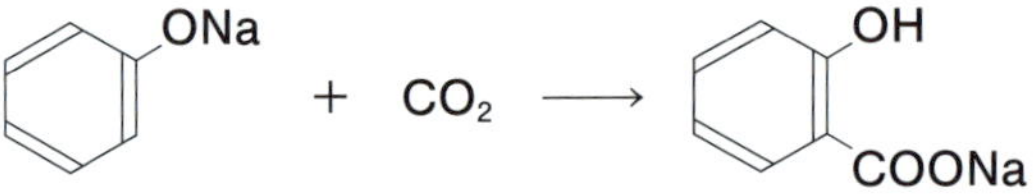

C₆H₅ONa + CO_2 ⟶ サリチル酸ナトリウム

③では，サリチル酸ナトリウムに塩酸(または希硫酸)を作用させ，弱酸の遊離を行う。サリチル酸ナトリウムは，酸であるサリチル酸と塩基である水酸化ナトリウムとの中和によって形成される塩である。この塩にサリチル酸よりも強い酸である塩酸を作用させると，塩酸が新しい塩を形成して，より弱い酸であるサリチル酸が遊離する。

[構造式: サリチル酸ナトリウム + HCl → サリチル酸 + NaCl]
弱酸の塩　　　強酸　　　　弱酸　　　強酸の塩

　サリチル酸は，フェノール性のヒドロキシ基とカルボキシ基とをもつ。すなわち，フェノール類としての性質とカルボン酸としての性質とをもつ。よって，(フェノール類として)カルボン酸との間でエステルを形成し，また，(カルボン酸として)ヒドロキシ基をもつ化合物との間でもエステルを形成する(知識37で詳述)。

知識37　サリチル酸からの医薬品の合成

　サリチル酸からは，アセチルサリチル酸(解熱鎮痛作用，内服薬)やサリチル酸メチル(消炎鎮痛作用，外用塗布薬)などの医薬品が合成される。**サリチル酸はフェノール性のヒドロキシ基をもち，フェノール類としての性質をもっているので，カルボン酸との間にエステルを形成する。**例えば，サリチル酸に，無水酢酸と濃硫酸を作用させると，アセチルサリチル酸(結晶)が生成する。このとき，特に加熱の必要はない。

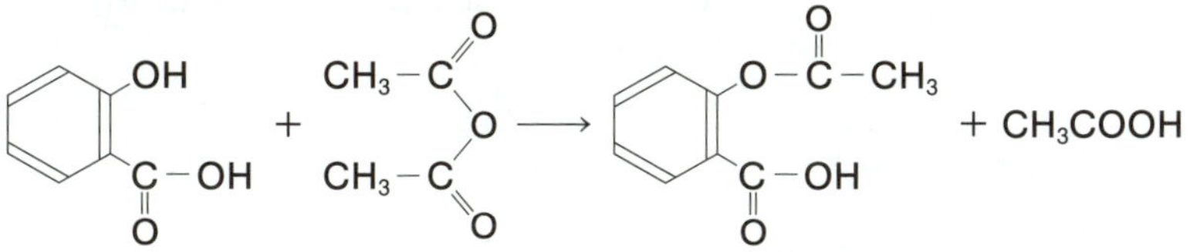

[構造式: サリチル酸 + 無水酢酸 → アセチルサリチル酸 + CH_3COOH]

　また，**サリチル酸はカルボキシ基をもち，カルボン酸としての性質をもっているので，アルコール(またはフェノール類)との間にエステルを形成する。**例えば，サリチル酸に，メタノールと濃硫酸を加え，加熱すると，サリチル酸メチル(油状物質)が生成する。

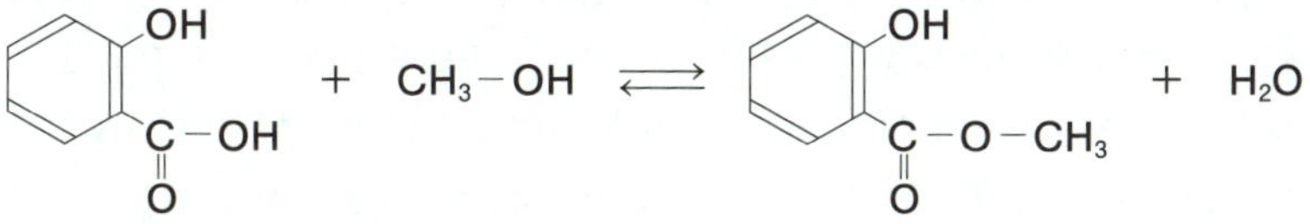

[構造式: サリチル酸 + CH_3-OH ⇌ サリチル酸メチル + H_2O]

　類似の医薬品には，かつて用いられたアセトアニリドなどがある。

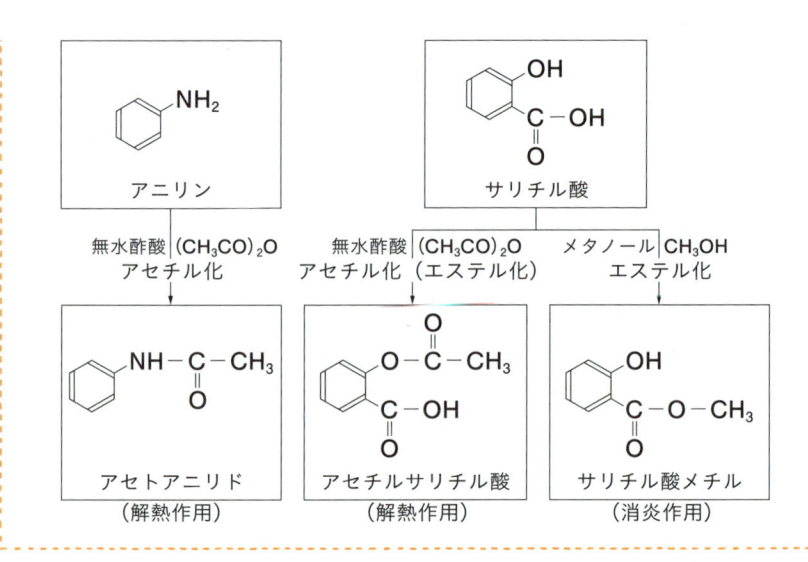

アニリン → 無水酢酸 $(CH_3CO)_2O$ アセチル化 → アセトアニリド（解熱作用）

サリチル酸 → 無水酢酸 $(CH_3CO)_2O$ アセチル化（エステル化）→ アセチルサリチル酸（解熱作用）

サリチル酸 → メタノール CH_3OH エステル化 → サリチル酸メチル（消炎作用）

知識 38 サリチル酸とその誘導体の性質

サリチル酸とその誘導体の諸性質の比較を，次表に簡単にまとめた。

	サリチル酸 COOH / OH	サリチル酸メチル COOCH$_3$ / OH	アセチルサリチル酸 COOH / OCOCH$_3$
FeCl$_3$(aq)	呈色する。○	呈色する。○	呈色しない。×
NaHCO$_3$(aq)	溶ける。○	溶けない。×	溶ける。○

サリチル酸やサリチル酸メチルのように，フェノール性のヒドロキシ基をもっていれば，塩化鉄(Ⅲ) $FeCl_3$ 水溶液で呈色する。

サリチル酸やアセチルサリチル酸のように，炭酸よりも強い酸性を示す官能基であるカルボキシ基をもっていれば，炭酸水素ナトリウム水溶液に溶けて二酸化炭素を発生する。一方で，サリチル酸メチルのように，（酸性の官能基としては）炭酸よりも弱い酸性を示す官能基であるフェノール性のヒドロキシ基しかもっていなければ，炭酸水素ナトリウム水溶液には溶けない。

知識 39 ベンゼンからのアニリンの合成

ベンゼンからのアニリンの合成経路は次の通りである。

ベンゼン →① ニトロベンゼン(NO₂) →② アニリン塩酸塩(NH₃Cl) →③ アニリン(NH₂)

①では，ベンゼンに濃硝酸と濃硫酸との混酸を作用させて，ベンゼンのニトロ化を行う。生成するニトロベンゼンは，黄色の油状物質で，水よりも重く，いくぶんか甘い芳香をもつ。

$$\text{C}_6\text{H}_6 + \text{HNO}_3 \xrightarrow{\text{ニトロ化}} \text{C}_6\text{H}_5\text{NO}_2 + \text{H}_2\text{O}$$

②では，ニトロベンゼンにスズと塩酸を作用させて，ニトロベンゼンの還元が行われる。生成するアニリン塩酸塩は，水溶性の塩なので，この段階における反応の完了は，黄色い油状物質（ニトロベンゼン）が消失し，反応液が透明で均一な状態になることで確認できる。

$$2\,\text{C}_6\text{H}_5\text{NO}_2 + 3\text{Sn} + 14\text{HCl} \xrightarrow{\text{還元}} 2\,\text{C}_6\text{H}_5\text{NH}_3\text{Cl} + 3\text{SnCl}_4 + 4\text{H}_2\text{O}$$

③では，アニリン塩酸塩に水酸化ナトリウム水溶液を作用させて，弱塩基の遊離が行われる。アニリン塩酸塩は，弱塩基であるアニリンと塩酸との中和によって得られる塩である。これに強塩基である水酸化ナトリウム水溶液を加えると，弱塩基であるアニリンが遊離する。

$$\text{C}_6\text{H}_5\text{NH}_3\text{Cl} + \text{NaOH} \xrightarrow{\text{弱塩基の遊離}} \text{C}_6\text{H}_5\text{NH}_2 + \text{NaCl} + \text{H}_2\text{O}$$

遊離したアニリンは，エーテル抽出によって回収される。

知識 40 アニリンの性質

アニリンは，常温・常圧で，液体である。水にはわずかしか溶けないが，エーテルには溶ける。また，塩基性を示すので，塩酸には水溶性の塩を形成して溶解する。アニリンは，酸化されやすく，さらし粉水溶液によって赤紫色〜濃紫色に呈色する。**この呈色反応(さらし粉反応)は，アニリンの検出に利用される。**

アニリンは，ベンゼンよりも置換反応を起こしやすい化合物である。例えば，アニリンを適当な溶媒に溶かして臭素水を加えると，すみやかに，2, 4, 6-トリブロモアニリンが生成する。

知識 41 アニリンからのアセトアニリドの合成

アニリンに無水酢酸を作用させると，両者の間で縮合が起き，アミド結合をもつアセトアニリドが生成する。

アセトアニリドはアセチル基をもつので，この反応はアセチル化と呼ばれる。ちなみに，アセトアニリドは，かつては解熱鎮痛薬として用いられていた。

知識 42 アニリンからのアゾ染料の合成

アニリンからのアゾ染料(p-ヒドロキシアゾベンゼン)の合成経路は次の通り。

①では，アニリンを塩酸で中和して，アニリン塩酸塩とする。

②では，アニリン塩酸塩を亜硝酸ナトリウムと塩酸でジアゾ化して，塩化ベンゼンジアゾニウムとする。

①と②とを合わせて，『アニリンに亜硝酸ナトリウムを塩酸溶液中で作用させる』として，次のように考えてもよい。

$$\underset{\text{アニリン}}{C_6H_5NH_2} + NaNO_2 + 2HCl \longrightarrow \underset{\text{塩化ベンゼンジアゾニウム}}{C_6H_5N_2Cl} + NaCl + 2H_2O$$

③では，塩化ベンゼンジアゾニウムをナトリウムフェノキシド(フェノールとNaOH)でカップリングして，代表的なアゾ染料(アゾ基 $-N=N-$ をもち，染料などとして用いられる化合物)の１つである p-ヒドロキシアゾベンゼン(p-フェニルアゾフェノール)とする。

$$C_6H_5N_2Cl + C_6H_5ONa \longrightarrow \underset{p\text{-ヒドロキシアゾベンゼン}}{C_6H_5-N=N-C_6H_4-OH} + NaCl$$

ちなみに，塩化ベンゼンジアゾニウムの生成時など，同化合物の水溶液を扱うときには，氷冷しながら操作を行う必要がある。同水溶液を加熱すると，次のような加水分解が起こるためである。

$$C_6H_5N_2Cl + H_2O \xrightarrow{5℃以上} \underset{\text{フェノール}}{C_6H_5OH} + HCl + N_2$$

知識 43 エステルのけん化②

フェノール類とカルボン酸とのエステルに水酸化ナトリウム水溶液を加え，加熱して十分に反応(けん化)させる。反応終了後に，二酸化炭素を通じてから，エーテルを加え分液ろうとを用いてエーテル層と水層とを分離する。エーテル層からエーテルを蒸発させたところ物質が得られたとすれば，その物質は，エステルを構成するフェノール類である。また，水層に強酸を加えると，弱酸の遊離によって得られる物質は，エステルを構成するカルボン酸である。

```
                    フェノール類とカルボン酸とのエステル
                                │
                          けん化 │ (水酸化ナトリウム水溶液，加熱)
                                │  反応終了後に，二酸化炭素を通じる。
                                │  エーテルを加える。
              ┌─────────────────┴─────────────────┐
              ▼                                    ▼
        エーテル層                              水層
       フェノール類                    カルボン酸のナトリウム塩
              │                                    │
              │ エーテルを蒸発させる。              │ 強酸を加える。
              ▼                                    ▼
        フェノール類                          カルボン酸
```

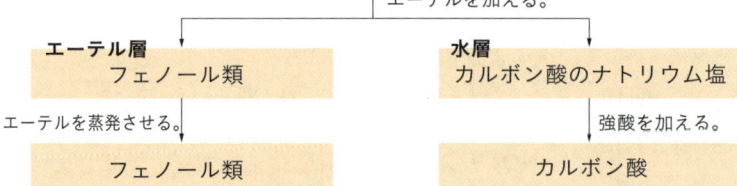

注：アルコールとカルボン酸とのエステルについては，知識 25 を参照。

知識 44 芳香族二置換体(o-, m-, p-)の判別

キシレンのように同じ官能基をもつベンゼンの二置換体では，ベンゼン環の水素原子1個を元々もっているもの以外の官能基に置き換えたとき，得られる構造異性体は，o-体では2種類，m-体では3種類あるが，p-体では1種しかない。

また，トルイジンのように異なった官能基をもつベンゼンの二置換体では，ベンゼン環の水素原子1個を元々もっているもの以外の官能基に置き換えたとき，得られる構造異性体は，o-体とm-体では4種類，p-体では2種類である。

異性体の数に関するこのような情報は，o-, m-, p-の決定に役立つ。

o-キシレン　　m-キシレン　　p-キシレン

o-トルイジン　　m-トルイジン　　p-トルイジン

知識 45 芳香族化合物の分離

　芳香族化合物の溶解性に関する知識（アミノ基をもつ化合物は塩酸に溶ける。フェノール性のヒドロキシ基をもつ化合物は水酸化ナトリウム水溶液に溶ける。カルボキシ基をもつ化合物は，水酸化ナトリウム水溶液にも，炭酸水素ナトリウム水溶液にも溶ける。中性の化合物は，酸の水溶液にも，塩基の水溶液にも溶けない）を活用すると，次のように，種々の芳香族化合物の混合エーテル溶液から，各化合物を分離できる。

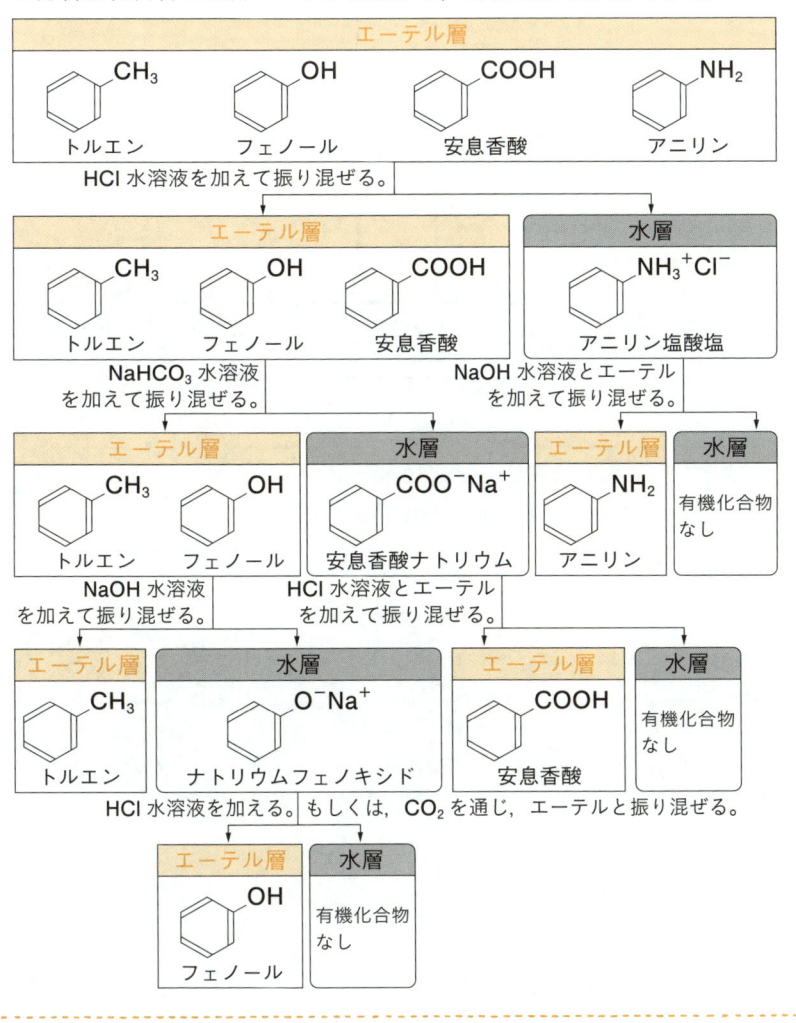

エーテル層: トルエン（CH₃）, フェノール（OH）, 安息香酸（COOH）, アニリン（NH₂）

↓ HCl 水溶液を加えて振り混ぜる。

- **エーテル層**: トルエン, フェノール, 安息香酸
- **水層**: アニリン塩酸塩（$NH_3^+Cl^-$）
  - → NaOH 水溶液とエーテルを加えて振り混ぜる。
  - **エーテル層**: アニリン
  - **水層**: 有機化合物なし

↓ NaHCO₃ 水溶液を加えて振り混ぜる。

- **エーテル層**: トルエン, フェノール
- **水層**: 安息香酸ナトリウム（COO^-Na^+）
  - → HCl 水溶液とエーテルを加えて振り混ぜる。
  - **エーテル層**: 安息香酸（COOH）
  - **水層**: 有機化合物なし

↓ NaOH 水溶液を加えて振り混ぜる。

- **エーテル層**: トルエン
- **水層**: ナトリウムフェノキシド（O^-Na^+）
  - → HCl 水溶液を加える。もしくは，CO₂ を通じ，エーテルと振り混ぜる。
  - **エーテル層**: フェノール（OH）
  - **水層**: 有機化合物なし

知識 46 糖類の加水分解，糖類の還元性

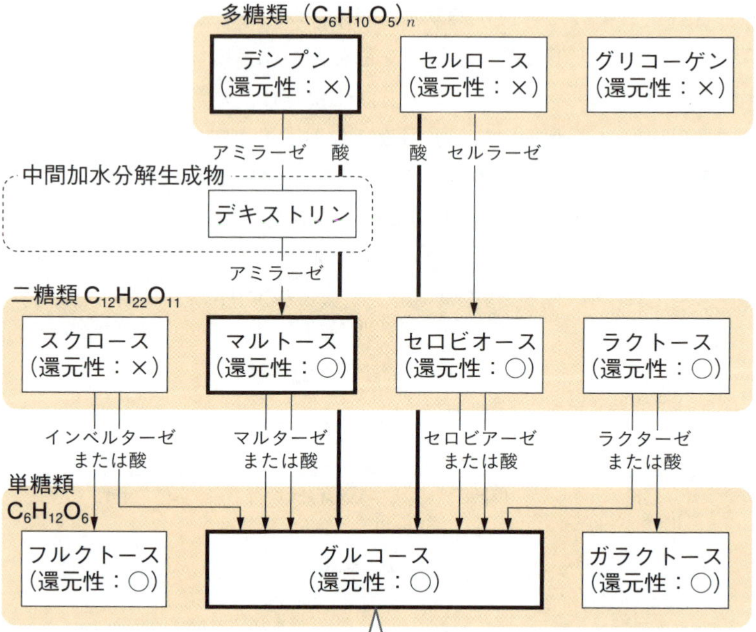

多糖類 $(C_6H_{10}O_5)_n$

- デンプン（還元性：×）
- セルロース（還元性：×）
- グリコーゲン（還元性：×）

デンプン —アミラーゼ，酸→ デキストリン（中間加水分解生成物）—アミラーゼ→ マルトース

セルロース —酸，セルラーゼ→ セロビオース

二糖類 $C_{12}H_{22}O_{11}$

- スクロース（還元性：×）
- マルトース（還元性：○）
- セロビオース（還元性：○）
- ラクトース（還元性：○）

- スクロース —インベルターゼまたは酸→ フルクトース＋グルコース
- マルトース —マルターゼまたは酸→ グルコース
- セロビオース —セロビアーゼまたは酸→ グルコース
- ラクトース —ラクターゼまたは酸→ グルコース＋ガラクトース

単糖類 $C_6H_{12}O_6$

- フルクトース（還元性：○）
- グルコース（還元性：○）
- ガラクトース（還元性：○）

グルコースの水溶液は，α-グルコース，アルデヒド型のグルコース，β-グルコースの平衡混合水溶液となっており，少量ながらもアルデヒド型のグルコースが存在することによって還元性を示す。

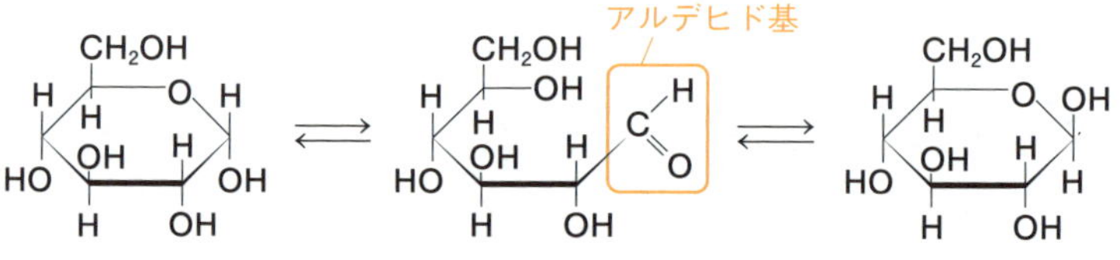

α-グルコース ⇌ アルデヒド型のグルコース（アルデヒド基） ⇌ β-グルコース

知識 47 デンプンとセルロース

多糖類には、デンプン、セルロース、グリコーゲンなどがある。また、デンプンは、アミロースと呼ばれる成分と、アミロペクチンと呼ばれる成分の2つからなる。

	デンプン	セルロース
一般式 (示性式)	$(C_6H_{10}O_5)_n$	$(C_6H_{10}O_5)_n$ $([C_6H_7O_2(OH)_3])_n$
グルコース単位	α-グルコースである。	β-グルコースである。
枝分かれ	アミロースには枝分かれはないが、アミロペクチンには枝分かれがある。	枝分かれはない。
立体構造と呈色反応	分子鎖がらせんを巻いている。よって、ヨウ素デンプン反応を示す。	分子鎖はらせんを巻かず、直線状である。よって、ヨウ素デンプン反応を示さない。
溶解性	デンプンは冷水には溶けないが熱水には溶け、コロイド溶液になる。冷却するとゲル状(糊状)になる。	熱水や有機溶媒には溶けないが、特定の溶液(シュバイツァー試薬など)には溶解する。

知識 48 セルロースの誘導体

セルロースに濃硝酸と濃硫酸の混合溶液を作用させると，繰り返し単位あたりに3個あるヒドロキシ基の全部または一部がエステル化されて，硝酸エステルが生成する。この硝酸エステルは，ニトロセルロースまたは硝酸セルロースと呼ばれる。

$$[C_6H_7O_2(OH)_3]_n + 3n\,HNO_3 \longrightarrow \underset{\text{トリニトロセルロース}}{[C_6H_7O_2(ONO_2)_3]_n} + 3n\,H_2O$$

セルロースに酢酸と無水酢酸および少量の濃硫酸を作用させると，ヒドロキシ基がエステル化（アセチル化）されて，酢酸エステルが生成する。この酢酸エステルは，アセチルセルロースまたは酢酸セルロースと呼ばれる。

$$[C_6H_7O_2(OH)_3]_n + 3n\,(CH_3CO)_2O \\ \longrightarrow \underset{\substack{\text{トリアセチルセルロース}\\(\text{三酢酸セルロース})}}{[C_6H_7O_2(OCOCH_3)_3]_n} + 3n\,CH_3COOH$$

知識 49 アミノ酸

同一の分子内にアミノ基$-NH_2$とカルボキシ基$-COOH$をもつ化合物を，アミノ酸と総称する。アミノ基とカルボキシ基が同一の炭素原子に結合しているアミノ酸は，特に，α-アミノ酸と呼ばれる。

最も簡単な構造をもつα-アミノ酸はグリシンであるが，グリシンは，分子内に不斉炭素原子が存在せず，光学異性体をもたない。光学異性体をもつα-アミノ酸の中で，最も簡単な構造をもつのはアラニンである。

硫黄原子をもつアミノ酸にはシステインやメチオニンなどがあり，ベンゼン環をもつアミノ酸にはフェニルアラニンやチロシンなどがある。アスパラギン酸やグルタミン酸はカルボキシ基を2つもつ酸性アミノ酸である。また，リシンはアミノ基を2つもつ塩基性アミノ酸である。

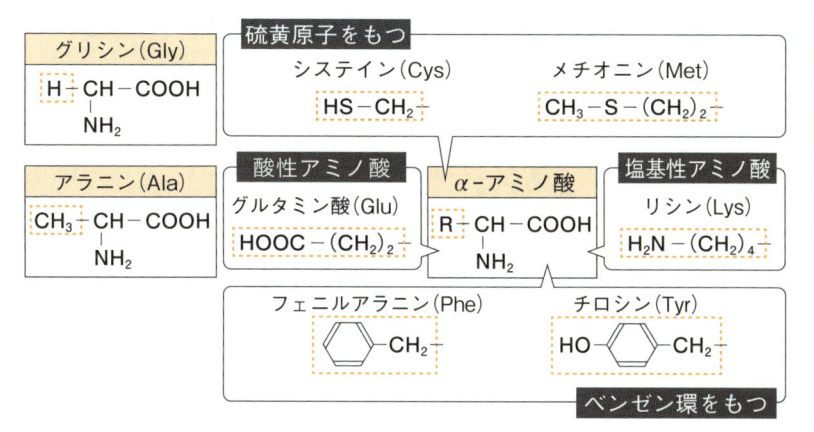

グリシン(Gly)	硫黄原子をもつ	
H−CH−COOH 　　| 　　NH₂	システイン(Cys) HS−CH₂−	メチオニン(Met) CH₃−S−(CH₂)₂−

アラニン(Ala)	酸性アミノ酸	α-アミノ酸	塩基性アミノ酸
CH₃−CH−COOH 　　　| 　　　NH₂	グルタミン酸(Glu) HOOC−(CH₂)₂−	R−CH−COOH 　　| 　　NH₂	リシン(Lys) H₂N−(CH₂)₄−

フェニルアラニン(Phe)　　チロシン(Tyr)

ベンゼン環をもつ

　グリシンを除き，α-アミノ酸は不斉炭素原子をもつ。すなわち，グリシンを除き，α-アミノ酸には光学異性体が存在する。ちなみに，α-アミノ酸の光学異性体はD体とL体に区別される。天然のタンパク質を加水分解して得られるα-アミノ酸は，すべてL体である。

〈表記例①〉　　　　　　　　〈表記例②〉

L体　　D体　　　　　　L体　　D体

知識 50 タンパク質

　タンパク質の分子は，約20種類のα-アミノ酸が多数，一定の配列順序で縮合重合(脱水縮合によって多数のペプチド結合を形成)してつくられた，ポリペプチドである。ただし，ポリペプチド鎖が複雑な立体構造をともなってこそ，タンパク質として機能する。タンパク質は加熱されたり，化学的な刺激(酸，アルコール，重金属イオンなど)を与えられたりすると，その固有の立体構造が壊れ，タンパク質としての性質を失う。これを変性という。

知識 51 タンパク質の検出反応

ビウレット反応
〔手順〕① タンパク質の水溶液を，NaOH 水溶液で塩基性にする。
② 数滴の $CuSO_4$ 水溶液を加える。
〔結果〕赤紫色に呈色する。
〔原因〕連続した２つのペプチド結合と銅(Ⅱ)イオンとの間での有色錯イオンの形成による。単独のアミノ酸やジペプチドでは呈色しない。

キサントプロテイン反応
〔手順〕タンパク質の水溶液に濃 HNO_3 を加え，加熱する。呈色したのち，冷却し，アルカリを加える。
〔結果〕黄色に呈色し，アルカリにより，橙黄色となる。
〔原因〕構成アミノ酸中のベンゼン環のニトロ化による。よって，ベンゼン環をもつアミノ酸も呈色する。

硫黄の検出(酢酸鉛(Ⅱ)との反応)
〔手順〕① タンパク質の水溶液に NaOH(固)を加え，加熱する。
② 酸で中和し，$Pb(CH_3COO)_2$ 水溶液を加える。(または，NaOH の濃い水溶液)
〔結果〕黒色沈殿が生成する。
〔原因〕構成アミノ酸中から遊離した硫化物イオンの沈殿(PbS)形成による。よって，硫黄原子をもつアミノ酸も反応する。

ニンヒドリン反応
〔手順〕ニンヒドリンの水溶液を加え，煮沸し，冷却する。
〔結果〕青紫～赤紫色に呈色する。反応は敏感である。
〔原因〕残存アミノ基(に由来する反応生成物)とニンヒドリンとの反応での色素の生成による。よって，α-アミノ酸も呈色する。

知識 52 核酸の種類

核酸には，デオキシリボ核酸(DNA)とリボ核酸(RNA)がある。

	デオキシリボ核酸(DNA)	リボ核酸(RNA)
所 在	細胞の核内に局在する。	細胞全体に分布する。
役 割	遺伝情報を保持・伝達する。	遺伝情報を転写し，タンパク質を合成する。
分子量	100万以上	数万～100万
構成鎖数	2本鎖(二重らせん)	1本鎖

知識 53 核酸を構成する物質

	DNAを構成する化合物	RNAを構成する化合物
糖	デオキシリボース $C_5H_{10}O_4$	リボース $C_5H_{10}O_5$
塩 基	アデニン(A)，グアニン(G)　シトシン(C)，**チミン(T)**	アデニン(A)，グアニン(G)　シトシン(C)，**ウラシル(U)**
リン酸	共通	

上表中の糖に塩基とリン酸が脱水縮合した構造の化合物を，ヌクレオチドと呼ぶ。DNAを構成するヌクレオチドは4種類ある。RNAを構成するヌクレオチドも，アデノシン一リン酸(リン酸＋リボース＋アデニン)など，4種類ある。

アデノシン一リン酸(AMP)

知識 54 ポリヌクレオチドと遺伝情報

核酸は，多数のヌクレオチドが縮合重合した，ポリヌクレオチド構造をもつ（下左図）。この構造は，見方によっては，『糖とリン酸が交互に縮合重合した長い主鎖に，側鎖として塩基が分岐している（下右図）』とも解釈できる。そして，この塩基（アデニン，グアニン，シトシン，チミン）の配列（塩基配列）が，遺伝情報となっている。

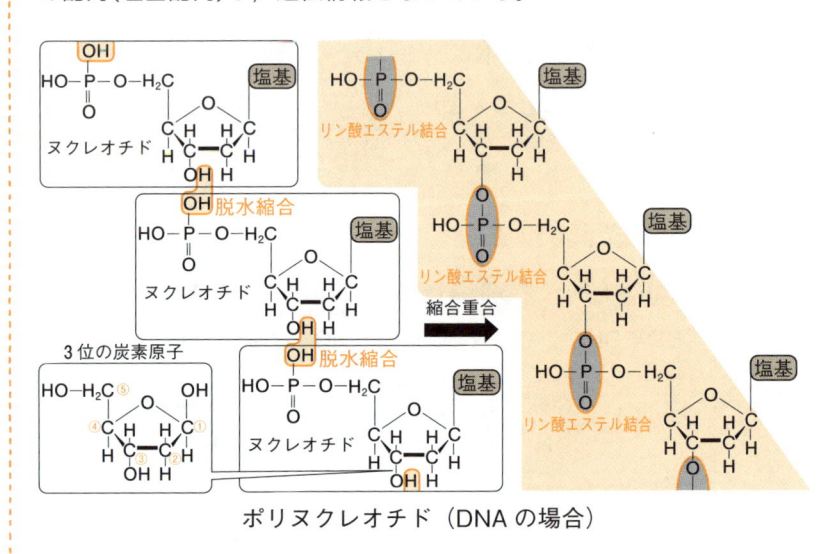

ポリヌクレオチド（DNAの場合）

知識 55 二重らせんと塩基対

RNAは1本のポリヌクレオチドのままであるが，DNAは，2本のポリヌクレオチド（右巻きらせん）が互いにずれて重なり，二重らせん構造をとる。二重らせん構造は，塩基対によって，安定に保たれている。

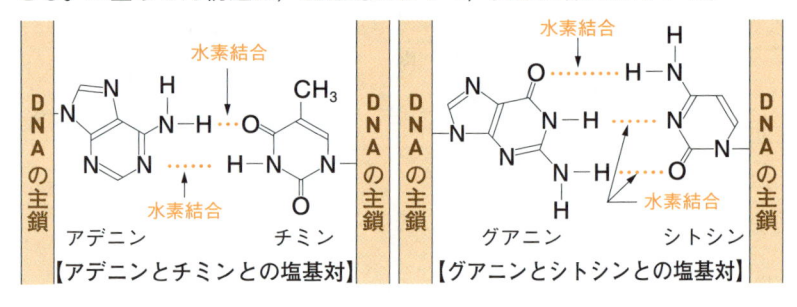

【アデニンとチミンとの塩基対】　【グアニンとシトシンとの塩基対】

知識 56 多糖類, タンパク質, 核酸の比較

多糖類, タンパク質, 核酸は, いずれも高分子化合物である。次表に, そのような観点からの比較のため, それぞれの繰り返し単位, 結合様式, 高分子鎖の立体構造を示した。

	多糖類	タンパク質	核酸
繰り返し単位	単糖類	α-アミノ酸	ヌクレオチド
単量体間の結合	グリコシド結合（エーテル結合）	ペプチド結合（アミド結合）	リン酸エステル結合（エステル結合）
立体構造の特徴	らせん構造　など	α-ヘリックス　β-シート　など	二重らせん構造（DNAの場合）など

知識 57 熱可塑性樹脂

次表は, 主な熱可塑性樹脂についてまとめたものである。熱可塑性樹脂は, 鎖状構造をもち, 加熱すると軟化し, 冷却すると再び硬化する。

単量体の名称と構造	重合様式	重合体の名称と構造
$CH_2=CH_2$　エチレン	付加重合	$-[CH_2-CH_2]_n-$　ポリエチレン
$CH_2=CH-CH_3$　プロピレン(プロペン)	付加重合	$-[CH_2-CH(CH_3)]_n-$　ポリプロピレン
$CH_2=CH-Cl$　塩化ビニル	付加重合	$-[CH_2-CH(Cl)]_n-$　ポリ塩化ビニル
$CH_2=CH-C_6H_5$　スチレン	付加重合	$-[CH_2-CH(C_6H_5)]_n-$　ポリスチレン

知識 58 熱硬化性樹脂

次表は，主な熱硬化性樹脂についてまとめたものである。熱硬化性樹脂は，三次元網目状構造をもち，成形後は，熱的に安定である。

単量体の名称と構造	重合様式	重合体の名称と部分構造
フェノール / ホルムアルデヒド	付加縮合（縮合重合）	フェノール樹脂
尿素 / ホルムアルデヒド	付加縮合（縮合重合）	尿素樹脂
無水フタル酸 / グリセリン	縮合重合（エステル結合）	アルキド樹脂（グリプタル樹脂）

知識 59 合成繊維

次表は，合成繊維として用いられることが多い熱可塑性樹脂についてまとめたものである。

単量体の名称と構造	重合様式	重合体の名称と構造
$CH_2=CH$ 　　$\vert$ 　　$C\equiv N$ アクリロニトリル	付加重合	$\left[\begin{array}{c}CH_2-CH\\ \vert \\ C\equiv N\end{array}\right]_n$ ポリアクリロニトリル
$CH_2=CH$ 　　$\vert$ 　　$O-C-CH_3$ 　　　　$\Vert$ 　　　　O 酢酸ビニル $\left(\begin{array}{c}HCHO\\ ホルムアルデヒド\end{array}\right)$	付加重合 (酢酸ビニルの付加重合の後，加水分解によってポリビニルアルコールにして，ホルムアルデヒドで一部をアセタール化する)	$\cdots-CH_2-CH_2-\cdots-CH_2-CH-\cdots$ 　　　　　　　$\vert\quad\quad\quad\quad\quad\vert\quad\quad\quad\quad\quad\vert$ 　　　　　　　$O-CH_2-O\quad\quad\quad OH$ ビニロン
$HO-\underset{\Vert}{C}-\text{〈環〉}-\underset{\Vert}{C}-OH$ 　　$O\quad\quad\quad\quad O$ テレフタル酸 $HO-CH_2-CH_2-OH$ エチレングリコール (1,2-エタンジオール)	縮合重合 (エステル結合)	$\left[\underset{\Vert}{C}-\text{〈環〉}-\underset{\Vert}{C}-O-CH_2-CH_2-O\right]_n$ 　$O\quad\quad\quad\quad O$ ポリエチレンテレフタラート
$HO-\underset{\Vert}{C}-(CH_2)_4-\underset{\Vert}{C}-OH$ 　　$O\quad\quad\quad\quad\quad\quad O$ アジピン酸 $H_2N-(CH_2)_6-NH_2$ ヘキサメチレンジアミン	縮合重合 (アミド結合)	$\left[\underset{\Vert}{C}-(CH_2)_4-\underset{\Vert}{C}-NH-(CH_2)_6-NH\right]_n$ 　$O\quad\quad\quad\quad\quad\quad O$ ナイロン66(6,6-ナイロン)
$\begin{array}{c}CH_2-CH_2-NH\\ \vert\quad\quad\quad\quad\quad\quad\vert\\ CH_2\quad\quad\quad\quad\quad\quad\vert\\ \vert\quad\quad\quad\quad\quad\quad\vert\\ CH_2-CH_2-C=O\end{array}$ ε-カプロラクタム	開環重合 (アミド結合)	$\left[\underset{\Vert}{C}-(CH_2)_5-NH\right]_n$ 　O ナイロン6(6-ナイロン)

知識 60 合成ゴム

　次表は，主な合成ゴムについてまとめたものである。熱可塑性樹脂の変形は，外力を取り去ってももとに戻らない，塑性変形であるが，合成ゴムの変形は，外力を取り去るともとに戻る，弾性変形である。ちなみに，天然ゴム（ポリイソプレン）の場合には，シス形であることが弾性をもつ理由の1つとされる。ただし，天然ゴムのままでは十分な弾性がなく，実用的なゴムにするためには加硫が必要である。

単量体の名称と構造	重合様式	重合体の名称と構造
$CH_2=C-CH=CH_2$ 　　　$|$ 　　CH_3 イソプレン	付加重合	$-[CH_2-C=CH-CH_2]_n-$ 　　　　$|$ 　　　CH_3 イソプレンゴム（ポリイソプレン）
$CH_2=CH-CH=CH_2$ 1,3-ブタジエン	付加重合	$-[CH_2-CH=CH-CH_2]_n-$ ブタジエンゴム（ポリブタジエン）
$CH_2=C-CH=CH_2$ 　　　$|$ 　　Cl クロロプレン	付加重合	$-[CH_2-C=CH-CH_2]_n-$ 　　　　$|$ 　　　Cl クロロプレンゴム（ポリクロロプレン）
$CH_2=CH-C_6H_5$ スチレン $CH_2=CH-CH=CH_2$ 1,3-ブタジエン	共重合	$-[CH_2-CH]_n-[CH_2-CH=CH-CH_2]_m-$ 　　　　$|$ 　　　C_6H_5 スチレン-ブタジエンゴム
$CH_2=CH-CN$ アクリロニトリル $CH_2=CH-CH=CH_2$ 1,3-ブタジエン	共重合	$-[CH_2-CH]_n-[CH_2-CH=CH-CH_2]_m-$ 　　　$|$ 　　CN アクリロニトリル-ブタジエンゴム